GERICHTSMEDIZIN

Auf den Spuren
des Verbrechens

POSTES

GERICHTSMEDIZIN

Auf den Spuren des Verbrechens

Richard Platt

A Dorling Kindersley Book
www.dk.com

Titel der englischen Originalausgabe:
Crime SCENE. The Ultimate Guide to Forensic Science

Lektorat: Kitty Blount
Chefbildredakteur: Stefan Podhorodecki
Redaktion: Mary Atkinson, Francesca Baines, Kate Bradshaw, Camilla Hallinan, David John, Bradley Round
Bildredaktion: Darren Holt, Philip Letsu
Cheflektor: Andrew Macintyre
Chefbildlektorat: Jane Thomas
Projektleitung: Linda Martin
Art Director: Simon Webb
Bildbeschaffung: Julia Harris-Voss, Marie Osborn, Frances Vargo
DK-Bildarchiv: Jonathan Brooks, Gemma Woodward, Sarah Mills
Produktion: Erica Rosen
DTP-Design: Siu Yin Ho

Allgemeine Beratung
Dr Clive Steele, Head of Forensic Sciense Unit, South Bank University, London

Fachberatung
Dr Sue Black, Forensic Anthropologist, University of Glasgow; Dr Anne-Maria Brennan, Senior Lecturer in Biosciences, South Bank University; Superintendent Philip Carson, City of London Police; Ron Cook, Fingerprint and Forensic Expert; Andy Day, Former Scene of Crime Officer; Dr Nikolas Lemos, Head of Forensic Toxicology, St. George's Hospital Medical School; Dr Freddie Martin, Forensic Odontologist; Dr Neil Morgan, Senior Lecturer in Biosciences, South Bank University; Professor Phil Nolan, Research Professor of Explosion and Fire, South Bank University; Dr Freddy Patel, Home Office Pathologist; Professor Peter Vanezis, Regis Professor of Forensic Medicine and Science, University of Glasgow; Peter Whent, Homicide Investigator; Dr Caroline Wilkinson, Medical Artist, University of Manchester; John Yarrow, Forensic Photographer

Richard Platt: Gerichtsmedizin. Auf den Spuren des Verbrechens

Übersetzung aus dem Englischen: Renate Weinberger, Christiane Gsänger
Redaktion: Redaktionsbüro Weinberger, München
Satz: Redaktionsbüro Weinberger, München; Noch & Noch, Balve
Einbandgestaltung: rheinConcept, Wesseling
Einbandabbildungen aus dem Innenteil des Werkes
Printed in Slovenia 2006

ISBN-13 978-3-89996-719-7
ISBN-10 3-89996-719-4

www.area-verlag.de

Inhalt

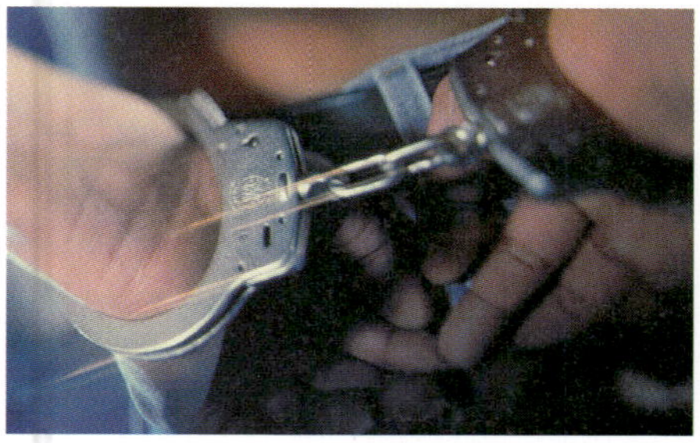

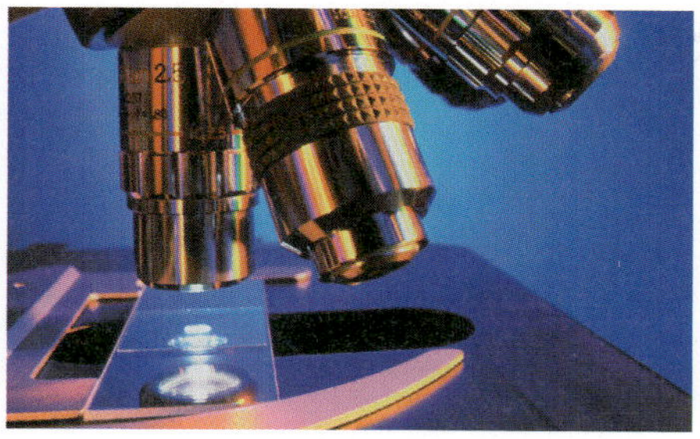

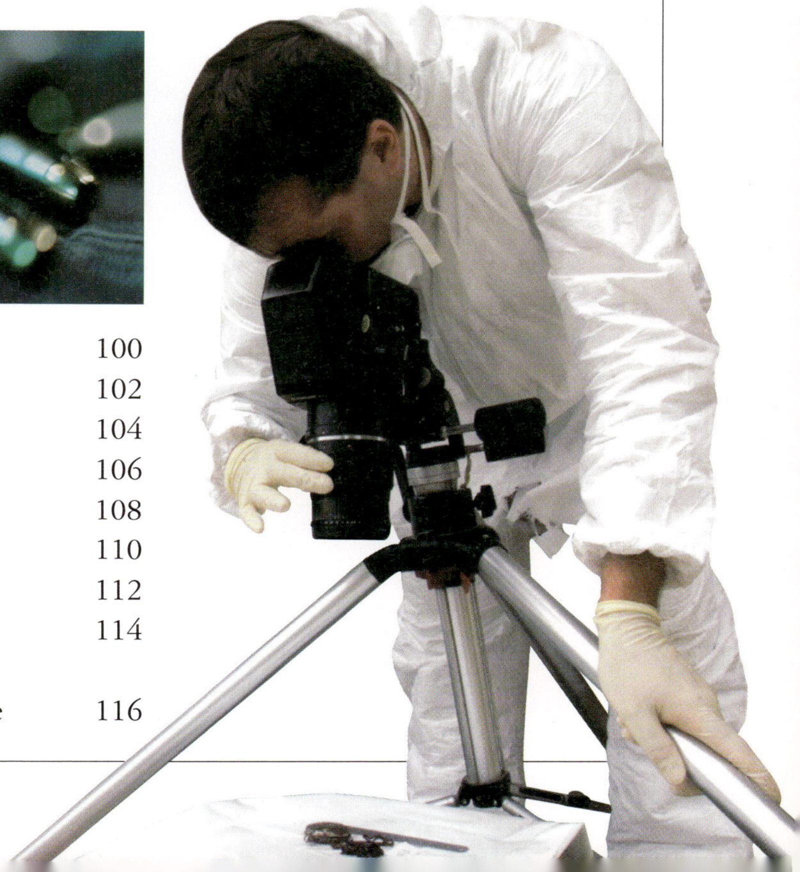

G072

Wochenlang verfolgten amerikanische und – in kleinen Ausschnitten – auch europäische Zuschauer fasziniert im Fernsehen, welche bedeutende Rolle die Gerichtsmedizin in dem Prozess gegen OJ Simpson spielte. Gerichtsmediziner (auch Rechtsmediziner oder Forensiker genannt) präsentierten Analysen von DNA, Blut, Haaren, Fasern, Schuhabdrücken und vielen anderen Spuren, die sie systematisch gesammelt hatten, als Beweismaterial.

Im Zuge der fortschreitenden technologischen Entwicklung verfeinern sich auch die forensischen Verfahren, sodass die Gerichtsmedizin immer effizienter zur Verurteilung von Verbrechern jeder Art beiträgt. Inzwischen ist die Gerichtsmedizin auch zum Favoriten der Fernsehindustrie geworden. Aber im eifrigen Bestreben, das Publikum möglichst spannend zu unterhalten, unterlaufen manchen Drehbuchautoren doch Fehler und unrealistische Ausschmückungen.

Dieses Buch jedoch hilft seinen Lesern, sich präzise über die wichtigsten Bereiche der Gerichtsmedizin zu informieren. Es ist exakt, reich illustriert, verständlich und bietet jede Menge Unterhaltung. *Gerichtsmedizin – Auf den Spuren des Verbrechens* erklärt anschaulich alle Sachverhalte und untermauert sie mit außergewöhnlichen, aussagekräftigen Abbildungen und typischen Fallbeispielen. Dieses Werk zeigt, wie moderne High-Tech-Geräte und -verfahren gepaart mit einer sorgfältigen Ermittlung die Wahrheit ans Licht bringen und Beweismaterial sammeln können, das vor jedem Gericht Stand hält.

Über 30 Jahre habe ich in leitenden Positionen im FBI Laboratory und als privater Gutachter gearbeitet. Ich hatte es mit abertausenden Kriminalfällen zu tun und war in hochkarätige Prozesse involviert. In dieser Zeit musste ich immer wieder Freunden, Journalisten, Studenten, Richtern, Anwälten und zahllosen anderen Leuten erklären, was Gerichtsmedizin ist und was sie leisten kann. Jetzt kann ich guten Gewissens dieses Buch empfehlen, weil ich sicher bin, dass es einen der besten Überblicke über dieses faszinierende Gebiet der kriminalistischen Ermittlungsarbeit bietet.

Gerald B. Richards, FBI Special Agent und
Leiter verschiedener **Ermittlungs- und**
Forschungsabteilungen des **FBI Laboratory**
(im Ruhestand)

Der Ermittlungsvorgang

Die Gerichtsmedizin bietet enorm schlagkräftige Werkzeuge für das Aufdecken von Verbrechen. Doch eine Wissenschaft allein bringt die Verbrecher nicht hinter Gitter. Forensische Techniken müssen sich immer mit dem Wissen, den Erfahrungen und der Intuition von Kriminalisten, Polizei und unabhängigen Experten vereinen.

In einer großen kosmopolitischen Stadt ist ein Verbrechen geschehen. Jeder der Einwohner oder irgendein Mensch im Land könnte der Übeltäter sein. Vielleicht ist er auch schon außer Landes geflohen.

Da man schließlich nicht jeden verhören kann, müssen die Ermittler den Kreis der Verdächtigen eingrenzen. Dafür gibt es kein Patentrezept. Ein Weg ist, die Verbrecherkartei nach ähnlichen Delikten zu durchsuchen, um mögliche Verdächtige herauszufiltern. Doch in den meisten Fällen ist kriminalistische Detailarbeit angesagt, wobei die Gerichtsmediziner häufig wichtige Anhaltspunkte liefern.

Sowohl Opfer als auch Augenzeugen eines Verbrechens können der Polizei wertvolle Hinweise geben, die zur Festnahme Verdächtiger führen. Selbst wenn anscheinend niemand die Tat beobachtet hat, fördern Aufrufe in den Medien manchmal Augenzeugen zu Tage, die sich bisher aus unterschiedlichsten Gründen um eine Aussage »gedrückt« haben.

Gesunde Skepsis

Die Aussagen der Opfer und Zeugen über Geschlecht und Alter des Täters können den Kreis der Verdächtigen um die Hälfte oder sogar mehr verringern. Doch so einfach, wie es klingt, ist das nicht. Sagt ein Zeuge: »Ich habe gesehen, dass eine Frau den Tatort verlassen hat«, lassen sich noch lange nicht alle Männer ausschließen. Vielleicht hat der Zeuge ja einen Mann mit langen, blonden Haaren gesehen und folgert daraus, es sei eine Frau gewesen. Die Erfahrung lehrt, Beschreibungen von Zeugen äußerst kritisch zu betrachten. Bei Angaben wie »ein 25-Jähriger« sucht die Polizei wohlweislich nach Verdächtigen zwischen zwölf und 40 Jahren.

Nachforschungen vor Ort

Viele Täter führen ihr Verbrechen im Umfeld ihrer Wohnung aus, daher gehen die Ermittler rund um den Tatort von Haus zu Haus, von Wohnung zu Wohnung. Bei solchen Befragungsaktionen kommen Informationen zusammen, die auf den ersten Blick in keinerlei Zusammenhang stehen. Mitunter kristallisiert sich später jedoch der ganz entscheidende Hinweis heraus.

Bei dieser Art, unterstützendes Beweismaterial zu sammeln, stellen die Ermittler sehr vielen Menschen die gleichen Fragen. zum Beispiel »Wie viele Menschen leben in diesem Haus?« oder »Wie viele Leute leben nebenan?« Solche systematischen Befragungen können Lügen aufdecken, Motive ans Licht bringen oder die Glaubwürdigkeit von Zeugen infrage stellen.

Jeder ist verdächtig

Bei der Suche nach Verdächtigen gehen die Ermittler unvoreingenommen und weitreichend vor. Niemand wird von vornherein ausgeschlossen, nicht einmal die Person, die das Verbrechen gemeldet hat. Immerhin gibt es nicht wenige Fälle, in denen der Mörder selbst die Leiche des Opfers »findet« und die Polizei hinführt. Bei der Ermittlung spielen weder Schuldverdacht noch Verschleierungsversuche oder vorgefasste Meinungen eine Rolle.

Das Prinzip »Jeder ist verdächtig« hat sich bei Entführung und Ermordung von Kindern besonders bewährt. Selten ist der Täter ein völlig Fremder, sondern meist stammt er aus dem Umfeld des Kindes. Diese Erfahrung ließ die Ermittler im Fall Lindy Chamberlain an ihrer Behauptung zweifeln, ein Dingo habe ihr Baby als Beute weggeschleppt (siehe Seite 64). Dieser Fall in Australien zeigt die Gefahr, die vorgefasste Meinungen in sich bergen. Zu schnell trüben sie den Blick für Indizien, die im Widerspruch zum ersten Eindruck stehen. Je länger die Ermittler von einer bestimmten Annahme ausgehen, umso schwieriger wird es, andere, vielleicht sogar weit hergeholte Möglichkeiten in Betracht zu ziehen. Im »Dingo-Fall« hat die Kurzsicht der Ermittler zu einem Justizirrtum geführt.

Kompetente Ermittler stellen alle noch so schlüssig wirkenden Indizien infrage, sogar Schuldgeständnisse. Denn in manchen Fällen gesteht jemand eine Tat, um den wahren Täter zu decken oder ein weitaus größeres Verbrechen zu vertuschen. Um sicherzustellen, dass es sich wirklich um den Schuldigen handelt, wird weiter erhärtendes Beweismaterial gesammelt.

Ohne jeden Zweifel

Zweifelsfreie Beweise liefern häufig die Gerichtsmediziner. Selbst wenn andere Beweise fehlen, können sie vielfach objektiv und plausibel Tatbestände aufzeigen. Daher nimmt die Gerichtsmedizin in jeder Stufe der Ermittling einen wichtigen Platz ein – vom Tatort bis zum Prozess.

◄SPURENSICHERUNG AM TATORT
Am Tatort werden möglichst viele Details systematisch erfasst. Die gesicherten Spuren bilden eine wichtige Grundlage für die Ermittlungen.

DIE ROLLE DER FORENSIK

Die nachfolgenden Kapitel geben einen Einblick in die verschiedenen Bereiche der Gerichtsmedizin (Forensik) und erklären, wie forensische Verfahren helfen, Täter zu überführen und vor Gericht zu verurteilen.

◄AM TATORT
Beweise, die Ermittler bei der ersten Tatortsicherung übersehen, sind unwiederbringlich verloren oder werden vom Gericht nicht anerkannt.

DAS OPFER►
Hat das Opfer einen gewaltsamen Tod erlitten, erfolgt eine besondere Form der Ermittlung, bei der die Leiche sehr wichtige Hinweise liefert.

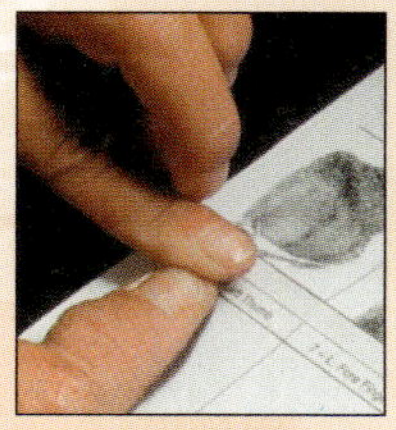

◄IDENTIFIZIERUNG
Forensische Techniken wie Fingerabdrücke und DNA-Analysen helfen, die Identität sowohl des Opfers als auch des Täters herauszufinden.

UNTER VERDACHT►
Bei der Suche nach dem Täter spielt die Psyche eine Rolle, vor allem wenn es um das Urteilsvermögen und Gedächtnis von Augenzeugen geht.

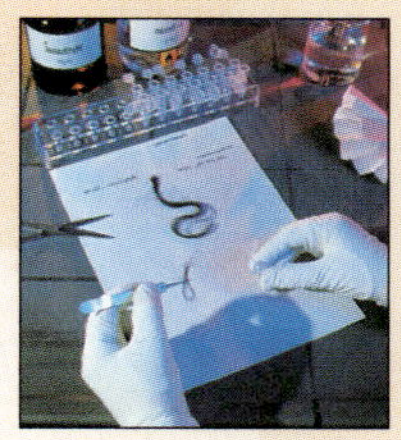

◄SPURENANALYSE
Um aussagekräftige Beweise zu finden, werden in gerichtsmedizinischen oder unabhängigen Labors komplizierte Analysen durchgeführt.

TÖDLICHE WAFFE►
Der Tod kommt in vielerlei Gestalt. Forensische Techniken helfen, die tödliche Waffe herauszufinden – vom winzigen Gifttropfen bis zur Kugel.

Im letzten Kapitel geht es um die »Täter im weißen Kragen«, zum Beispiel Kunst- oder Geldfälscher. Auch Umwelt- und Artenschutzdelikte sowie die Computerkriminalität werden aufgezeigt.

AM TATORT

Ob so klein wie ein Computer oder so gewaltig wie ein zerschelltes Flugzeug, auf jeden Fall liefert der Tatort wertvolle Hinweise für die späteren Ermittlungen. Bei der Sicherung der Spuren arbeiten Polizei, Kriminalisten und Gerichtsmediziner zusammen. Sorgfältig und systematisch erfassen sie alles, was ein Indiz sein könnte – sogar ein Fleckchen an einer Fensterscheibe kann wichtig sein. Ohne die standardmäßige Basisarbeit am Tatort würde eine Ermittlung schon scheitern, bevor sie überhaupt richtig begonnen hat.

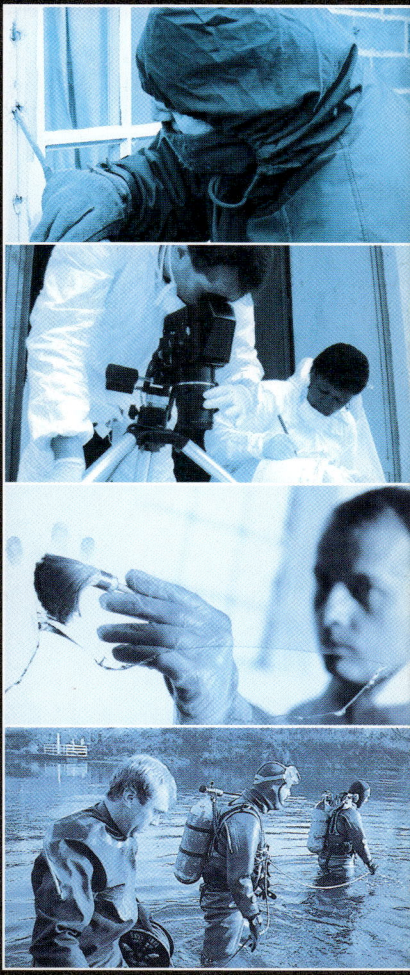

Erste Maßnahmen

Mit heulenden Sirenen rasen Polizei, Ambulanz und Feuerwehr zum Tatort. Die Crews der Einsatzwagen finden etwas vor, was die späteren Ermittler nie zu sehen bekommen: einen »jungfräulichen« Tatort. Doch bevor sie diese einzigartige Chance zur Spuren- und Beweissiche rung nutzen können, sind andere – wichtigere – Aufgaben zu erfüllen.

LEBEN RETTEN▲
Menschenleben hat Vorrang. Hier wird ein Opfer der Schießerei von 1998 am Capitol Hill in Washington D.C., USA, zum Rettungshubschrauber gebracht.

PRIORITÄTEN:

1 *Leben retten und schützen.*

2 *Verletzten vor Ort umgehend erste Hilfe leisten.*

3 *Verdächtige festnehmen und vom Tatort entfernen.*

4 *In Kooperation mit den anderen Hilfskräften sicherstellen, dass Ermittler und Gerichtsmediziner Zutritt zum Tatort bekommen.*

5 *Den Tatort durch Absperrungen sichern und protokollieren, wer den Sperrbereich betritt oder verlässt.*

6 *Alle Beweise, die zerstört werden könnten, zerbrechlich oder verderblich sind, sicher verwahren und im Protokoll verzeichnen.*

7 *Augenzeugen ausfindig machen und deren Personalien aufnehmen. Die Befragung der Zeugen muss an einem ungestörten Platz erfolgen.*

8 *Kommunikation zwischen den unterschiedlichen Einsatzleitern (Feuerwehr, Ambulanz usw.) und dem Ermittlungsleiter (Kriminalpolizei) gewährleisten.*

Leben schützen

Ganz gleich, um welches Verbrechen es sich handelt, am Tatort werden als Erstes alle Opfer in Sicherheit gebracht. Bei der medizinischen Versorgung von Verletzten sind lebenserhaltende bzw. stabilisierende Maßnahmen oberstes Gebot. Ärzte und Sanitäter müssen aber auch darauf achten, dass sie keine Spuren zerstören. So dürfen sie zum Beispiel Opfer eines tätlichen Angriffs nicht reinigen, weil sich an deren Händen und Körper Blut, Hautpartikel oder Haare des Täters befinden könnten.

Verdächtige am Tatort

Hauptaufgabe (neben der Tatortsicherung) der Polizei ist es, Verdächtige ausfindig zu machen und festzunehmen. Jeder Festgenommene wird nach Waffen durchsucht. Die Polizeibeamten nehmen Personalien und Aussagen zu Protokoll. In manchen Fällen beschlagnahmen sie Gegenstände und Kleidungsstücke für eine gerichtsmedizinische Untersuchung. Die Polizei muss verhindern, dass ein Verdächtiger an den Tatort zurückkehrt, um sicherzustellen, dass am Tatort gefundene Spuren, wie Fingerabdrücke, Haare oder Stofffasern, tatsächlich vor der Festnahme vorhanden waren. Anderenfalls kann der Verdächtigte seine Anwesenheit zum Zeitpunkt der Tat rundheraus leugnen. Seine

1999: MASSAKER IN WEDGEWOOD
Polizei und andere Einsatzkräfte am Tatort an der Baptistenkirche, Wedgewood, Texas, USA.

Rückkehr an den Tatort beeinflusst möglicherweise die Augenzeugen. Denn wenn sie ihn zum zweiten Mal sehen, kommt es vielleicht bei der Identifizierung zu einer Vorverurteilung oder Fehleinschätzung.

Zeugen vernehmen

Ein wichtiger Bestandteil der ersten Maßnahmen am Tatort ist das Vernehmen von Zeugen. Manche Menschen, die ein Verbrechen unmittelbar beobachtet haben, sagen nur sehr widerwillig aus, weil sie das Ganze später vor Gericht nicht noch einmal durchleben wollen.

Nicht nur Augenzeugen, sondern auch Leute, die sich in der Nähe des Tatorts aufhielten, können Informationen liefern, die für die Ermittlungen von Bedeutung sind. Zeugen, die nicht sofort vernommen werden können, trennt man voneinander, um zu vermeiden, dass sie sich über das Gesehene unterhalten und vielleicht alle möglichen »Theorien« über Tat und Täter entwickeln. Und falls der Täter gefasst wird, hat sein Verteidiger dank dieser strikten Trennung, weniger Chancen, die Aussagen der Zeugen anzuzweifeln.

Den Tatort sichern

Je mehr Leute sich am Tatort aufhalten, umso schwieriger ist es für die Ermittler, sich ein Bild von dem Geschehen zu verschaffen und Verdächtige ausfindig zu machen. Daher muss der Tatort so schnell wie möglich abgesperrt und die Spuren gesichert werden. Wie weiträumig die Absperrung erfolgt, hängt von den jeweiligen Umständen ab. Auf jeden Fall gilt es, die Kontrolle über alle Punkte, an denen jemand den Tatort verlassen oder betreten kann, zu gewinnnen.

Bei manchen Verbrechen ist eine sehr aufwändige, gut organisierte Tatortsicherung nötig: Zuschauer drängt man so weit wie möglich zurück. Der unmittelbare Tatort wird hermetisch abgeriegelt; nur bestimmte Ermittler haben Zutritt. Um eine Beeinträchtigung von Spuren zu vermeiden, tragen sie Overalls mit Kapuze, Handschuhe, Mund- und Schuhschutz. Eine weitere Absperrung schafft eine Sicherheitszone, wo die Einsatzfahrzeuge stehen und sich eine Einsatzzentrale befindet, in der unter vielem anderen auch die Kommunikation mit den Medien erfolgt.

FESTNAHME▶
Verdächtige werden in Handschellen gelegt, um zu verhindern, dass sie an den Tatort zurückkehren und Spuren verwischen.

Tatortbegehung

Vorausschauendes und methodisches Vorgehen jener, die als Erste am Tatort eintreffen – sei es Polizei oder Ambulanz – hilft, das Zerstören von Spuren zu verhindern. Wer ohne nachzudenken die Toilettenspülung zieht oder das Telefon benutzt, kann wichtige Beweise vernichten. Und ob eine Tür offen und geschlossen war, kann sogar über Freispruch oder Verurteilung des Täters entscheiden.

Für die Kriminalisten, die in der Regel erst nach der Polizei am Tatort erscheinen, bildet ein präziser, detaillierter Polizeibericht über die Lage am »unberührten« Tatort eine wichtige Grundlage für die gesamte Ermittlungsarbeit. Alles, was sie bei der Tatortbegehung von den »Ersten am Tatort« und durch eigenen Augenschein erfahren, kann auch die späteren gerichtsmedizinischen Untersuchungen ganz entscheidend beeinflussen.

EINE AUGENZEUGIN SAGT AUS▲
Zeugenaussagen, die von der Polizei gleich nach dem Eintreffen am Tatort aufgenommen werden, können Gerichtsmedizinern wichtige Hinweise geben.

ORGANISATIONSLEITUNG

BESPRECHUNG MIT DEM EINSATZLEITER▲
Bei Mordopfern kommt ein spezielles Team zum Einsatz, in dem die Aufgaben genau verteilt sind.

Wenn bei großen Straftaten die Einsatzkräfte zu Hunderten am Tatort erscheinen, spielen Einsatzleitung und Kommandozentrale eine bedeutende Rolle. Egal, ob die Leitung aus einer Person besteht oder die Verantwortung auf mehreren Schultern ruht, auf jeden Fall brauchen die Teams präzise Einsatzbefehle, und es muss sicher sein, dass alle Informationen an einer verantwortlichen Stelle zusammenlaufen. In den USA ist der Polizeiapparat anders gegliedert als in europäischen Ländern. In Deutschland ist die Kriminalpolizei, die Kripo, jener Teil der Polizei, der sich ausschließlich mit der Verfolgung von Straftaten beschäftigt. Die Organisationsstrukturen mögen sich unterscheiden, aber die Experten am Tatort und bei der späteren Ermittlungsarbeit lassen sich vergleichen, und alle haben ein gemeinsames Ziel: Täter zu fassen und mit hieb- und stichfesten Beweisen zu überführen.

Der Fotograf

Selbst die sorgfältigsten Notizen eines Ermittlers können Details nicht so präzise dokumentieren wie eine Kamera, vor allem wenn es um so rasch vergängliche Spuren wie Fußabdrücke im Schnee geht. Zudem sind Fotos Beweismittel und Informationsquellen vor Gericht. Kein Wunder, dass Fotografen in jedem Ermittlerteam eine bedeutende Rolle spielen.

Polizei-Fotografen gehören mit zu den Ersten, die am Tatort in Aktion treten. Ihre Aufgabe hat Vorrang, denn sie müssen Schlüsselelemente vor Ort fotografieren, bevor sich irgendetwas am Tatort verändert oder Beweismaterial ins gerichtsmedizinische Labor wandert. Der Fotograf macht Aufnahmen von Zufahrtswegen, Gebäuden, Räumen oder Gegenständen. Kurz gesagt, von allem, was als Beweismaterial sinnvoll erscheint. Die Fotos sind für die strafrechtliche Verfolgung gedacht, doch sie tragen generell auf vielerlei Weise zur Aufklärung einer Tat bei.

Für die Fotografen am Tatort gilt die Regel: Besser mehr Fotos schießen als eines zu wenig, selbst wenn später nur wenige benötigt werden. Vor Gericht wird nur eine beweiskräftige Auswahl vorgelegt, doch zunächst sichten die Ermittler erst einmal alle Fotos. Jedes Foto kann ein Beweisstück sein und muss unmissverständlich ausgewertet werden. Daher dokumentieren der Fotograf bereits vor Ort alle Aufnahmen systematisch und versehen sie mit Angaben wie Ort, Datum und Zeit der Aufnahme sowie Kameraeinstellungen.

DIE AUSRÜSTUNG:

1. *Mittelformatkameras, da sie größere und schärfere Bilder ergeben.*
2. *Mit einem Makroobjektiv lässt sich Beweismaterial fotografieren, das kleiner als eine Spielkarte ist.*
3. *Ein Dreibeinstativ fixiert die Kamera, sodass man sie genau senkrecht auf das Objekt richten kann.*
4. *Ein Metermaß lässt Verzerrungen erkennen und verhindert Missverständnisse über die Größe des Objekts.*
5. *Beweismaterial auf einem neutralen Untergrund.*
6. *Dokumentiert werden Details des Beweisstücks, Kameraeinstellungen und viele andere differenzierte Daten.*

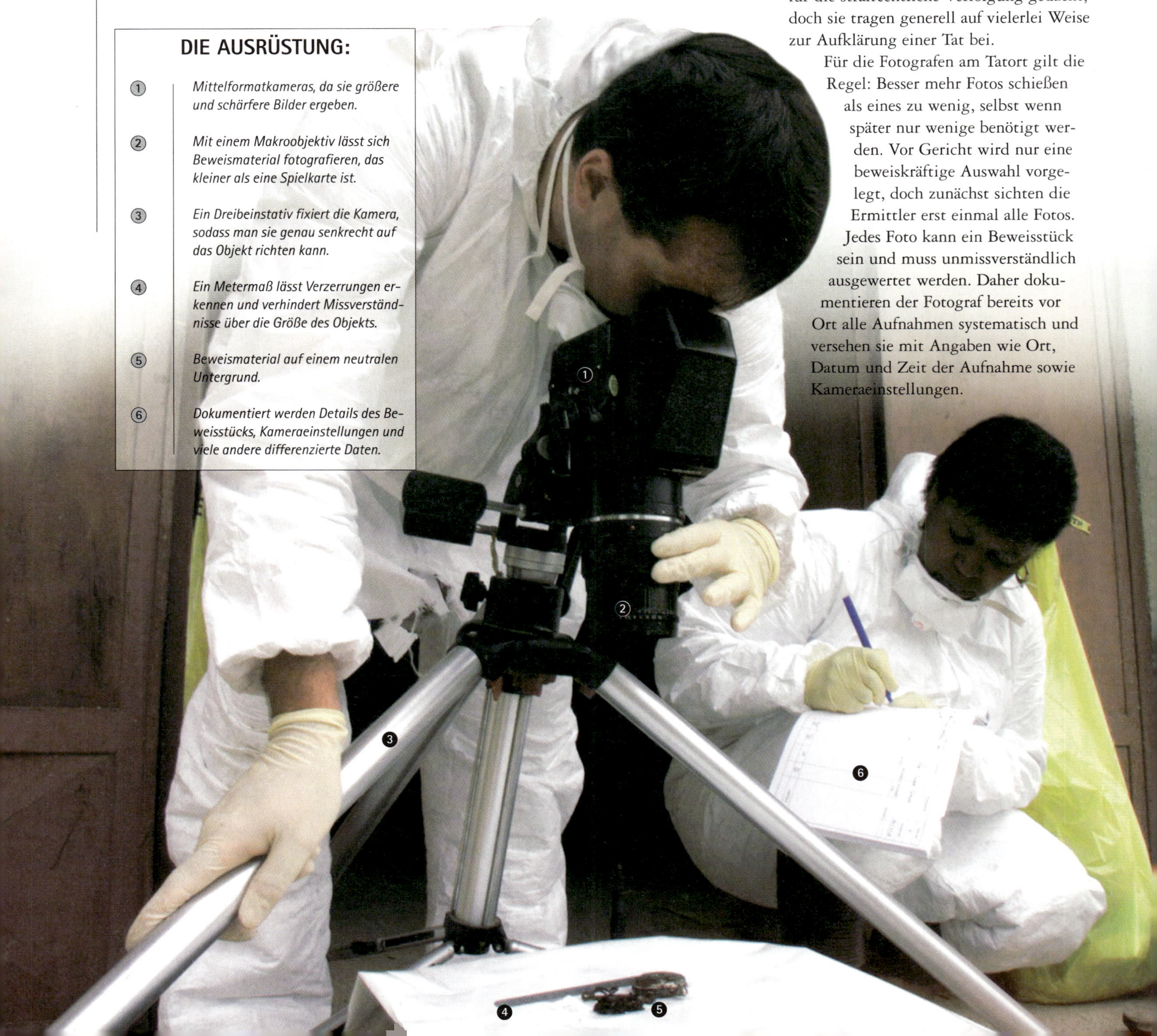

◄BEWEISSTÜCK AM FUNDORT
Beweisstücke, wie diese Pistole, werden direkt am Fundort fotografiert – einmal mit und einmal ohne die spezielle rechtwinklige Messschablone.

Ausrüstung

Fotografen, die Aufnahmen für forensische Zwecke machen, verwenden meist Mittelformatkameras oder Messsucherkameras im 35-mm-Format. Sie erfüllen die hohen Anforderungen an die Bildqualität und lassen sich zugleich gut handhaben. Austauschbare Objektive von SLR-Mittelformatkameras (Spiegelreflexkameras) und manuelle Einstellmöglichkeiten sorgen für die notwendige Flexibilität und Präzision. Ein hochwertiges Dreibeinstativ sichert zusätzlich die Bildqualität und erleichtert die Handhabung der Kamera.

Digitalkameras bieten der forensischen Fotografie einige Vorteile. Man muss die Fotos nicht erst entwickeln, sondern kann sie direkt in den Computer laden. Über den Monitor der Kamera hat der Fotograf die unmittelbare Kontrolle über die Art und Qualität der Aufnahme. Da sich die Bilder jedoch sehr leicht bearbeiten, also verändern lassen, kommen Digitalkameras bei der Spurensicherung selten zum Einsatz. Dies wird wohl erst der Fall sein, wenn eine Art digitales Wasserzeichen die Originalität des Fotos – und damit seine Beweiskraft – sicherstellt.

Videokameras verwenden die Ermittler, um einen Tatort schnell und preisgünstig abzulichten. Ein Kameraschwenk durch einen ganzen Raum vermittelt dem Gericht oder Ermittlern, die nicht am Tatort waren, einen realistischeren Eindruck als Papierbilder von einzelnen Bereichen.

Aufnahmetechnik

An die Fotos von Beweisstücken werden hohe Anforderungen gestellt, da sie Fakten wie Größe, Form und Farben des Motivs präzise wiedergeben müssen. Um dies zu gewährleisten, wird eine rechtwinklige Schablone mit Mess- bzw. Vergleichsskalen zum Objekt gelegt und mitfotografiert (siehe Foto oben).

Spezielles Licht

Tatort-Fotografen setzen konventionelles Blitzlicht und normale Scheinwerfer ein. Beim Fotografieren von Beweisstücken gehen sie jedoch besonders überlegt mit dem Licht um. Richtet man zum Beispiel das Licht in einem bestimmten Winkel auf Motive wie einen Schuhabdruck im Schlamm, lässt sich die Oberflächenstruktur wesentlich deutlicher erkennen.

Einige forensische Lichtquellen haben die beweisführende Fotografie revolutioniert. Lampen mit unterschiedlichen Filtern und flexibler Lichtführung leuchten ein Objekt auf besonders aussagekräftige Weise aus: UV-Licht bringt bestimmte Fingerabdrücke oder Flecken zum Leuchten oder es macht winzige Geschoss- und Blutspuren sichtbar. Unter blauem und grünem Licht sind Fingerabdrücke, Urin, Sperma oder Fasern besser zu erkennen.

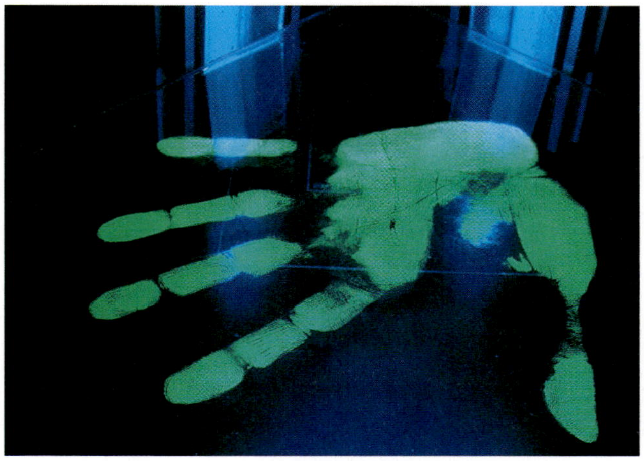

▲ULTRAVIOLETTES LICHT
Sind die Finger mit Öl oder anderen Fettsubstanzen in Berührung gekommen, fluoreszieren die Abdrücke unter UV-Licht. Meist muss man sie aber mit DFO oder Sekundenkleber (siehe Seite 19) behandeln, damit sie unter UV-Licht fotografiert werden können.

SYSTEMATISCHES FOTOGRAFIEREN

Die fotografische Spurensicherung muss sowohl die gesamte Tatortszene als auch alle spezifischen Details systematisch erfassen. In diesem Fall machte der Fotograf zuerst eine Gesamtaufnahme vom Tatort (ganz rechts) und dann Nahaufnahmen von aufgefundenen Patronenhülsen und anderen zurückgelassenen Gegenständen (rechts). Wichtige Beweisstücke werden aus mehreren Perspektiven und mit verschiedenen Kameraeinstellungen aufgenommen. So lässt sich auf den Fotos vieles erkennen, was mit bloßem Auge nicht zu sehen ist. Um verdeckende Schatten zu vermeiden, setzen die Fotografen häufig auch bei Tageslicht ein Blitzlicht ein.

SPURENSICHERUNG NACH EINER SCHIESSEREI
Nach einer Schießerei bei Wiesbaden mussten die Fotografen den Tatort zügig dokumentieren, da die Straße nicht lange abgesperrt werden konnte.

Spurensuche

Sorgfalt und Kompetenz tragen entscheidend zum Erfolg oder Misserfolg der Ermittlungen bei. Eine zweite Chance gibt es nur selten. Sobald die Leute von der Spurensicherung den Tatort verlassen haben, werden Beweise in irgendeiner Form beeinträchtigt.

▲MARKIEREN VON SPUREN
Wichtige Spuren werden mit Nummern versehen, die man in einem Verzeichnis dokumentiert und in eine Tatortskizze einträgt. So lassen sich Beweisstücke zuordnen, auch wenn mehrere auf einem Foto sind.

MIT SPITZEN FINGERN:

1. *Spezialkleidung verhindert, dass die Kleidung der Spurensucher den Tatort verfälscht. Mitunter wird der Overall später auf Rückstände untersucht.*
2. *Spezialhandschuhe stellen sicher, dass genetische Spuren nicht von den Händen der Spurensucher stammen.*
3. *Auch der Mundschutz verhindert eine Verfälschung von Spuren; er schützt aber auch die Spurensucher bestmöglich vor schädlichen Einflüssen.*
4. *Nur kleine Bereiche werden Schulter an Schulter auf den Knien mit den Fingerspitzen abgesucht. Auf größeren Flächen gehen die Spurensucher in einem weiteren Abstand zu Fuß.*
5. *Aufzeichnungen, die sofort während der Spurensuche gemacht werden, sind beweiskräftiger als ein später angefertigtes Gedächtnisprotokoll.*
6. *Fotoaufnahmen und – je nach Fall – Videoaufzeichnungen gehören zur den Routinearbeiten der Spurensuche.*

GROSSES BILD ►
Polizisten suchen in Yorkshire (England) im Jahr 2001 nach Spuren, nachdem man einen Koffer mit einer Leiche gefunden hatte.

Kein Tatort kann auf unbestimmte Zeit abgeriegelt werden, um die Spuren zu schützen. Daher muss man sie so schnell wie möglich suchen und sichern, damit der Tatort freigegeben werden kann. Doch wie wissen die Ermittler, welche Spuren von Bedeutung sind?

Manches liegt auf der Hand

Geschieht ein Verbrechen im Freien, liegt es nahe, dass Schmutz und Erde eine Rolle spielen, weil sie sich an der Kleidung oder den Schuhen des Verdächtigen wiederfinden können. So verhält es sich auch mit pflanzlichen Materialien, wie Pollen oder Samen, die häufig in derartigen Substraten enthalten sind. Aber genauso gut kann jede andere Kleinigkeit am Tatort Hinweise liefern. Würden die Ermittler alles einsammeln, was eventuell als Beweis dienen könnte, gäbe es ein administratives Chaos, in dem sich Wichtiges von Unwichtigem kaum mehr unterscheiden ließe. Gehen die Ermittler jedoch zu »sparsam« vor, bleibt womöglich gerade die Spur, die den Täter überführt, auf der Strecke.

Stecken die Ermittler dauernd in der Zwickmühle? Nein! Erfahrung, Praxis und das Dokumentieren der Spuren und Beweismaterialien vor Ort helfen den Ermittlern, den goldenen Mittelweg zwischen »zu viel« und »zu wenig« zu finden.

Faustregeln für die Suche

Kein Verbrechen, kein Tatort gleicht dem anderen, sodass jeder Fall ein individuelles Vorgehen erfordert. Bei einem Mord in einem Haus beschränkt sich die Spurensuche auf einen verhältnismäßig kleinen Raum, während nach einer Explosion die Beweismaterialien über eine sehr große Fläche verstreut sein können. Dennoch gibt es einige übergreifende Faustregeln.

Die Suche nach Spuren im Freien hat Vorrang, da Witterungseinflüsse sie rasch zerstören oder beschädigen. Öffentliche Bereiche besitzen höhere Priorität, weil sie schwerer abzusichern sind als private Räume. Kann eine Leiche nicht geborgen werden, bevor die Umgebung nach Spuren abgesucht wurde, steht diese Suchaktion im Vordergrund. In Tatortnähe bringt die Suche eher Resultate als in Randgebieten.

Suchstrategien

Zum Absuchen großer offener Bereiche wie Parks oder Felder stellen sich die Mitglieder des Suchtrupps in einer Reihe auf und bewegen sich gemeinsam in einer geraden Linie vorwärts. Für die weiträumige Suche eignet sich auch die Gitterstrategie, bei der das infrage kommende Gelände zweimal abgesucht wird. Der Suchtrupp geht erst in die eine Richtung und bewegt sich dann im rechten Winkel zu der anfangs eingeschlagenen Richtung erneut über das Suchgebiet.

Für normale Innenräume sind derartige Suchmethoden unpraktisch. Hier nehmen sich die Ermittler Raum für Raum vor.

Das Spurenprotokoll

Werden Gegenstände oder andere Spuren gefunden, die eventuell in Zusammenhang mit dem Verbrechen stehen, spielen der Ort und die Lage des Fundes eine grundlegende Rolle. Daher wird nichts bewegt oder aufgehoben, bevor es nicht fotografiert und in Bezug zu einem definierten Fixpunkt gesetzt wurde. Dies hilft, den Tatort inklusive der aufgefundenen Details zu rekonstruieren, sei es in Form einer Skizze, eines dreidimensionalen Modells oder – in zunehmenendem Maß – als virtuelles, am Computer erstelltes Modell.

Beweise sicher aufbewahren

Die Ermittler müssen alle Beweismittel so verpacken, dass keinerlei Beeinträchtigung erfolgt. Letzterem kommt im Zeitalter der DNA-Analyse eine besondere Bedeutung zu. Dank der ausgefeilten Analyseverfahren lässt sich anhand einer mikroskopisch kleinen Menge organischer Substanz die Identität eines Verdächtigen feststellen. Ist jedoch ein am Tatort aufgefundenes Beweismaterial mit der DNA der Ermittler kontaminiert, ist das Material unter Umständen völlig wertlos.

▲**SPEZIELLE SUCHTRUPPS**
Die schlechte Sicht unter Wasser erschwert die Spurensuche in Teichen, Seen oder Flüssen erheblich. An Land dagegen helfen Metalldetektoren, Geigerzähler oder Suchhunde (die auch Drogen aufspüren), vergrabenes Beweismaterial zu finden.

SICHER VERWAHREN

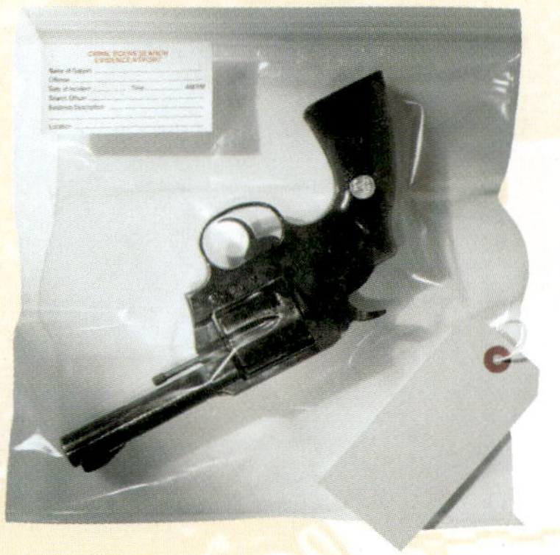

Es gibt zwei wichtige Gründe, Beweismaterial sorgfältig zu protokollieren und zu verpacken: Das Beweismittel liegt in einer fest verschlossenen, sorgfältig beschrifteten, durchsichtigen Hülle, damit nichts entfernt, hinzugefügt oder verändert werden kann, der Gegenstand aber dennoch gut sichtbar ist. Und sie dient als Schutz vor Kontaminierung oder natürlichem Zerfall. Zusammen mit vorschriftsmäßigen Aufzeichnungen lässt sich so genau verfolgen, wer sich mit dem Gegenstand zwischen Tatort und Gerichtssaal befasst hat.

Fingerabdrücke suchen

Fingerabdrücke identifizieren zuverlässig eine Person. Ihre Beweiskraft liegt nicht nur in der Einzigartigkeit eines jeden Abdrucks, sondern auch in der Einfachheit ihrer Handhabung. Mit preiswerten, einfachen Mitteln lassen sie sich am Tatort sichern. Und vor Gericht werden sie ohne komplizierte Experten-Gutachten als Beweismittel akzeptiert.

◄SICHTBAR
Wenn die Hände blutig oder schmutzig sind, entstehen sichtbare Fingerabdrücke. Sie werden am Tatort fotografiert. Eine spätere Bearbeitung der Fotos ermöglicht, Kontraste und Sichtbarkeit zu verstärken.

Der Abdruck eines Fingers ist einzigartig. Kein Mensch besitzt den selben Fingerabdruck wie ein anderer. Selbst eineiige Zwillinge mit identischer DNA können anhand der Linien am Endglied (der Papillarleiste) ihrer Finger voneinander unterschieden werden. Diese Linien und das Sekret der Schweißdrüsen hinterlassen auf allem, was man berührt, eine Spur.

Am Tatort lassen sich Fingerabdrücke auf transparenten Oberflächen recht leicht erkennen. An vielen anderen Stellen sind sie nicht mit bloßem Auge zu sehen, sondern sie müssen mithilfe von Puder, Chemikalien, Licht oder anderen Methoden zum Vorschein gebracht werden. Mit diesen Verfahren kann man auch den Abdruck von Handflächen, nackten Füßen und sogar von Ohren sichtbar machen. Derartige Abdrücke nützen den Ermittlern meistens wenig, denn in der Datenbank der Polizei sind nur Fingerabdrücke gespeichert.

Nichtporöse Oberflächen

Die bekannteste und am häufigsten eingesetzte Methode, um Fingerabdrücke auf nichtporösen Oberflächen sichtbar zu machen, ist das Auftragen eines Puders. Spezialpuder, zum Beispiel fein gemahlenes Aluminium, wird mit einem weichen Pinsel auf die Oberfläche gegeben, wobei die Puderpartikel an den vom Schweiß feuchten, fettigen Linien des Fingerabdrucks haften bleiben. Je nach Farbe des Untergrunds kommen helle, dunkle oder farbige Puder zum Einsatz. Mit einem Klebeband wird der Abdruck von der Oberfläche »gehoben« zur Konservierung als Beweismittel auf einen Objektträger gesetzt.

Poröse Oberflächen

Poröses Material, wie Papier oder Karton, absorbiert die Schweißrückstände, sodass sich viele Puderarten zum Abnehmen der Fingerabdrücke nicht eignen. Manchmal funktioniert Magnetpuder. Die Ermittler bevorzugen meist Chemikalien wie Ninhydrin und DFO (1,8-Diazafluoren-9-One), die mit menschlichem Schweiß eine chemische Verbindung eingehen. Poröse Objekte werden in eine Lösung getaucht oder damit besprüht. Bei Ninhydrin erscheinen die Abdrücke in einem dunklen Rot; bei DFO leuchten sie, wenn man einen Laserstrahl oder blaugrünes Licht auf sie richtet.

FINGERABDRUCKPUDER AUFTRAGEN▲
Da es unmöglich ist, alle Flächen am Tatort »einzupudern«, orientiert man sich an Aussagen des Opfers und an Hinweisen am Tatort. Routinemäßig werden Eingangstüren und aufgebrochene Fenster behandelt, zudem Stellen, die der Täter eventuell berührt haben könnte. Auch auf die Scherben zerbrochener Fensterscheiben wird Puder aufgetragen.

◄MAGNETPUDER
Magnetische »Zauberstäbe« werden für einige poröse Oberflächen benutzt, um ein chemisches Verfahren zu vermeiden. Der eisenhaltige Inhalt haftet auf den Schweißpartikeln des Fingerabdrucks.

Häufig verwendet wird auch Entwicklerflüssigkeit, die Silber und Eisen enthält. Mithilfe dieser Lösung treten Fingerabdrücke auf durchgeweichten porösen Oberflächen zu Tage. Joddämpfe verleihen Fingerabdrücken eine braune Farbe, die aber schnell verblasst, sodass man den Abdruck sofort fotografieren muss, um das – wie Experten sagen – Fingerbild zu erhalten. (Die Dämpfe verstärken auch Fingerabdrücke auf nichtporösen Oberflächen.)

Manche Verstärkungstechniken können Fingerabdrücke zerstören, andere funktionieren nicht, wenn man sie nacheinander verwendet. Expertenwissen und -erfahrung helfen, die richtige Methode einzusetzen. Zur Sicherheit wird jede Stufe der Fingerbild-Verstärkung fotografiert, falls der nächste Bearbeitungsschritt das Bild zerstört.

Licht und Fotografie

Jeder kennt den Effekt bei Fensterscheiben, auf denen ein zuvor unsichtbarer Fingerabdruck penetrant deutlich auftaucht, wenn das Licht in einem bestimmten Winkel einfällt. Auf diesem Effekt basiert ein Verfahren der Fingerbild-Fotografen. Weißes Licht wird auf die betroffene Fläche gerichtet, dann bewegt der Fotograf die Kamera oder die Lichtquelle, bis der Fingerabdruck erscheint. Blasse Abdrücke zeigen sich mitunter unter koaxialem Licht (mit gleicher Achse), für das ein halbtransparenter, diagonal zur Kameralinse ausgerichtet Spiegel einen Lichtstrahl auf den Fingerabdruck lenkt. Der Abdruck zeigt sich als dunkles Muster.

Auch anderes Licht hilft, ein Fingerbild deutlich sichtbar zu machen. So verstärkt grelles farbiges Licht das Bild, vor allem wenn es zuvor mit Ninhydrin oder DFO behandelt wurde. Ultraviolette Strahlung setzt man in Kombination mit fluoreszierendem Puder und Sekundenkleberdämpfen ein (siehe »Spezialbehandlungen«, rechts). Argon-Ionen-Laser (blaugrünes Licht) fördern oft Fingerabdrücke zutage, die auf keine der anderen Verfahren reagieren. Mit dieser Technik hat das FBI 1984 die Fingerabdrücke auf einer Postkarte zum Vorschein gebracht, die der Kriegsverbrecher Valerian Trifa 42 Jahre zuvor an den Füher der SS geschickt hatte.

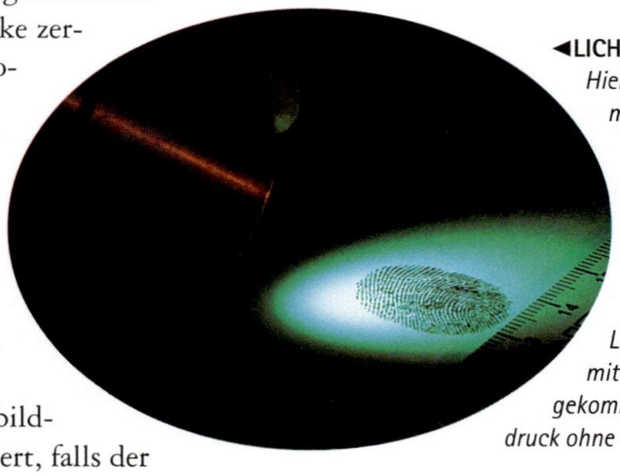

◄LICHTTECHNIKEN
Hier wird einfarbiges Licht mithilfe der Glasfaseroptik auf einen Fingerabdruck gelenkt. Chemische Verfahren bringen Fingerbilder unter bestimmten Lichtquellen zum Leuchten. Sind Finger mit Fetten in Berührung gekommen, leuchtet der Abdruck ohne chemische Behandlung.

Ausschluss und Abgleich

Fingerabdrücke helfen auch, Unschuldige auszuschließen. Daher sammelt man zum Beispiel die Fingerabdrücke der Bewohner eines Hauses, in das eingebrochen wurde. Dafür werden die Fingerspitzen mit Stempelfarbe eingefärbt und auf einen Karton gedrückt. Verdächtige Fingerabdrücke werden mit der Fingerabdruck-Datenbank der Polizei abgeglichen (siehe Seite 46).

FINGERABDRÜCKE ABHEBEN►
Mit einem schwach haftenden Spezialklebeband lässt sich der Fingerabdruck vollständig abheben. So muss er nicht direkt am Tatort fotografiert werden.

SPEZIALBEHANDLUNGEN

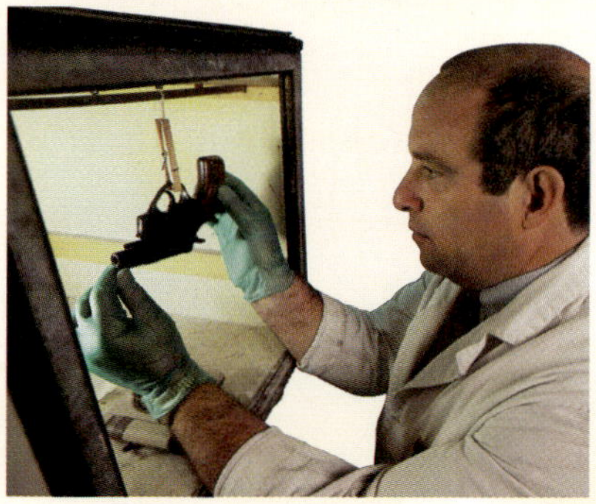

Im Labor werden Fingerabdrücke mit Verfahren zum Vorschein gebracht, die für den Einsatz am Tatort zu kompliziert sind oder für die man giftige Substanzen benötigt. Eine gängige Methode ist die Behandlung mit den Dämpfen von Sekundenkleber (Cyanoacrylate). Diese Dämpfe gehen mit den Schweißrückständen des Fingerabdrucks eine chemische Verbindung ein, sodass der Abdruck sichtbar wird – sogar auf schwierigen Oberflächen wie flexiblem Kunststoff. Färbemittel, Puder und spezielles Licht sorgen für deutlichere Kontraste.

Eine teure, zeitaufwändige, aber erfolgreiche Methode ist das Bedampfen unter Vakuumbedingungen. Dafür wird das Objekt in eine Druckluftkammer gelegt, in die man nach dem Abpumpen der Luft Metalldämpfe leitet (erst Gold, dann Zink). Die Dämpfe kondensieren sichtbar auf den Fingerabdrucklinien. So lassen sich selbst sehr alte oder lange dem Wasser ausgesetzte Fingerabdrücke sichtbar machen.

Schuh- und Reifenabdrücke

In vielen Kriminalromanen führen Schuhabdrücke den Detektiv zum Versteck des Täters. So ein Glücksfall kommt in der Realität selten vor. Schuhabdrücke oder Reifenspuren können jedoch beweisen, dass eine Person oder ein Auto am Tatort war. Schuhabdrücke geben auch Hinweise auf Größe und Gewicht einer Person.

ZWEI ABDRUCKTYPEN
Auf festem Boden hinterlassen Schuhe nur »flache Spuren« (oben), während in weichem Untergrund dreidimensionale Abdrücke entstehen, die mehr Details zeigen und oft verräterische Rückstände enthalten.

Wie die Ermittler mit Schuhabdrücken am Tatort umgehen, hängt von der Art des Untergrunds ab und ob Material vom Schuh vorhanden ist. Der »ideale« Schuhabdruck hinterlässt auf weichem Boden einen deutlichen Abdruck des Sohlenmusters, das man fotografieren kann. Für die Aufnahme lässt der Fotograf das Licht schräg einfallen und richtet die Kamera senkrecht auf die Spur. Eine mitfotografierte Messskala ermöglicht den passgenauen Abgleich mit den Schuhen eines Verdächtigen.

Das Ausgießen des Schuhabdrucks mit Gips oder Zahnabgussmasse lässt häufig Details klarer erkennen als ein Foto. Vor dem Ausgießen wird loses Material, wie Sand, mit Fixierspray besprüht. Ein anderes Spray sorgt für das problemlose Herausheben des Abgusses. Schuhabdrücke im Schnee werden mit Wachs ausgesprüht und mit kaltem Abgussmaterial gefüllt.

»Flache« Schuhabdrücke

Schuhabdrücke auf festem Boden oder Teppichen, wo sich die Sohle zwar abdrückt, aber nicht eindrückt, werden ebenfalls fotografiert. Da schräg einfallendes Licht hierbei wenig nützt, setzt der Fotograf intensive forensische Lichtquellen ein, um Details zu verstärken.

Nasse Schuhe hinterlassen relativ gut sichtbare Spuren, die leicht zu fotografieren sind. Wesentlich schwieriger ist das Sichern eines trockenen Schuhabdrucks im Staub. Man kann ihn – ähnlich wie einen Fingerabdruck – mit einem Spezialband (einem mit einer klebrigen Gelschicht versehenen Stoffstreifen) abheben.

Daneben gibt es ein elektrostatisches Verfahren: Eine mit schwarzem Kunststoff überzogene Folie wird mit einem Gerät verbunden, das eine starke statische Aufladung erzeugt, wodurch die Staubpartikel

◀SCHMUTZIGE SCHUHE
Partikel von der Sohle, die am Schuhabdruck haften, können Hinweise geben, wo sich der Träger der Schuhe aufgehalten hat, bevor er am Tatort war.

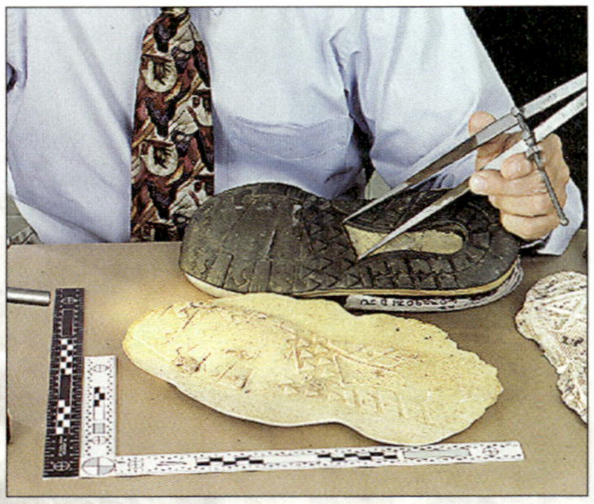

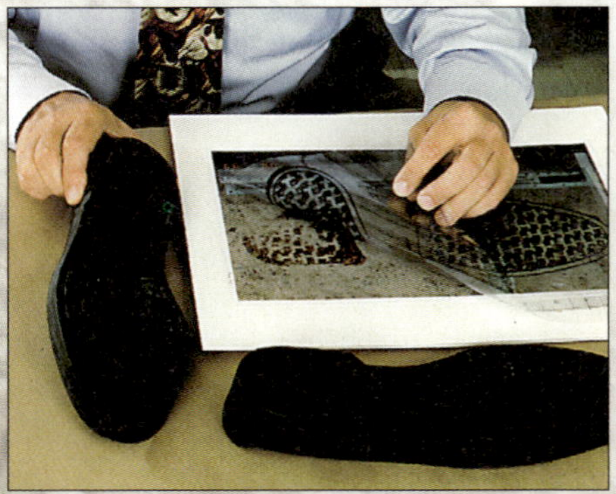

VERGLEICH MIT ECHTEM SCHUH▶
Mit einfachen Messungen (rechts oben) lassen sich Abguss oder Foto mit dem Schuh eines Verdächtigen vergleichen. Das Übertragen des Schuhabdrucks auf eine durchsichtige Folie ermöglichen es, Details der Schuhe und des Abdrucks direkt miteinander zu vergleichen.

des Schuhabdrucks auf die schwarze Fläche gehoben werden.

Um Schuhabdrücke deutlicher sichtbar zu machen, setzt man die gleichen Verstärkungsmethoden wie bei Fingerabdrücken ein, also zum Beispiel Puder oder die Dämpfe von Sekundenkleber. Auf porösen Oberflächen funktionieren oft auch Ninhydrin und DFO (siehe Seite 18).

Schuhabdrücke auswerten

Abguss und Fotos eines Schuhabdrucks werden mit den Schuhen von Verdächtigen verglichen. Gleichen sich die Sohlenmuster und Abnutzungsmerkmale, kann man davon ausgehen, dass der Träger der Schuhe am Tatort war.

Beim Auswerten des Schuhabdrucks kann eine Verbindung zu anderen unaufgeklärten Verbrechen auftauchen und der Tätersuche eine neue Wendung geben. Ein Abgleich mit einer Schuhabdruck-Datenbank ergibt mitunter Informationen über Hersteller, Marke und Modell der Schuhe.

Anhand der Schuhgröße lassen sich Rückschlüsse auf die Statur des Verdächtigen ziehen. Abnutzungsmerkmale verraten etwas über seinen Gang, zum Beispiel Humpeln kann man gut erkennen.

Reifenspuren

Bei Reifenspuren geht die Spurensicherung genau wie bei den Schuhabdrücken vor. Allerdings bereitet die Größe der Reifenspuren manchmal Probleme. Um lange, breite Lastwagenspuren zu sichern, sind viele Abgüsse oder Fotos nötig.

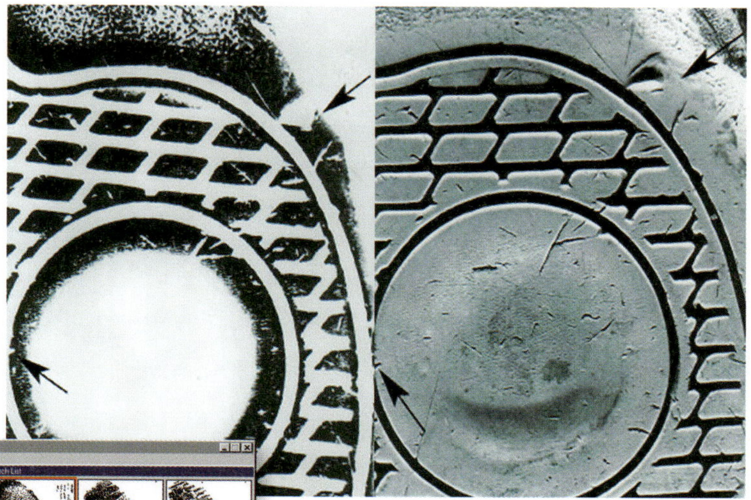

MERKMALE►
Herstellungsmängel (Pfeil rechts oben) finden sich meist auf allen Schuhen einer Produktionsserie, sodass sie für sich genommen keine Beweiskraft besitzen. Zusammen mit einem charakteristischen Einschnitt (links im Kreis) wird die Schuhsohle jedoch unverwechselbar.

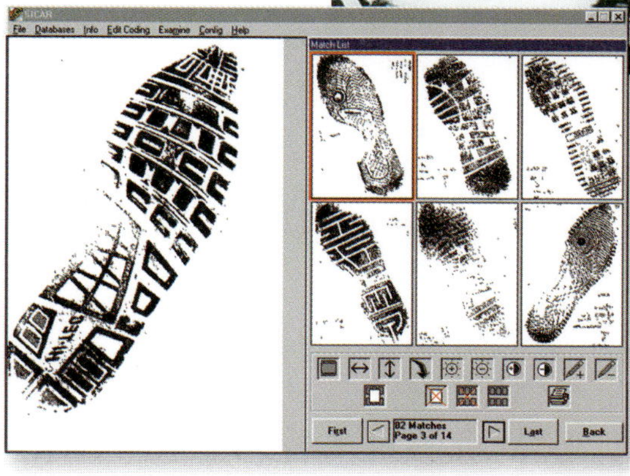

◄SCHUHABDRUCK-DATENBANKEN
Datenbanken für Profilmusterzuordnung ermöglichen den Abgleich mit Schuhabdrücken von anderen Tatorten. Zur Identifizierung der Modelle stellen viele Schuhhersteller Profilbilder zur Verfügung.

Leichter als bei Schuhen können die Ermittler Reifen identifizieren, da sich die Hersteller an Standards halten müssen, für die es informative Referenzwerke gibt.

Der Abstand zwischen Reifenspuren oder der Wendekreis des Fahrzeuges liefert keine beweiskräftigen Informationen. Beides hilft aber, Fahrzeuge auszuschließen oder die Suche einzugrenzen.

ABGLEICH VON SPURENABGUSS UND REIFEN▼
Wenn der erste Abgleich des Abgusses einer Reifenspur mit dem Reifen eines verdächtigen Fahrzeuges grobe Übereinstimmungen ergibt, wird der Reifen rundum Punkt für Punkt mit dem Abguss verglichen.

FALLBEISPIEL

Seit die Polizei von Torquay, Südwestengland, 2001 eine Schuhabdruck-Datenbank zu Rate zog, ist sie von deren Wert überzeugt, denn sie half, einen Fall zu lösen: In Torquay schlich sich ein Kunde ins Lager eines Sportgeschäftes, stahl eine teure Nike-Jacke und flüchtete durch ein Fenster im Erdgeschoss. Der Polizei fehlte jegliche Spur, bis drei Wochen nach dem Diebstahl ein Schuhkarton mit einem Paar alter Schuhe auftauchte. Der Dieb hatte sich auch neue Schuhe gegönnt. Ein Polizeibeamter scannte die Sohlen der alten Schuhe und glich sie mit der Schuhabdruck-Datenbank ab. Dabei stieß er auf einen Mann, der schon einmal wegen eines anderen Deliktes verhaftet worden war. Konfrontiert mit den Beweisen, gestand der Verdächtigte den Diebstahl.

FALLBEISPIEL

Werkzeugspuren

Keine Zeugen. Keine Fingerabdrücke. Keine DNA. Ein geschickter, systematisch vorgehender Krimineller vermeidet tunlichst alles, was Ermittler interessieren könnte. Doch die eingesetzten Werkzeuge, sogar die Handschuhe können Spuren hinterlassen, die der Polizei helfen, einen Verdächtigen mit dem Tatort in Verbindung zu bringen.

Werkzeuge spielen bei vielen Verbrechen eine wichtige Rolle. Kriminelle benutzen sie, um Türen, Fenster und Schlösser aufzubrechen und sogar um eine Leiche in Stücke zu schneiden. Egal, wie vorsichtig die Täter schneiden, hämmern oder kratzen, die Werkzeuge hinterlassen Spuren – auf fast allen Oberflächen. Sind diese Spuren deutlich genug, lässt sich nachweisen, welches Werkzeug sie verursacht hat.

Werkzeugspuren

Bei Werkzeugspuren unterscheidet man zwei grundsätzliche Typen: die multiplen und die einfachen Kontaktspuren. Die multiplen entstehen, wenn das Werkzeug auf einer Oberfläche mehrfach eingesetzt wird (wie beim Sägen oder Aufmeißeln). Diese Spuren besitzen nur sehr begrenzten Wert. Man kann daraus nur ersehen, um welches Werkzeug es sich handelt, etwa um eine Säge oder ein Messer, und bestenfalls die Größe schätzen.

Bei den einfachen Kontaktspuren hat das Werkzeug nur jeweils eine Stelle der Oberfläche berührt, zum Beispiel wenn ein Einbrecher ein Fenster mit einem Schraubenzieher aufhebelt (siehe Foto links). Schrammen, Kerben und Furchen bilden einzigartige Muster, die sich häufig einem bestimmten Werkzeug zuordnen lassen. Der Besitzer dieses Werkzeugs ist aber nicht zwangsläufig der Täter, denn dieser hat das Werkzeug vielleicht gestohlen oder einfach am Tatort gefunden.

Typische Merkmale

Die Arbeitskanten von Werkzeugen wie Schneiden von Zangen und sogar so kleine Flächen wie die Spitze eines Schraubenziehers weisen oft Mängel auf. Sie können bei der Produktion der Werkzeuge entstanden sein oder durch den Gebrauch. Produktionsbedingte Mängel finden sich meist auf allen Exemplaren einer Produktserie und führen daher vielleicht zum Hersteller oder im Idealfall zum Verkäufer.

AUFGESCHNITTENE KETTE►
Ein Bolzenschneider hat am durchtrennten Kettenglied Spuren hinterlassen, die man unter dem Mikroskop sieht (siehe rechts oben).

BOLZENSCHNEIDER-VERGLEICH ▲
Das Mikroskop zeigt die Riefen an der Schnittfläche einer Kette vom Tatort (A). Der Bolzenschneider des Verdächtigten erzeugt genau die gleiche Riefelung (B).

Gebrauchsspuren dagegen verwandeln ein Werkzeug vielfach in ein einzigartiges Exemplar; vor allem auf weichem Material verursachen sie winzige, charakteristische Splitter, Dellen und Kratzer. Eine mikroskopische Untersuchung (siehe Fotos oben) erbringt einen Beweis – sofern das Werkzeug nach der Tat nicht benutzt wurde. Ist es weiter in Gebrauch, sinkt sein Wert als Beweismittel mit jedem Tag, weil neue Gebrauchsspuren mit hoher Wahrscheinlichkeit die alten verändern.

Wenn Werkzeuge starke Mängel oder Gebrauchsspuren besitzen, erzeugen sie Merkmale, die auch bei multiplen Kontaktspuren zu erkennen sind. Ein abgebrochener Zahn eines Sägeblatts zum Beispiel hinterlässt bei jedem Sägezug eine charakteristische Lücke auf der Oberfläche.

Werkzeugspuren sichern

Wo Werkzeugspuren vorkommen, war ohne Zweifel Gewalt im Spiel. Am Tatort untersuchen die Ermittler die Eindringmöglichkeiten. Ist ein Fenster, eine Tür aufgebrochen, das Vorhängeschloss am Gartentor geknackt? Werkzeugspuren finden sich überall, wo ohne Werkzeug eine offensichtliche Gewaltanwendung nicht möglich war, etwa bei einer zerstückelten Leiche oder einem zerstochenen Reifen.

Ideal ist es, wenn man zur Spurensicherung das Objekt, wie ein aufgebrochenes Fenster, mitnehmen kann. Anderenfalls werden sie fotografiert und/oder durch Harzabgüsse gesichert.

Untersuchen und vergleichen

Sofern es verdächtige Personen gibt, werden deren Werkzeuge mit den Werkzeugspuren vom Tatort abgeglichen. Um nicht die infrage kommenden Werkzeuge auszuschließen, reicht ein gewöhnliches Stereomikroskop (siehe Seite 89). Zeigen sich Übereinstimmungen, wird mit dem verdächtigen Werkzeug eine Spur erzeugt, die mit der vom Tatort verglichen werden kann. Handelt es sich um einen Bolzenschneider, mit dem der Verdächtigte möglicherweise die Kette eines Vorhängeschlosses aufgeschnitten hat, durchtrennt der Ermittler mit diesem Werkzeug ein Blei- oder Aluminiumrohr. Für die Probe wird relativ weiches Material verwendet, um eine Beschädigung beziehungsweise Veränderung der Gebrauchsspuren zu verhindern. Je mehr Details bei Probe- und Tatortspur übereinstimmen, desto sicherer ist es, dass es sich um das Tatwerkzeug handelt.

Bei der Ermittlung werden die Werkzeugspuren selten isoliert betrachtet, sondern meist auch in Zusammenhang mit anderen Spuren und Beweismittel vom Tatort. Wurde zum Beispiel ein Kettenglied mit einem Bolzenschneider durchtrennt, hat dessen Schneiden an beiden Schnittflächen eine typische Riefenspur hinterlassen. Um die entsprechende Stelle auf dem sichergestellten Bolzenschneider zu finden, kommen chemische Substanzen zum Einsatz, denn die sonst nötigen zahllosen Schneideversuche sind mit zu vielen Risiken behaftet.

Viele andere Werkzeugenspuren helfen, Täter zu überführen. Wurde ein Telefonkabel mit einer Kombizange durchtrennt, erhärten Rückstände der Isolierung den Verdacht gegen den Zangenbenutzer.

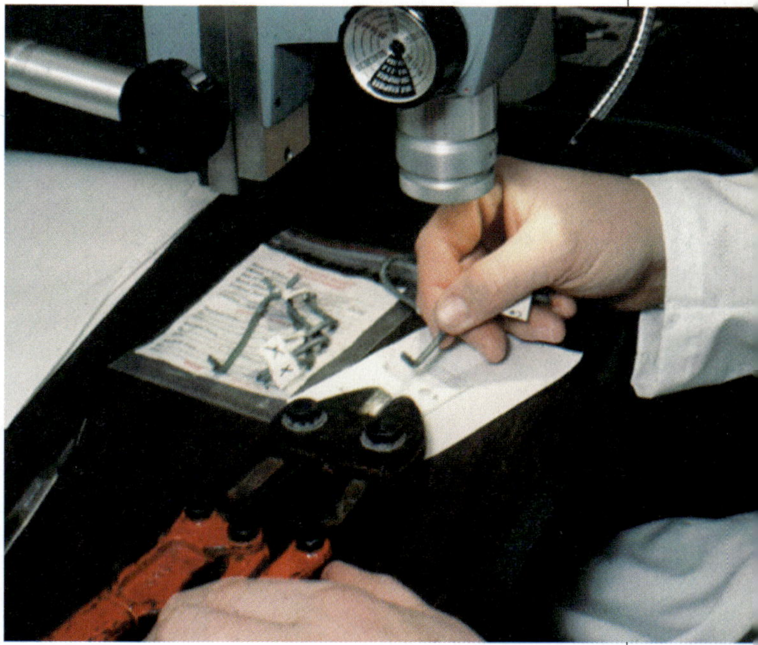

ANALYSE IM LABOR ▲
Der Bolzenschneider eines Verdächtigten wird im Labor auf Gebrauchsspuren und viele andere mögliche Spuren wie Fingerabdrücke untersucht.

STOFFABDRÜCKE

Ob Wolle, Leinen, Fleece, viele Stoffarten hinterlassen Spuren, die genau wie Fingerabdrücke mithilfe von Puder, Klebeband oder elektrostatischen Verfahren (siehe Seite 20/21) gesichert werden können. Je gröber das Material ist, desto klarer treten die Abdrücke zutage. Stoffabdrücke am Tatort stammen meist von Handschuhen. Vor allem nagelneue Handschuhe bergen beweiskräftige Hinweise in sich, aber auch markante Gebrauchsspuren, die wie Farbe (siehe Foto rechts), zeigen sich im Abdruck und verwandeln ihn in ein Unikat. Bei Unfällen mit Fahrerflucht kann ein Abdruck der Kleidung eines überfahrenen Opfers auf dem Auto des Flüchtigen diesen überführen.

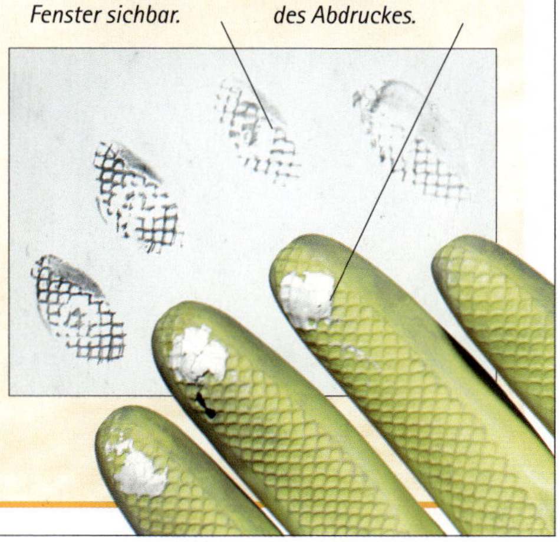

OJ Simpson vor Gericht

Nachdem Nicole Brown Simpson in ihrem Haus in Los Angeles tot aufgefunden wurde, fiel der Verdacht bald auf ihren Ex-Ehemann OJ Simpson. In dem medienwirksamen Prozess stand nicht nur der einst gefeierte Sportler unter Anklage, sondern auch die polizeilichen Ermittlungen.

HAT ER SEINE FRAU ERMORDET?▲
Mordverdacht brachte Orenthal James Simpson mit 46 Jahren ins Gefängnis. Bereits sechs Jahre zuvor hat man ihn zu Sozialarbeit und einer Bewährungsstrafe verurteilt, weil er seine Frau verprügelt hatte.

SCHLAMPEREI DER POLIZEI?▼
Die Verteidigung behauptete, die Ermittler hätten am Tatort zwischen der Blutprobe und dem Verpacken von Beweisstücken ihre Handschuhe nicht gewechselt. So sei Simpsons DNA an den Handschuh gelangt.

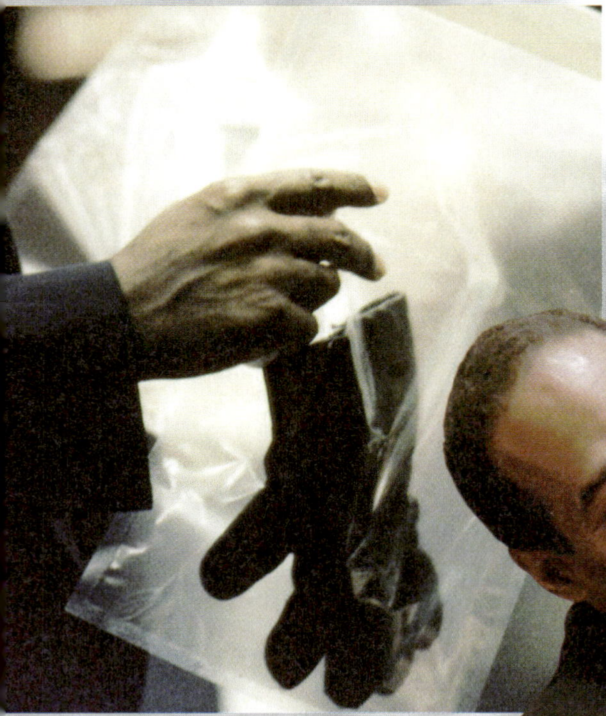

Nicoles Hund schlug am Abend des 12. Juni 1994 Alarm. Ab 22.15 Uhr hörten Nachbarn ihn jaulen; dann fanden sie den weißen Akita mit Blut verschmiert. Er führte sie zum Tor des Anwesens 875 South Bundy Drive in Brentwood, dem schicken Vorort von Los Angeles. Durch den Maschendraht sahen sie blutige Fußspuren. An deren Ende, im Schein der Lampe am Vordach, lag der Körper von Nicole in einer Blutlache.

Polizei am Tatort

Ein Einsatzwagen der Polizei traf kurz nach Mitternacht ein. Polizisten öffneten das Tor, um den Tatort in Augenschein zu nehmen. Nicole war schlimm zugerichtet, fast geköpft. Neben ihr lag Ronald Goldman, ihr Freund, durch zahlreiche Messerstiche getötet. Nahe der Leichen entdeckte man unter den verschiedenen verstreuten Dingen einen Hut und einen blutbefleckten linken Handschuh. Im Haus fanden die Polizisten Nicoles Söhne, sechs und neun Jahre alt; sie schliefen fest.

Die Streifenpolizisten forderten Beamte des Morddezernats an. Diese trafen sich am Tatort und fuhren zu Simpsons Luxusvilla in der fünf Minuten entfernten Rockingham Avenue. Das Licht im Haus brannte, aber niemand öffnete. Ihre Rufe weckten Simpsons Tochter in einem Bungalow auf dem Gelände. Sie ließ die Polizisten ins Haus. Ein Gast, Kato Kaelin, der in einem anderen Bungalow übernachtete, berichtete den Polizisten, Simpson hätte einen Nachtflug nach Chicago genommen. Kaelin hatte ihm kurz vor 23 Uhr geholfen, Gepäck in eine Flughafen-Limousine zu laden.

Beim Läuten hatten die Polizisten Blut auf Simpsons Ford Bronco bemerkt. Dann sahen sie, dass Bluttropfen eine Spur vom Auto zur Eingangstür bildeten. Und der Ermittler Mark Fuhrman fand einen blutbefleckten Handschuh, der

»SIE SIND ZU ENG«►
Simpson schaffte es kaum, die Handschuhe anzuziehen. Der Staatsanwalt meinte, sie wären eingelaufen, doch die Geschworenen glaubten der Verteidigung: »Wenn sie nicht passen, Freispruch.«

genau zu dem passte, den man bei Nicoles Leiche entdeckt hatte.

Bei Tagesanbruch rief die Polizei Simpson in seinem Hotel in Chicago an. Er klang erregt, fragte aber erstaunlich wenig zum Tod seiner Ex-Frau. Bereitwillig nahm er den nächsten Flug zurück. Als die Ermittler ihn mittags vernahmen, bemerkten sie einen Verband an seiner Hand. Er habe sich vor kurzem geschnitten, erklärte er, und im Hotelzimmer in Chicago sei die Wunde durch ein zerbrochenes Glas wieder aufgerissen. Man fotografierte seine Hand und sicherte seine Fingerabdrücke. Eine Schwester nahm ihm Blut für einen DNA-Test ab und gab es in ein Glas, in dem sich der Gerinnungshemmer EDTA befand. Dann reichte sie das Glas den Ermittlern. Danach durfte Simpson gehen.

Inzwischen gingen die Untersuchungen am Tatort und in Simpsons Haus weiter. Um Einwänden der Verteidigung zuvorzukommen, zeichnete man die Hausdurchsuchung mit einer Videokamera auf.

Die beiden Ermittler, die Simpson vernommen hatten, fuhren zu dem Team in der Rockingham Avenue und übergaben um 17.20 Uhr die Blutprobe, damit sie mit dem Beweismaterial vom Tatort gekennzeichnet und weggebracht wurde.

Prozess mit Medienrummel

Der Fall entwickelte sich zum Medienzirkus: Simpsons Verhaftung ging eine spektakuläre Verfolgungsjagd über die Freeways von Los Angeles voraus.

Niemand bezweifelte, dass der Prozess immenses Interesse bei den Medien finden würde. Als er sieben Monate später begann, schien die Beweislast gegen Simpson erdrückend. Er besaß kein Alibi, Haare und Fasern am Hut vom Tatort konnten ihm zugeordnet werden. Die DNA-Analyse ergab: Das Blut an einem Socken aus Simpsons Schlafzimmer stammt von Nicole und das Auto sowie der rechte Handschuh sind mit Blut von Simpson und beiden Opfern verschmiert. Der stellvertretende Bezirksstaatsanwalt meinte, dass »die Blutspur vom Bundy Drive über den Ford Bronco bis zu seinem Haus ein erschlagender Beweis seiner Schuld« sei.

Doch Simpson engagierte Staranwälte – und die beharrten darauf, dass ein weißer rassistischer Polizist auf Gedeih und Verderb will, dass ein unschuldiger, wenn auch brutaler Afroamerikaner verurteilt wird. Die Beweise des Ermittlers Mark Fuhrman waren wertlos, nachdem die Geschworenen ein Tonband gehört hatten, auf dem Fuhrman 41 Mal »Nigger« sagte. Laut Verteidigung hatten beide Ermittler Möglichkeiten, Simpson hereinzulegen.

Etwa ein viertel Teelöffel der Blutprobe war vor der Kennzeichnung als Beweisstück verschwunden. Die Verteidigung behauptete, dass die Ermittler Zeit hatten, das Blut am Tatort zu verteilen – Proben von dort enthielten sogar Spuren von EDTA. Den Handschuh hatte vielleicht jemand hingelegt; er passte Simpson nicht einmal. Das Video von der Durchsuchung bestärkte die Verteidigung (siehe rechts). Die Staatsanwaltschaft entkräftete viele Einwände (im Blut findet sich von Natur aus EDTA). Die Geschworenen, von neun Monaten im Rampenlicht ermüdet und durch die vielen Expertengutachten verwirrt, überzeugte nichts. Sie brauchten nur sechs Stunden für den Freispruch.

Am Tatort

Fehler der Polizei erschweren die Arbeit der Staatsanwaltschaft. Streifenpolizisten riefen von Nicoles Telefon aus das Morddezernat an und verwischten so eventuell Fingerabdrücke. Einer der Ermittler deckte das Opfer mit einer Decke zu, um es vor den Kameras zu verbergen, und zerstörte damit vielleicht Faserspuren. Das Bild oben zeigt einen Ermittler mit dem blutbefleckten Lederhandschuh; man sieht, dass er weder einen sterilen Overall noch Handschuhe trägt. Das Polizeivideo fing weitere Fehler ein: Ein Polizist lässt einen Tupfer fallen und wischt mit verschmierten Händen die Pinzette ab. Man ignorierte die Blutflecken an Nicoles Tor, die Streifenpolizisten entdeckt hatten. Das Tor wurde erst drei Wochen später auf Spuren untersucht.

NICHT SCHULDIG!►
Simpson (M.) feiert mit den Anwälten F. Lee Bailey (l.) Johnnie Cochran (r.) das Urteil. Später forderte ein Gericht 33 Millionen Dollar Schadensersatz.

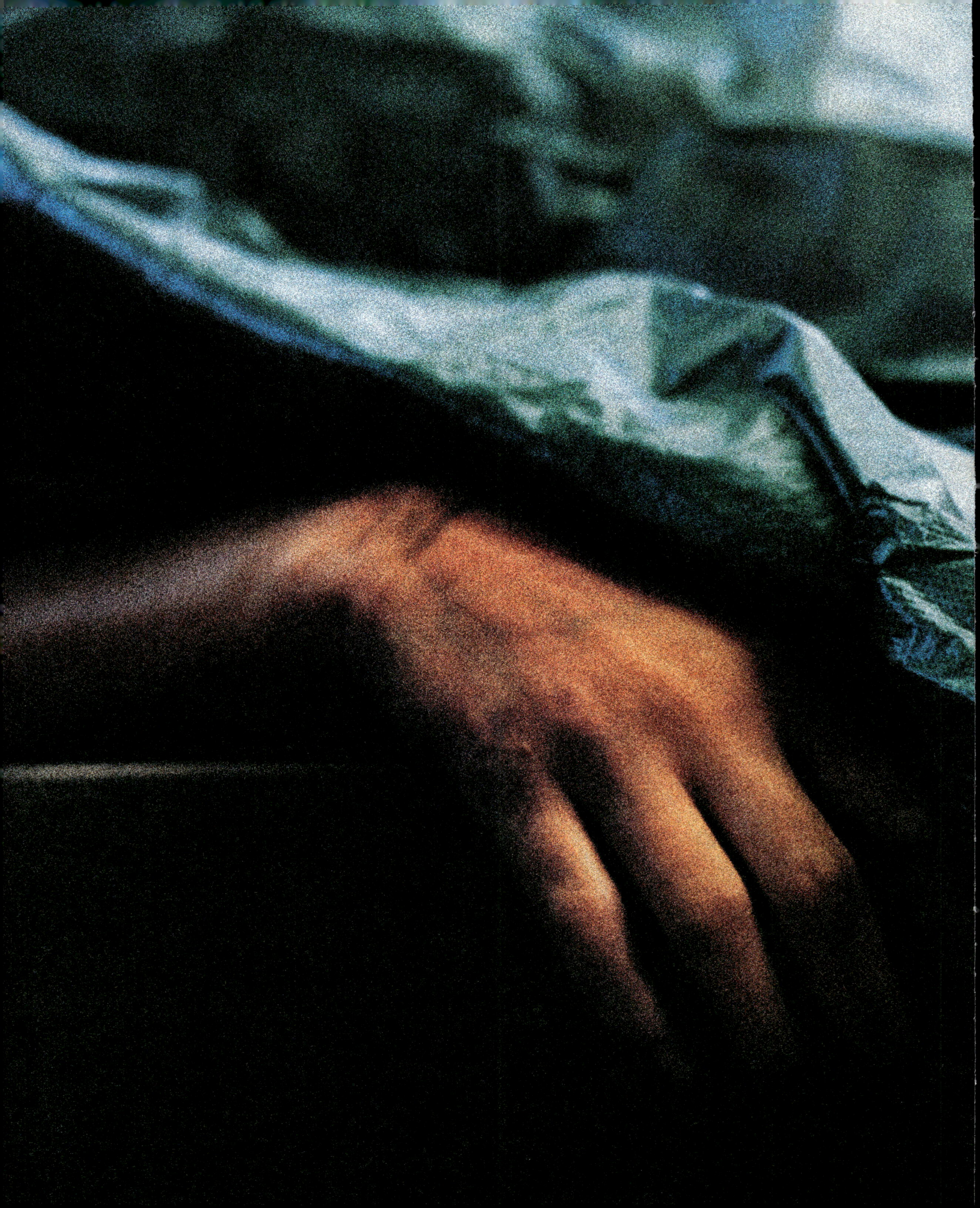

DAS OPFER

Viele Verbrechen zerstören das Leben des Opfers; sie hinterlassen Kummer, Verzweiflung und Verlust. Doch bei Mord oder Totschlag ist der Verlust endgültig. Aus diesem Grund und weil die Gesellschaft diese extremen Gewaltverbrechen besonders fürchtet, verlaufen die Ermittlung äußerst intensiv und umfassend. Dabei ist das Opfer zugleich ein Tatort, denn sein Zustand sowie zahlreiche Merkmale und Spuren auf der Leiche können Hinweise auf die Todesart und den Mörder sowie dessen Motive liefern.

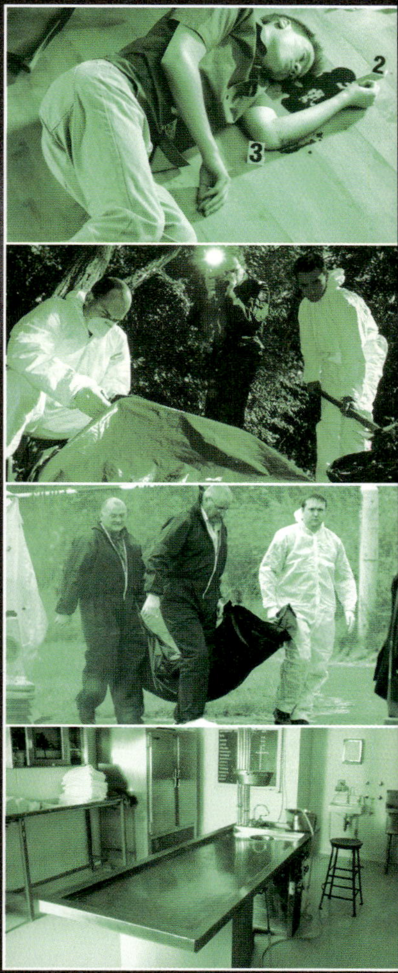

Ermittlung im Todesfall

Gleich, ob es sich um einen noch warmen Körper in einer Blutlache handelt oder um einen Haufen ausgetrockenter Knochen, der Fund einer Leiche löst immer eine Untersuchung aus. Deren Organisation, Ablauf, Umfang und Art der Ermittlung hängen stets von der Todesursache ab – natürlicher Tod, Unfall, Selbstmord, Mord.

Der Fund einer Leiche führt immer dazu, dass ein Polizeiarzt zum Fundort kommt. Der Zustand der Leiche spielt dabei keine Rolle. Polizeiärzte sind Ärzte für Allgemeinmedizin mit einer zusätzlichen Ausbildung in den Grundlagen der forensischen Medizin. Sie beraten die Polizei in den Bereichen, in denen das juristische Recht und die Medizin einander treffen. Sie untersuchen auch Opfer von Gewaltverbrechen. In vielen Fällen kommt der Gerichtsmediziner ebenfalls zum Fundort (der nicht zwangsläufig der Tatort ist).

Lebenszeichen suchen

Die Hauptaufgabe des Polizeiarztes am Fundort besteht darin, den Tod festzustellen. Selbst wenn ein Opfer offensichtlich nicht mehr lebt, etwa wenn der Leiche der Kopf fehlt oder sie verwest ist, muss offiziell der Tod festgestellt werden. Bei erst kurz zuvor (wenige Stunden bis wenige Tage) eingetretenem Tod misst der Arzt die Lufttemperatur, da sie mitentscheidet, wie schnell der Körper abgekühlt ist – ein wichtiger Hinweis auf den Todeszeitpunkt. Er gibt auch eine erste Einschätzung zur Todesursache ab (siehe gegenüberliegende Seite).

Medizinische Detektive

Forensische Pathologen sind Spezialisten, die medizinisches mit juristischem Fachwissen verbinden. Im Gegensatz zu den klinischen Pathologen, die sich mehr für die Krankheiten der Lebenden interessieren, konzentrieren sich forensische Pathologen auf Tote – und vor allem darauf, ob die Todesur-

◄**TEAMWORK**
Der Einsatzleiter (links) gibt Informationen an den Pathologen weiter, der seine Beobachtungen am Tatort sorgfältig aufschreibt.

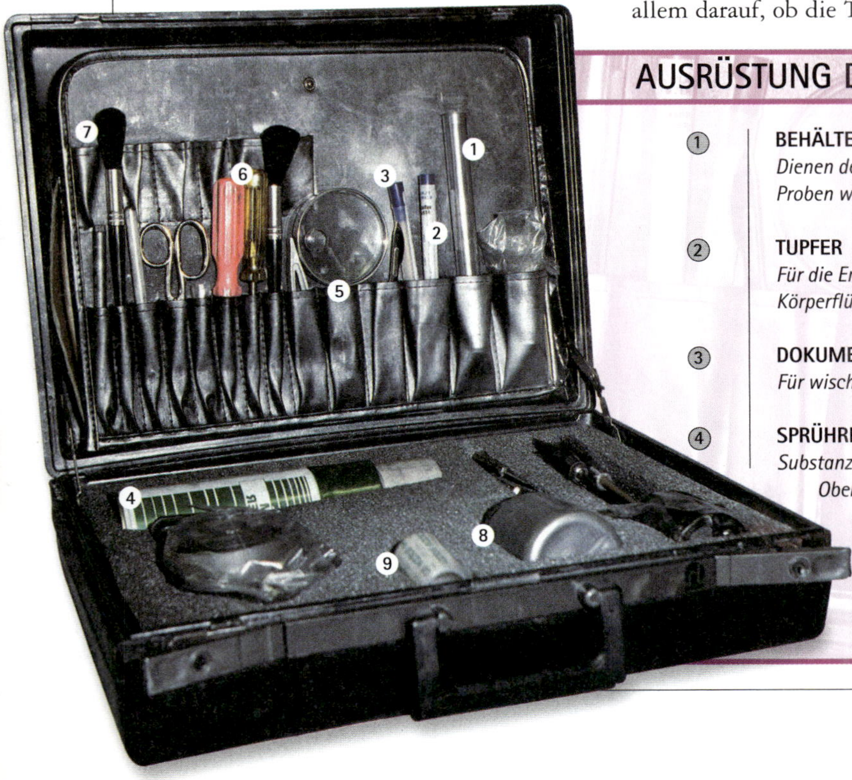

AUSRÜSTUNG DER SPURENSICHERUNG AM TATORT

① **BEHÄLTER FÜR PROBEN**
Dienen der Aufbewahrung kleiner Proben wie Fasern oder Haare.

② **TUPFER**
Für die Entnahme der Proben von Körperflüssigkeiten.

③ **DOKUMENTENSTIFT**
Für wischfeste Notizen.

④ **SPRÜHREAGENZ**
Substanz zum Aufsprühen auf Oberflächen, sodass unter speziellem Licht versteckte Fingerabdrücke oder Blutspuren sichtbar werden.

⑤ **LUPE**
Zum Einschätzen der Fingerabdrücke.

⑥ **SCHRAUBENZIEHER**
Für Beweisstücke, die abgenommen und im Labor auf Fingerabdrücke oder Werkzeugspuren untersucht werden müssen (wie ein Türgriff).

⑦ **PINSEL AUS EICHHÖRNCHENHAAR**
Um empfindliche Fingerabdrücke einzustäuben.

⑧ **ALUMINIUMPUDER**
Zum Einstäuben von Fingerabdrücken.

⑨ **KLEBEBAND**
Zum Abnehmen von Fingerabdrücken und zur Übertragung auf Objektträger.

AM TATORT:

① Der Gerichtsmediziner überwacht den Abtransport der Leiche, damit nicht durch unsachgemäße Behandlung neue Spuren erzeugt werden.

② Ein Fotograf macht Aufnahmen vom »jungfräulichen« Tatort und einzelnen Vorgängen. Diese Bilder können später ausgewertet und als Beweismittel herangezogen werden.

③ Manchmal nimmt man eine Bodenprobe am Tatort, die eventuell Spuren des Körpers enthält und so Hinweise auf die Todesursache geben kann.

▲SCHUTZKLEIDUNG
Die am Tatort getragene Schutzkleidung ist ein Wegwerfartikel. Allerdings wird sie häufig aufgehoben – als Beweis, dass alle Vorkehrungen getroffen wurden, um den Tatort vor irreführenden Spuren zu schützen.

sache eine polizeiliche Untersuchung und eine strafrechtliche Verfolgung erfordert. Wird ein Verdächtigter verhaftet und vor Gericht gestellt, kann es sein, dass der Pathologe als Zeuge aussagen muss.

Zur Arbeit des Gerichtsmediziners am Tatort gehört die erste Leichenbeschau und die Untersuchung ihrer Umgebung (siehe Seite 30). Bei Bedarf nimmt er später eine Autopsie vor (siehe Seite 34). Am Tatort arbeitet er gemeinsam mit dem Team der Spurensicherung.

Im Verlauf der Untersuchung benötigt der Pathologe möglicherweise die Hilfe anderer Spezialisten. Wenn der Körper bereits stark verwest ist, kann häufig ein forensischer Odontologe (siehe Seite 50) anhand des Zahnstatus den Toten identifizieren. Forensische Anthropologen helfen bei der Feststellung von Geschlecht und Alter. Falls sich bei der Autopsie herausstellt, dass das Opfer vergiftet wurde, zieht der Pathologe eventuell einen forensischen Toxikologen hinzu.

Ziel des Pathologen ist es, die Todesursache durch eine Analyse des Organversagens festzustellen. Er kann unter Umständen auch einen Hinweis auf die Tatwaffe geben.

Bei allen Todesfällen mit unklarer Ursache kommt es zu einer gerichtsmedizinischen Untersuchung. Lässt das Ergebnis einen Tod durch Fremdverschulden vermuten, erfolgt eine polizeiliche Untersuchung.

Der Obduktionsbericht

Nach Beendigung seiner Untersuchungen verfasst der Gerichtsmediziner einen ausführlichen Obduktionsbericht, in dem die Umstände des Todes dokumentiert werden. Der Bericht, der auch den Ermittlern zur Verfügung steht, umfasst die Beobachtungen am Fund- beziehungsweise Tatort sowie alle späteren Detailergebnisse zur Todesursache und zum Todeszeitpunkt.

TODESURSACHEN

Durch die Feststellung der Todesursache trägt der forensische Pathologe wertvolle Information zu den Todesumständen bei. Mit dieser Information kann festgelegt werden, ob ein natürlicher Tod oder ein Unfalltod, Selbstmord oder ein Tötungsdelikt vorliegt. Das entscheidet über das Eingreifen der Polizei.

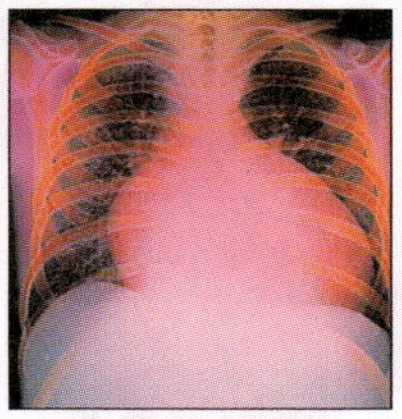

NATÜRLICH►
Die meisten Menschen sterben eines natürlichen Todes, beispielsweise an Herzversagen (hier im Röntgenbild zu erkennen). Wenn der Tod plötzlich oder unerwartet eingetreten ist, kann trotzdem eine gerichtsmedizinische Untersuchung angeordnet werden.

◄UNFALL
Gerichtsmediziner untersuchen auch durch Unfall verursachte Todesfälle. Sie veranlassen polizeiliche Untersuchungen, wenn sie herausfinden, dass ein Unfall hätte vermieden werden können oder müssen, zum Beispiel wenn ein Sicherheitsposten nicht am Platz war.

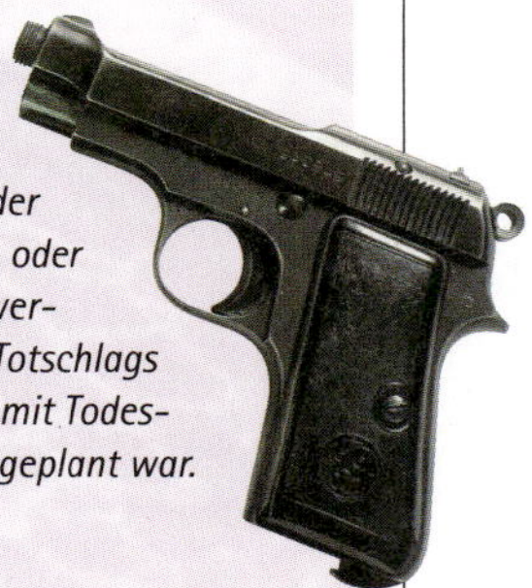

TÖTUNGSDELIKT►
Darunter versteht man entweder einen Mord, bei dem der Täter mit Vorsatz oder heimtückisch gehandelt hat, oder das (juristisch) weniger schwerwiegende Verbrechen eines Totschlags oder einer Körperverletzung mit Todesfolge, bei dem der Tod nicht geplant war.

◄SELBSTMORD
Jemandem beim Freitod zu helfen, verstößt gegen das Gesetz. Ein gemeinsamer Freitod, bei dem eine Person überlebt, kann auch zu einer Anklage wegen Totschlags führen.

Leiche am Tatort

Kein Todesfall gleicht dem anderen, doch beim Auffinden einer Leiche läuft bei der ersten Untersuchung immer die gleiche Routine ab. Das garantiert, dass nichts dem Zufall überlassen bleibt, dass das Vorgehen legal ist, dass kein Beweis verloren geht oder übersehen wird und dass die Toten mit der nötigen Achtung und Würde behandelt werden.

VORGEHENSWEISE:

1. *Der Gerichtsmediziner sucht nach Lebenszeichen wie Puls, Herzschlag und Atmung.*
2. *Beweise werden mit Nummern gekennzeichnet und fotografiert.*
3. *Der Pathologe untersucht die Leiche, bevor man sie vom Tatort entfernt.*
4. *Blutspritzer werden analysiert, um den Tathergang zu verstehen.*

Besteht auch nur das kleinste Lebenszeichen, bemühen sich die Ersten am Tatort vor allem um die Wiederbelebung. Demgegenüber tritt auch die Zerstörung möglicher Beweisstücke für den Fall des Todes in den Hintergrund.

Suche nach Lebenszeichen

Scheitert die Wiederbelebung oder ist der Tod erst vor kurzem eingetreten, prüft der Gerichtsmediziner erst sorgfältig, ob er ein Lebenszeichen findet. Zu diesen Vitaltests zählen: das Pulsfühlen; mit dem Stethoskop prüfen, ob das Herz noch schlägt; einen Spiegel vor Mund und Nase halten, um zu sehen, ob dort Atem kondensiert; das Prüfen, ob in den Gefäßen der Augen Blut fließt. Nur wenn alle Tests negativ oder eindeutig überflüssig sind, stellt der Arzt offiziell den Tod fest.

Beweise sichern

Für die Arbeit des Gerichtsmediziners muss der Körper mitunter bewegt werden. Weil man dabei eventuell Beweise zerstört, wird der Tatort zuerst fotografiert, skizziert und auf Video aufgenommen, um die weitgehend unveränderte Situation zu dokumentieren. Der Einsatzleiter organisiert das Fotografieren der Leiche, der Umgebung und die für den Pathologen nötigen Aufnahmen. Er entscheidet auch, welcher Weg zur Leiche im Hinblick auf die Spurensicherung am wenigsten stört.

Pathologe am Tatort

Die Untersuchungen des Pathologen am Tatort ist zwangsläufig nur oberflächlich. Eine gründliche Untersuchung kann erst

TEMPERATURMESSUNG ▶
In den ersten 24 Stunden zeigt der Abfall der Körpertemperatur am klarsten die Todeszeit.

ENTNAHME VON PROBEN►
Proben, die am Tatort genommen werden, lagert man in speziellen versiegelten Behältern. Sie gehen zur Analyse ins Labor.

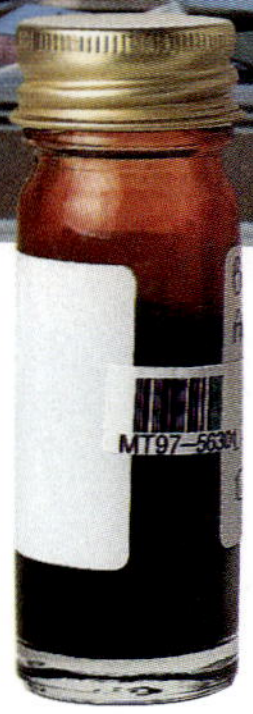

◄BLUTPROBEN
Durch einen Strichcode auf den Proben kann man deren Weg ab dem Tatort verfolgen.

in der Gerichtsmedizin stattfinden. Die Pathologen arbeiten vor Ort lediglich mit Bleistift und Notizbuch oder Diktiergerät sowie Tupfern, speziellen Gefäßen für Proben und einem Thermometer, um die Kerntemperatur des Körpers zu messen.

Pathologische Untersuchung

Der Pathologe konzentriert seine Untersuchung zunächst einmal auf jene Faktoren, die sich am leichtesten verändern, wenn die Leiche in die Gerichtsmedizin gebracht wird. Dazu gehören verschiedene Hinweise auf den Todeszeitpunkt (siehe Seite 32). Etwa, ob der Körper schon steif ist, denn das Bewegen des Körpers zerstört die Leichenstarre. So testet der Pathologe die Starre, indem er vorsichtig Glieder, Kiefer, Hals und Augenlider bewegt.

Der Tote wird entkleidet, um nach Verfärbungen der Haut zu sehen oder um das Thermometer in den After einzuführen. Die Kleidungsstücke werden einzeln in Tüten verpackt und gekennzeichnet. Ein Fotograf macht Aufnahmen von der Leiche.

Wenn Flüssigkeiten und Spuren am Körper oder der Kleidung sind, die beim Bewegen des Körpers verloren gehen könnten, nimmt der Pathologe davon Proben. In größerem Umfang werden Proben genommen, wenn man vermutet, dass der Täter ein Sexualverbrechen begangen hat.

Untersuchung der Umgebung

Obwohl die Spurensicherung später den Tatort gründlich absucht, sieht sich auch der Gerichtsmediziner in der Umgebung der Leiche um. Aufgrund seiner Ausbildung und seines medizinischen Blickwinkels entdeckt er manchmal Dinge, die andere übersehen. Er vergleicht Spuren am Körper, wie Abschürfungen oder Fleischwunden mit Spuren auf Oberflächen oder möglichen Waffen. Falls der Tote gefesselt ist oder mit einer Schnur erwürgt wurde, fotografiert man die Stricke, bevor man sie entfernt. Die Knoten sind Beweisstücke, denn die Art der Knotung kann auf Verbindungen zu anderen Verbrechen hinweisen. Man löst sie daher nicht, sondern zerschneidet die Schnüre, um den Körper zu befreien.

Der Pathologe überwacht auch sehr genau das Einhüllen oder Einsargen sowie den Abtransport der Leiche, weil unbedachtes Vorgehen sehr schnell zu irreführenden Spuren am Körper führen kann.

◄ABTRANSPORT DER LEICHE
In den USA wird die Leiche im Leichensack zur Gerichtsmedizin gebracht.

SPUREN IN DER UMGEBUNG

Die Spurensicherung dokumentiert Spuren am Tatort gründlich, doch auch die Pathologen notieren sich viele Details, vor allem wenn sie offensichtlich oder möglicherweise mit Spuren an der Leiche in einem Zusammengang stehen. Die hier abgebildeten Blutspritzer zum Beispiel flogen von der Spitze einer Waffe, als der Mörder sie gegen sein Opfer führte.

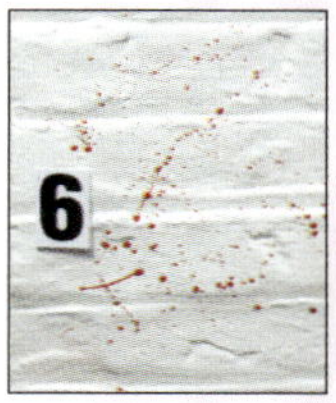

◄BLUTSPRITZER
Spuren auf Wänden oder Fußböden werden fotografiert und von Spezialisten (siehe Seite 84) analysiert, um den Tathergang zu klären.

◄SPRITZRICHTUNG
Diese Blutflecken scheinen in eine bestimmte Richtung zu verlaufen. Damit können sie zeigen, wo im Raum die Tat stattgefunden hat.

◄AUSGÄNGE
Wichtig ist die Untersuchung von Türen und Fenstern, auf denen der Täter beim Verlassen des Raumes vielleicht Spuren hinterlassen hat.

Der Todeszeitpunkt

Exakt lässt sich der Zeitpunkt des Todes kaum bestimmen, es sei denn der Täter wurde beobachtet. Erste Anhaltspunkte für eine grobe Schätzung liefern die Temperatur der Leiche und der Grad der Totenstarre. Eine präzisere Aussage kann durch eine Kombination von sorgfältigen Untersuchungen am Tatort und Labortests erfolgen.

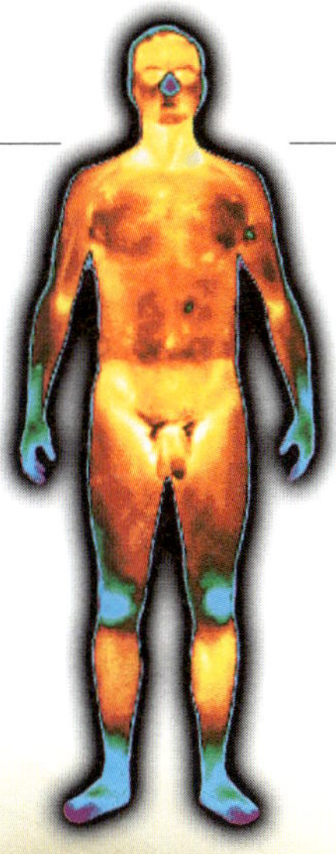

◀KÖRPERTEMPERATUR
Ein einfache Methode, um die Todeszeit zu schätzen, ist die Messung der Temperatur des Körperzentrums – (nicht die der Extremitäten, die kälter sind, wie die Abbildung zeigt). Diese Kerntemperatur sinkt um etwa 1 °C pro Stunde, wobei Kleidung, Außentemperatur, Luftfeuchtigkeit, Wind und Körpergröße das Abkühlen verlangsamen oder beschleunigen.

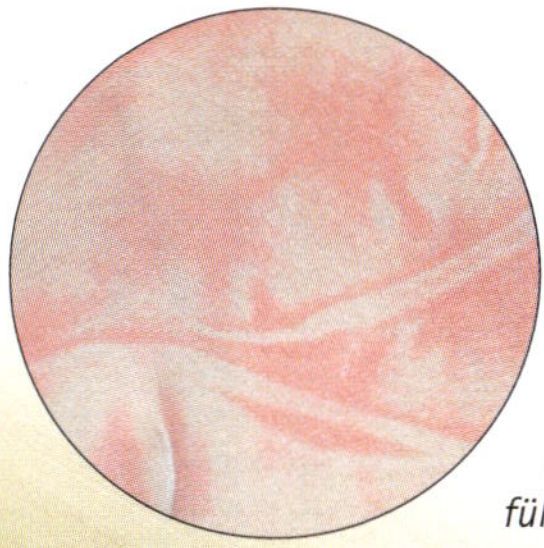

◀BLUTFLUSS
Wenn das Blut aufhört zu fließen, sammelt es sich im niedrigsten Teil des Körpers. Dieser Vorgang, den Pathologen Hypostase (passive Blutfülle oder Senkungsblutfülle) nennen, ist innerhalb von sechs Stunden abgeschlossen (nicht erkennbar bei dunkler Haut). Leichter Druck reduziert die Fülle.

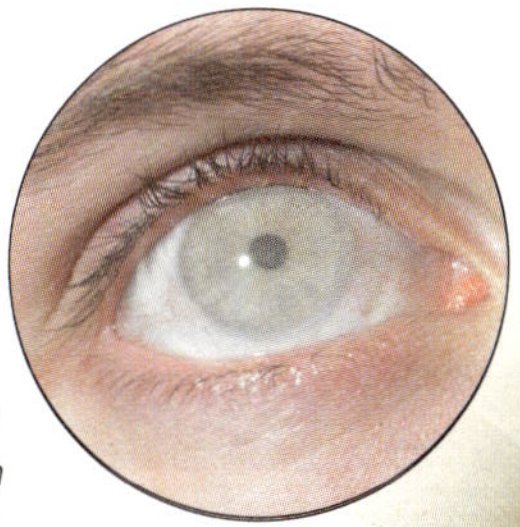

PRÜFEN DER AUGEN▶
Minuten nach Eintritt des Todes überdeckt ein dünner Film die Augen. Die Augäpfel werden weicher, weil der Innendruck der Augenflüssigkeit nachlässt. Bei offen gebliebenen Augen trüben sich nach zwei bis drei Stunden die Linsen . Nur mit dem Augenspiegel (Ophthalmoskop) zu erkennen: Die roten Blutgefäße der Netzhaut bleiben noch einige Stunden aktiv.

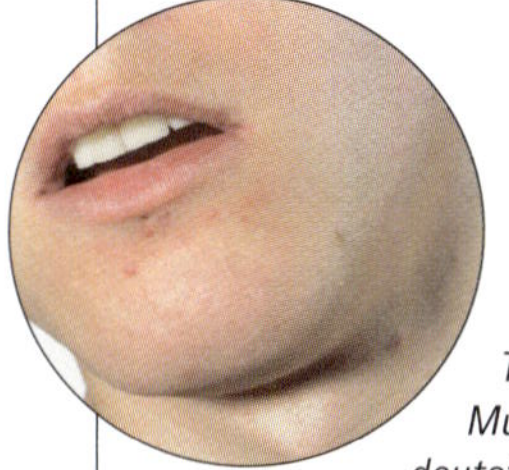

◀TOTENSTARRE
Eine halbe bis drei Stunden nach Eintritt des Todes versteift sich die Muskulatur, das bedeutet: Die Totenstarre tritt ein. Zuerst werden Kiefer und Augenlider steif und innerhalb von sechs bis zwölf Stunden breitet sich die Starre über den ganzen Körper aus. Sie hält in den darauffolgenden sechs bis zwölf Stunden, an und lässt nach weiteren sechs bis zwölf Stunden nach. Viele Faktoren, wie niedrige Temperaturen, beeinflussen die Totenstarre.

DARMINHALT▼
Der Darminhalt des Opfers gibt Hinweise zur Todeszeit, vor allem, wenn man den Zeitpunkt der letzten Nahrungsaufnahme kennt. Doch es gibt zahlreiche Unsicherheitsfaktoren: Eine schwere Mahlzeit verbleibt länger im Magen als eine leichte; Krankheit, Medikamente usw. beeinflussen das Tempo der Verdauung.

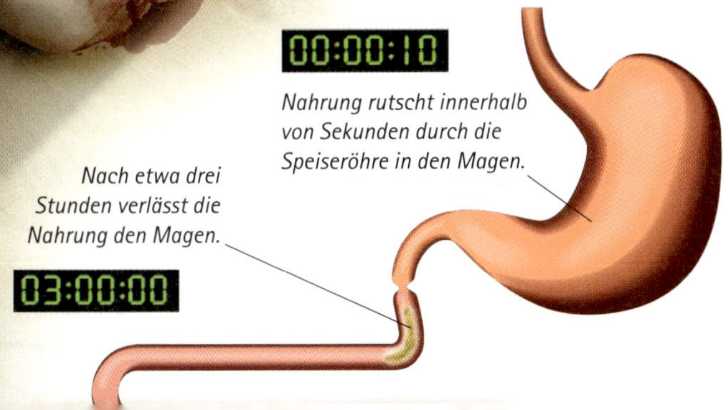

Nahrung rutscht innerhalb von Sekunden durch die Speiseröhre in den Magen.

Nach etwa drei Stunden verlässt die Nahrung den Magen.

GRÜNE HAUT▶
Einige Tage nach dem Tod färbt sich die Haut durch bakterielle Prozesse grün (nicht bei sehr dunkler Haut). Die Färbung beginnt am Unterbauch und setzt sich fort, bis sie zum Schluss Hände und Füße erreicht hat. Innerhalb von vier bis sieben Tagen wirkt die Haut wie Marmor und die Adern sind deutlich sichtbar.

UMGEBUNG▶
Hinweise auf den Todeszeitpunkt kann auch die Umgebung der Leiche geben. Je länger die Leiche unentdeckt bleibt, desto weniger lassen sich die körperlichen Merkmale heranziehen. In diesem Fall ermöglichen Umgebungsfaktoren, wie Insekten oder Wetter, eine bessere Schätzung für den Eintritt des Todes. Hilfreich sind außerdem Details über die Lebensgewohnheiten und das allgemeine Verhalten des Opfers.

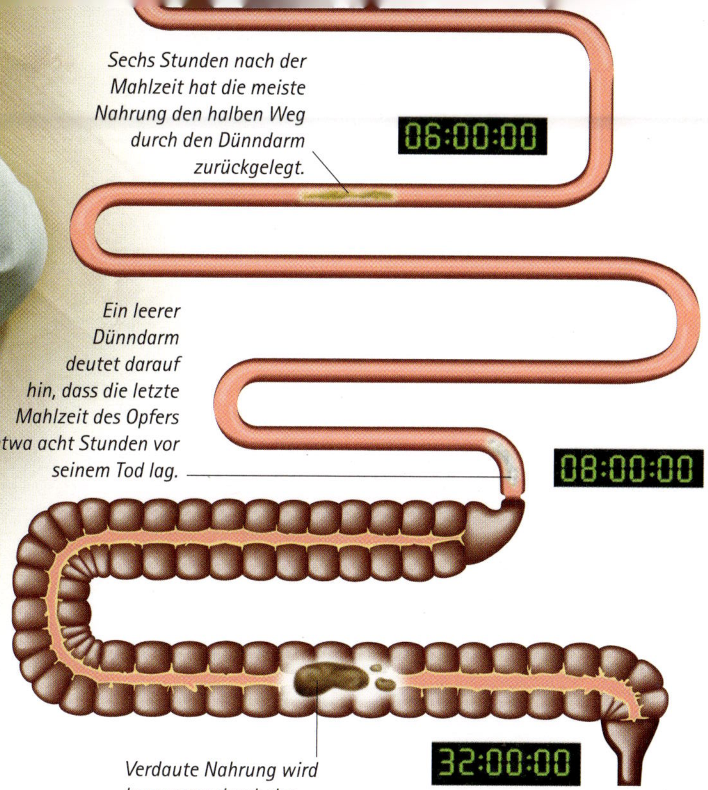

Sechs Stunden nach der Mahlzeit hat die meiste Nahrung den halben Weg durch den Dünndarm zurückgelegt.

Ein leerer Dünndarm deutet darauf hin, dass die letzte Mahlzeit des Opfers etwa acht Stunden vor seinem Tod lag.

Verdaute Nahrung wird langsamer durch den Dickdarm befördert.

Im Durchschnitt dauert der Verdauungsprozess mehr als einen Tag.

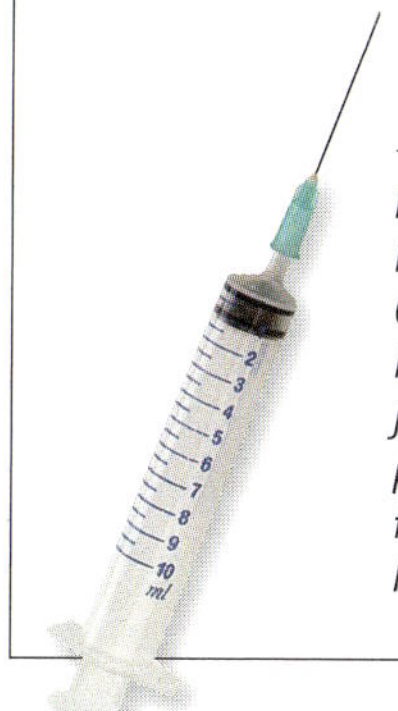

◀WANN IST ER GESTORBEN?
Neben den körperlichen Merkmalen helfen chemische Analysen dem Pathologen, die Todeszeit herauszufinden. Häufig angewendet wird der Glaskörpertest (Analyse der gallertartigen Substanz im hinteren Augenteil). Im lebenden Auge ist der Kaliumgehalt niedrig, nach dem Tod erhöht er sich jedoch um eine bestimmte Rate. Biochemische Tests scheinen objektiver und präziser zu sein als andere Methoden. Doch der Schein trügt, denn alle Verfahren lassen nur eine Schätzung zu, daher geben verantwortungsbewusste Pathologen den Ermittlern immer eine Zeitspanne an.

Fliegen auf der Leiche

Von den Millionen Insektenarten sind nur um die hundert auf Leichen (oder Aas) zu finden. Forensisch erfahrene Entomolgen können aufgrund der Entwicklungszyklen dieser so genannten Leicheninsekten und der verschiedenen vorgefundenen Arten Rückschlüsse auf die Leichenliegezeit (wie Forensiker sagen) ziehen. Durch die Identifizierung von Eiern, Maden, Puppen- und Puppenhülsen, erwachsenen Fliegen oder Käfern lässt sich eingrenzen, ob die Leiche einen Tag oder drei bis vier Wochen unentdeckt blieb.

Schmeißfliegenmaden

Schmeißfliege

Die Autopsie

Das Ziel jeder Autopsie – der Leichenöffnung – ist das Feststellen der Todesursache. Doch wenn die Gerichtsmediziner ihr Skalpell ansetzen, handeln sie »im Auftrag des Gesetzes«. Ihre akribischen Untersuchungen fördern häufig Beweise zutage, die den Ermittlern helfen, einen Killer zu überführen und vor Gericht zu bringen.

Die Leichenöffnung, auch Obduktion genannt, kann Bestandteil der Maßnahmen nach dem Auffinden einer Leiche sein. Zuvor erfolgt eine kriminalistische Leichenuntersuchung, die nach einem festgelegten, differenzierten Schema abläuft.

Das Obduktionsteam

Der Pathologe arbeitet nicht allein. Ihm stehen gut ausgebildete Helfer zur Seite. In einigen Fällen, zum Beispiel bei Mordopfern, sind auch Ermittler anwesend.

Vor Beginn der Obduktion werden die Vorder- und Rückseite der Leiche sowie verschiedene Detailsfotos aufgenommen. Trägt die Leiche Kleidung, wird sie erst bekleidet fotografiert, dann schrittweise entkleidet, wobei man jeden Schritt in Fotos und Notizen festhält.

Im Anschluss daran nimmt der Pathologe Proben von Haaren und Fingernägeln ab, eventuell auch von Rückständen unter den Nägeln. Die DNA-Analyse dieser Proben kann Hinweise auf den Täter geben. Mit toxikologischen Tests lassen sich Gifte oder Drogen nachweisen. Proben von Körperflüssigkeiten aus Mund, Nase, Rektum und Sexualorganen werden ebenfalls entnommen, bevor der Pathologe dann den Körper Stück um Stück auf äußere Merkmale untersucht. Er achtet dabei nicht nur auf Verletzungen, sondern auch auf Narben, Muttermale oder Tätowierungen.

In der Regel beginnt der Pathologe mit der Öffnung des Brustkorbs (siehe unten). Liegt eine Strangulierung vor, fängt er an Kopf und Hals an. Bei Stichwunden folgt er mit dem Skalpell vorsichtig dem Verlauf des Wunde oder des Stichkanals.

In manchen Fällen sind für die sichere Bestimmung der Todesursache toxikologische oder histologische (mikroskopische Untersuchungen von Gewebe) notwendig. Diese Analysen übernehmen Spezialisten.

Der forensische Pathologe muss einen detaillierten Abschlussbericht verfassen, der besonders viel Sorgfalt und Zeitaufwand erfordert, wenn es sich um eine unnatürliche Todesursache handelt. Er muss die Ergebnisse im Hinblick auf die Ermittlungen einschätzen und so präzise beschreiben, dass sie als Beweismittel vor Gericht standhalten.

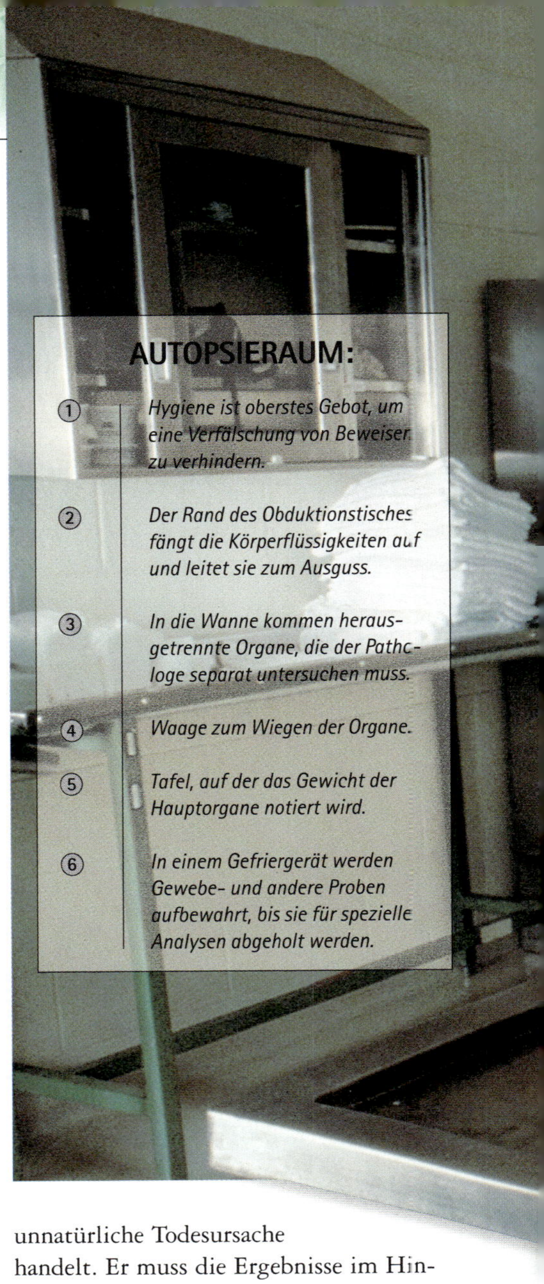

AUTOPSIERAUM:

1. *Hygiene ist oberstes Gebot, um eine Verfälschung von Beweisen zu verhindern.*
2. *Der Rand des Obduktionstisches fängt die Körperflüssigkeiten auf und leitet sie zum Ausguss.*
3. *In die Wanne kommen herausgetrennte Organe, die der Pathologe separat untersuchen muss.*
4. *Waage zum Wiegen der Organe.*
5. *Tafel, auf der das Gewicht der Hauptorgane notiert wird.*
6. *In einem Gefriergerät werden Gewebe- und andere Proben aufbewahrt, bis sie für spezielle Analysen abgeholt werden.*

Schritte bei der Autopsie

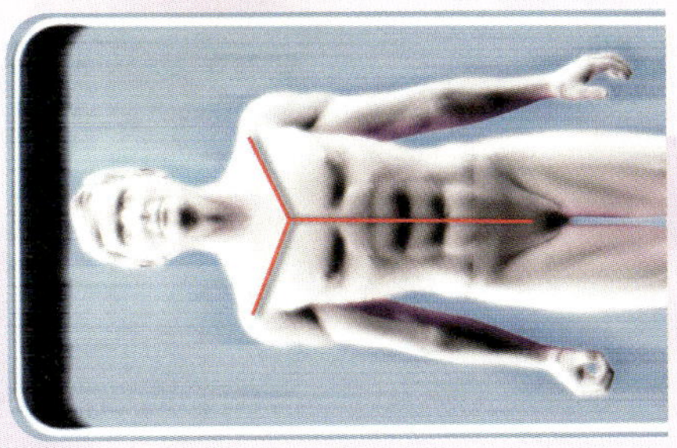

ÄUSSERE BESCHAU▲
Verletzungen und andere auffällige Merkmale sind oft der Anlass für eine Obduktion. Der Pathologe untersucht die Leiche gründlich, da nicht alle Anzeichen für einen unnatürlichen Tod so offensichtlich sind wie etwa Wunden durch Waffen.

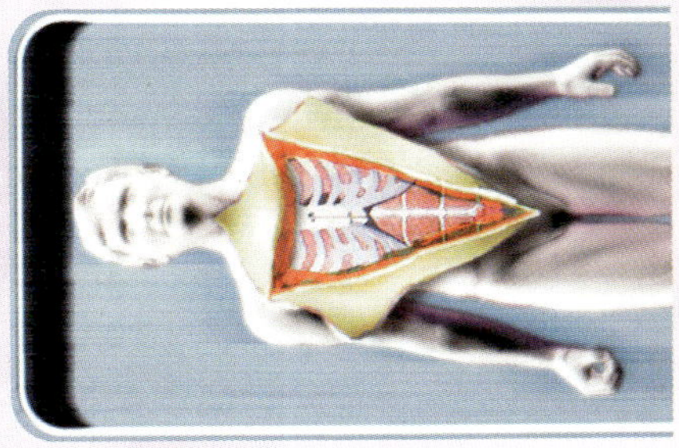

EINFACHE OBDUKTION▲
Liegt vermutlich eine natürliche Todesursache vor, durchtrennt der Pathologe nur die Hautschichten und entnimmt Organe zur Prüfung. Diese Obduktion dient auch dazu, den Verlauf einer Krankheit aufzuzeigen oder die Todesursache zu bestätigen.

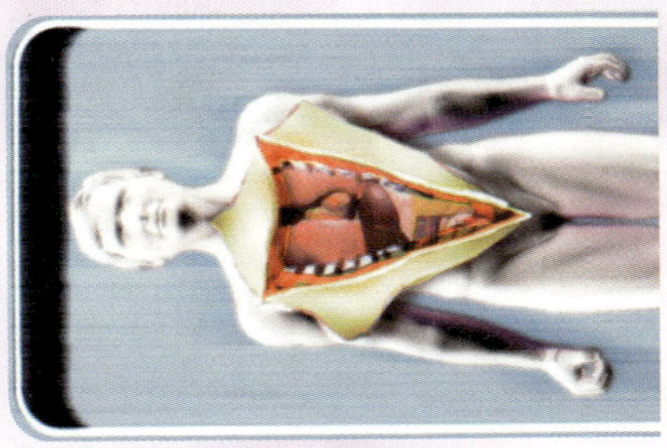

VERDÄCHTIGE TODESURSACHE▲
Bei Opfern eines Verbrechens nimmt der Pathologe einen T- oder Y-förmigen Schnitt vor, weil die Körperhöhlen so besser zugänglich sind. Äußere Verletzungen, zum Beispiel an Kopf oder Hals, untersucht er sorgfältig, bevor er die Leiche öffnet.

BEWEISE SAMMELN ▲
Im Autopsieraum sammelt der Pathologe alle Fakten, die etwas über eine verdächtige Todesursache aussagen. Mögliche Beweise können sich außen an der Leiche oder in ihrem Inneren befinden; sie lassen sich nur durch gewissenhafte Untersuchungen aufdecken.

INSTRUMENTE DER PATHOLOGEN

Pathologen benötigen eine ganze Reihe verschiedener Instrumente, um ihre vielen Aufgaben zu erfüllen. Hier einige Beispiele:

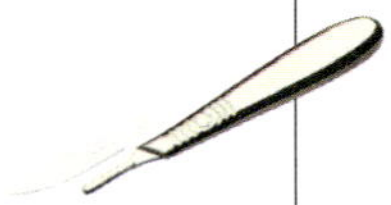

SKALPELL ►
Unterschiedlich geformte, austauschbare Klingen ermöglichen feine Schnitte jeder Art.

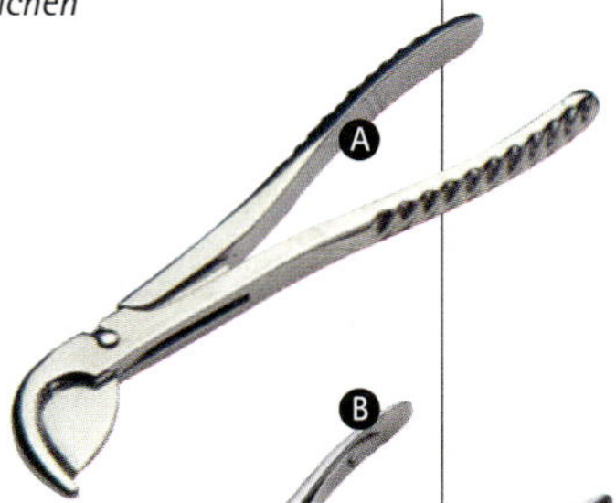

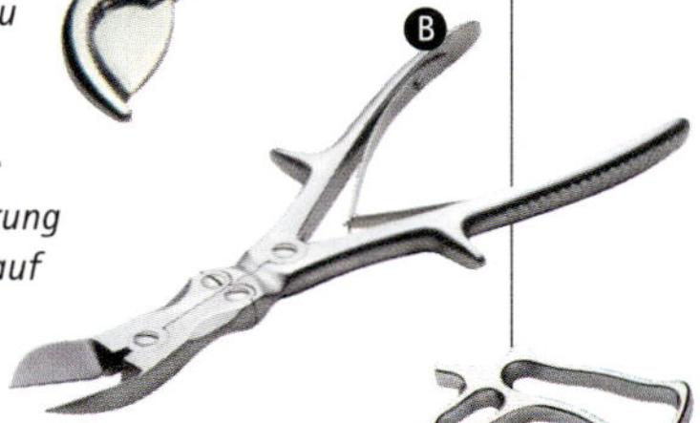

KNOCHENZANGEN ►
Mit den Zangen werden Knochen durchtrennt, um an die inneren Organe zu gelangen. Die Zange A setzt man für dünnere Rippen ein, während die Zange B über eine Federung verfügt, die den Druck auf die Klingen erhöht, sodass man massive Knochen leichter durchschneiden kann.

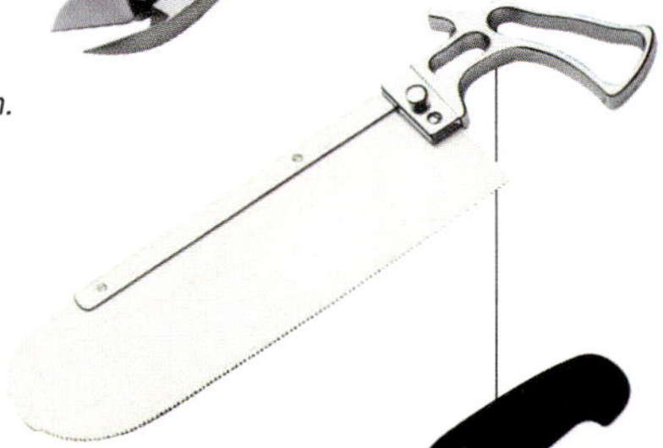

HANDSÄGE ►
Die stabile Säge aus Edelstahl wird für Amputationen und viele andere Schnitte benutzt.

ORGANMESSER ►
Damit werden große Organe, wie das Gehirn, zerteilt.

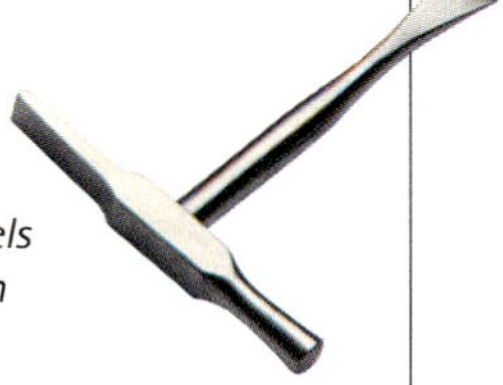

SCHÄDELMEISSEL ►
Nach dem Aufsägen des Schädels schafft der Meißel den weiteren Zugang zur Gehirnmasse.

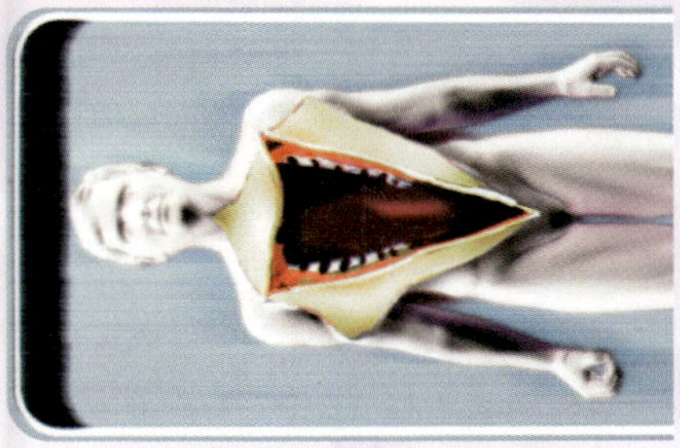

HAUPTORGANE ▲
Um den Brustkorb zu öffnen, werden alle Rippen durchtrennt. Je nach Fall entnimmt man Herz, Lunge, Luft- und Speiseröhre zusammenhängend oder einzeln; das Gleiche gilt für die Verdauungsorgane. Körperflüssigkeiten werden analysiert.

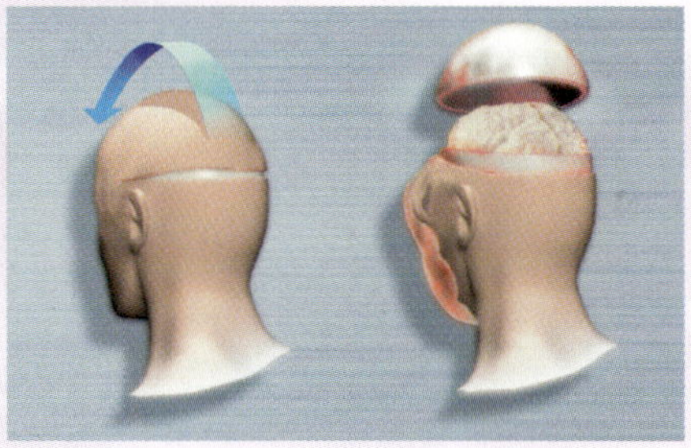

DER KOPF ▲
Um das Gehirn herauszunehmen, werden Schädel, Nerven und Blutgefäße durchtrennt. Hauchfeine Gewebeproben werden mikroskopisch untersucht, um zum Beispiel winzige Blutgerinnsel zu entdecken, die mit bloßem Auge nicht sichtbar sind.

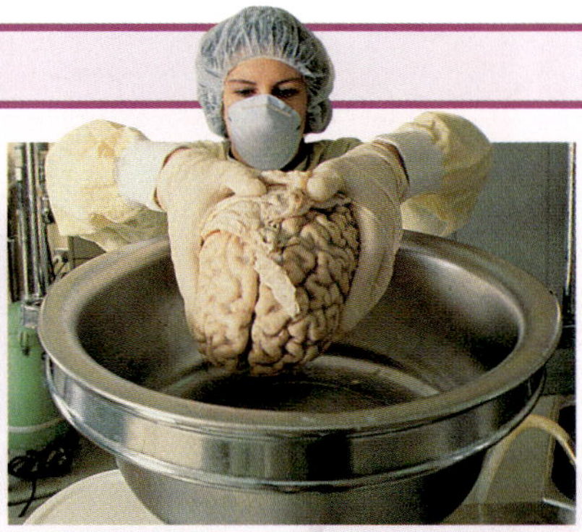

WIEGEN UND MESSEN ▲
Entfernte Organe wiegt der Pathologe. Abhängig von der vermutlichen Todesursache werden Gewebeproben angefertigt und mikroskopisch untersucht, um krankhafte oder verdächtige Organveränderungen sicherer festzustellen.

Zeichen von Gewalt

Mörder, die ihr Opfer gewaltsam umbringen, hinterlassen unweigerlich verräterrische Zeichen auf der Leiche. Ganz gleich, wie gerissen die Täter sind. Anhand dieser Todeszeichen zieht der Gerichtsmediziner bei der Autopsie Rückschlüsse auf den Tathergang und die Tatwaffe.

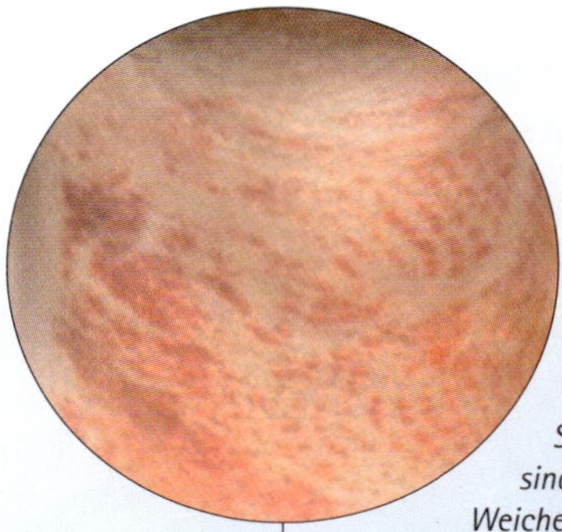

◄STRANGULATION
Strang- oder Drossel-werkzeuge (Seil, Riemen, Tuch usw.) hinterlassen sehr unterschiedliche Spuren am Hals. Manche sind linienförmig oder fleckig. Weiche Materialien erzeugen mitunter sichtbare Schwellungen oder Blutergüsse. Trägt die Haut keine Anzeichen, zeigt die Obduktion die inneren Verletzungen am Hals und im Rachenraum.

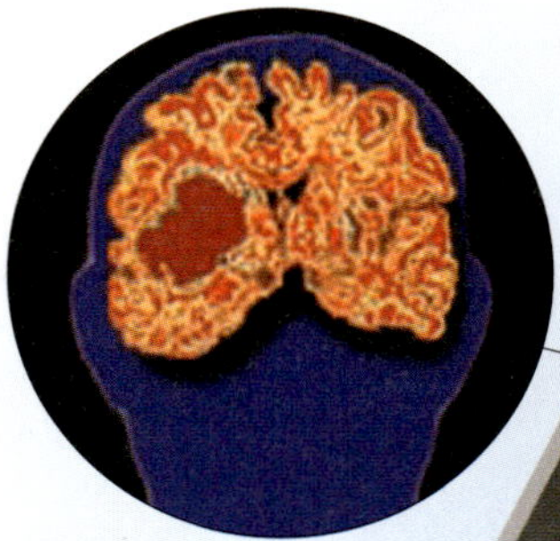

GEHIRNBLUTUNGEN ►
Äußerlich lassen sich Gehirnblutungen nicht erkennen, erst die Autopsie oder – wie hier – eine Computertomographie bringen die tödlichen Gerinnsel zum Vorschein.

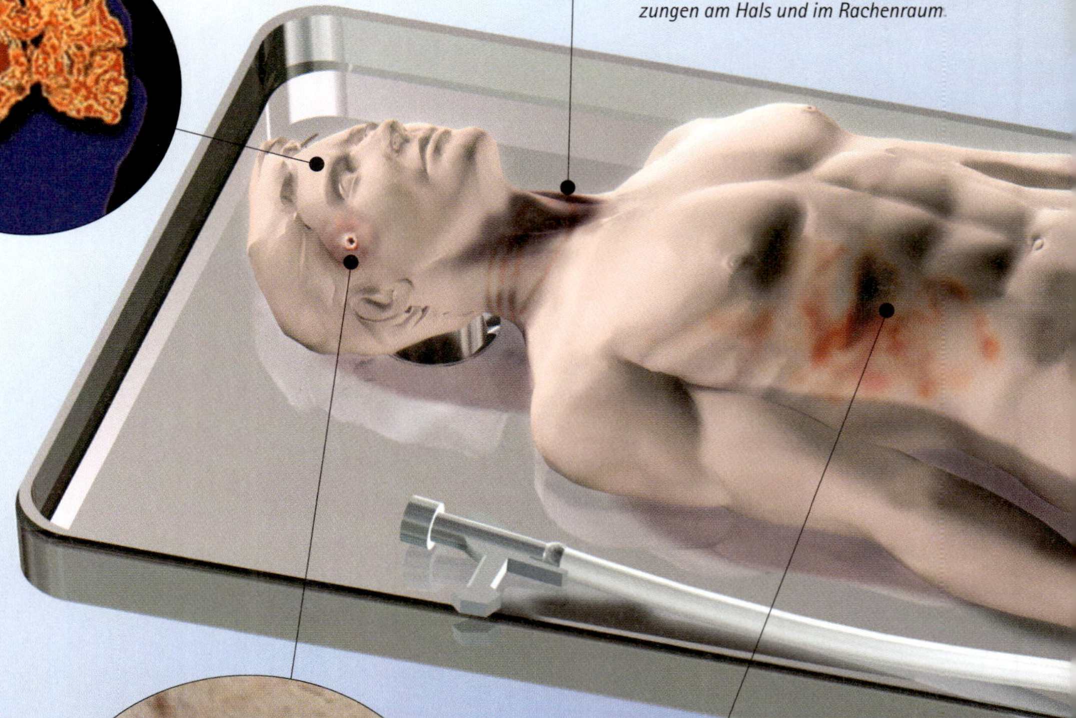

Jede Tötungsart hinterlässt charakteristische Spuren am Körper des Opfers. Nicht alle sind gleichermaßen deutlich und offensichtlich. Einigen Giften und Drogen kommt man erst nach speziellen Analysen auf die Spur, weil sich am Körper keinerlei Anzeichen zeigen.

Unübersehbar sind die vielen Zeichen von Gewaltanwendungen, die man in der Gerichtsmedizin differenziert nach ihren Ursachen einteilt. Dazu gehören stumpfe Gewalt (wie Schläge mit Gegenständen), scharfe Gewalt (Messerattacken), mechanisches Ersticken (Strangulation) oder Schüsse. Diesen Kategorien lassen sich die meisten Gewaltanwendungen mit Todesfolge zuordnen (ausführlichere Informationen über die Tatwerkzeuge siehe Kapitel »Tödliche Waffen«, Seite 98 ff.).

Hautverfärbungen

Manchmal verraten Hautverfärbungen die Todesursache (nicht bei sehr dunkelhäutigen Menschen). Kohlenmonoxid zum Beispiel ruft typische hellrote (eosin-, lachs- oder kirschrote) Totenflecke hervor. Die stecknadelgroßen Blutungen im Gesicht, die durch Strangulation oder Genickbruch entstehen, können so intensiv sein, dass sie das ganze Gesicht blau färben. Manche Hautverfärbungen stehen nicht in Verbindung mit der Todesursache, sind aber für die Ermittlungen wichtig.

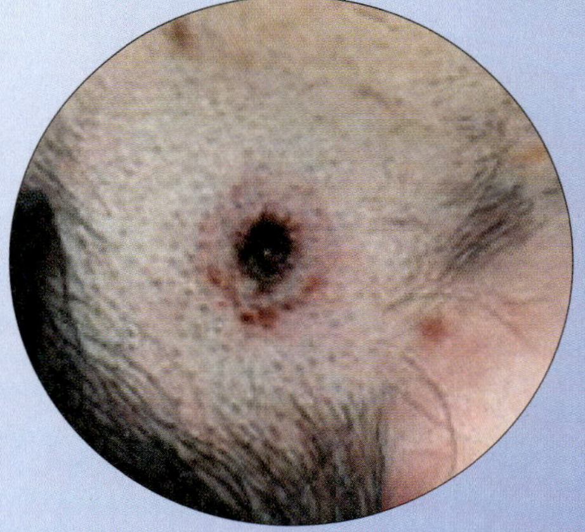

SCHUSS ▲
Schusswunden geben Aufschluss über die Umstände des Todes – ein Selbstmord lässt sich ausschließen, aber nicht beweisen. Die Größe der Wunde gibt Auskunft über das Kaliber der Waffe. Die Schmauchspuren am Wundsaum weisen auf einen Nahschuss hin.

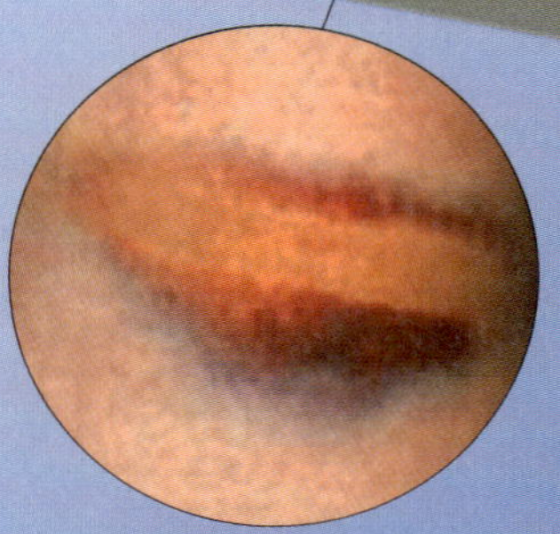

PRELLUNGEN ▲
Prellungen oder Blutergüsse entstehen durch stumpfe Gewalt. Ihre Form kann auf die Schlagrichtung hinweisen. An der Farbe lässt sich annähernd erkennen, wie lang die Gewalteinwirkung zurückliegt, denn beim Abheilen geht das Rot der Prellung in Braun Grün und Gelb über. Allerdings hängt dieser Prozess von der individuellen Ursache ab – und er läuft nach dem Tod weiter.

Brandwunden

Ausgedehnte Brandwunden am Körper können zum Tod führen. Zeigen sich nur kleine Brandwunden ohne weitere Spuren auf der Haut, kann dies auf einen Stromschlag hinweisen. Bläschen entstehen in manchen Fällen an der Kontaktstelle der Haut mit einem spannungsführenden Teil. Ohne Anzeichen bleibt die Haut häufig, wenn der Strom großflächig einwirkt, etwa wenn das Opfer in der Badewanne liegt. Durch die Hitzewirkung des Stroms werden Metallteile an der Kleidung, wie Knöpfe oder Schnallen, so heiß, dass sie Verbrennungen am Körper verursachen.

Innere Verletzungen

Selten gibt es innere Verletzungen ohne äußere Anzeichen. Meistens bestätigt die Obduktion die Vermutung der ersten Untersuchung des noch ungeöffneten Körpers. Erstaunlich, aber die Regel ist, dass bei einem Schlag, der zu tödlichen innerlichen Verletzungen führt, äußerlich oft nur ein Bluterguss auftritt. Ausnahmen von dieser Regel sind: Ein Schlag auf den Kopf oder das kräftige Schütteln des Kopfes eines Babys erzeugt häufig weder Blutergüsse noch andere Anzeichen, kann aber durch Gehirnblutungen zum Tod führen.

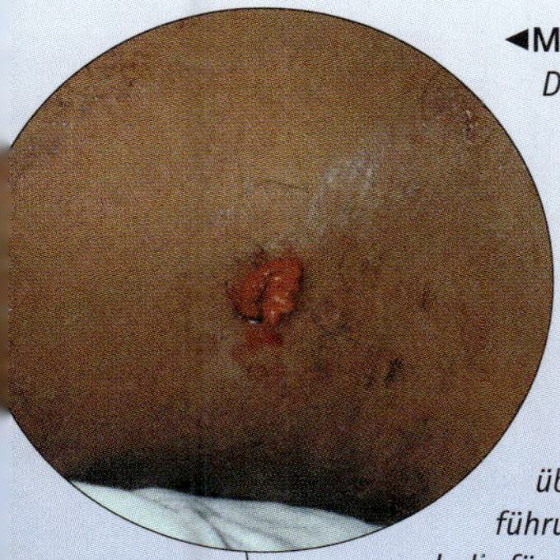

◄MESSERSTICH
Die Form des Stichs verrät, ob die Waffe eine ein- oder zweischneidige Klinge hatte. Anhand des Eintrittswinkels lässt sich ein Unfall ausschließen. Die Stichtiefe gibt Auskunft über die Wucht der Ausführung – ein wichtiges Indiz für die Tötungsabsicht.

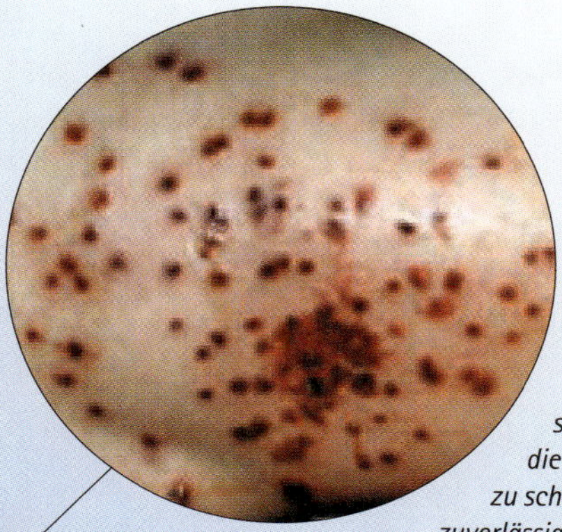

◄SCHUSSWUNDEN
Ein Schrotschuss aus der Nähe hinterlässt meist nur eine große Wunde. Aus größerem Abstand geschossen, erzeugen die Schrotkugeln solche Wunden wie hier gezeigt. Wegen dieses Unterschieds bitten Ermittler den Forensiker oft, die Entfernung zwischen Opfer und Täter zu schätzen. Solch eine Schätzung ist unzuverlässig, wenn nicht andere Faktoren wie Waffentyp und Ladung bekannt sind.

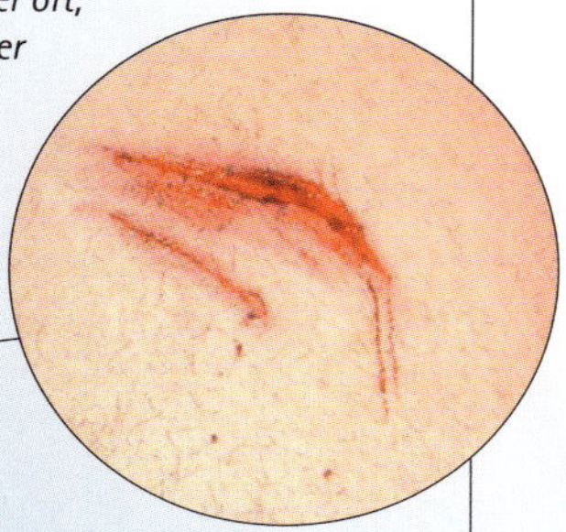

WUNDEN▲
Die gründliche Untersuchung von Wunden kann detailliertere Auskunft über die Tatwaffe geben. So gilt es zum Beispiel festzustellen, ob ein Messer nach dem ersten Einstich bewegt wurde, um bei Stichwunden die Breite der Messerklinge sicherer einschätzen zu können.

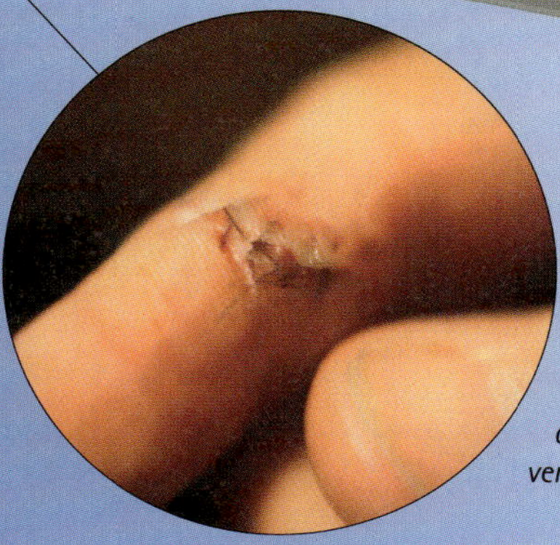

◄KAMPFWUNDE
Hat das tödlich getroffene Opfer einer Messerstecherei Schnittwunden an den Händen, liegt es nahe, dass ein Kampf um das Messer stattgefunden hat, bei dem der Täter möglicherweise ebenfalls verletzt wurde.

Histologie

Das entscheidende Anzeichen für Gewaltanwendung kommt oft erst zum Vorschein, wenn man innere Organe histologisch untersucht. Dafür wird mit einem Mikrotom, einem speziellen Schneidegerät, eine transparentdünne Gewebeprobe angefertigt und auf einen Objektträger gesetzt. Chemische Substanzen sorgen dafür, dass sich unter einem starken Mikroskop Anomalien im Gewebe zeigen. Entdeckt man etwas Verdächtiges, erfolgen weitere Untersuchungen, um die Tod bringende Ursache herauszufinden.

Todesursachen

Eindeutige Auskunft über die Todesursache gibt häufig die Situation, in der ein Toter gefunden wird. Doch wenn die äußeren Anzeichen nicht überzeugend sind, hilft nur eine Autopsie, damit die Ermittler beurteilen können, ob es sich um einen Unfall handelt oder ob vielleicht jemand ein Verbrechen vertuschen wollte.

Der forensische Pathologe konzentriert sich bei der Obduktion auf das Herausfinden der Todesursache. Sein Bericht liefert, je nach Fall, mehr oder weniger zweifelsfreie Hinweise, ob es sich um einen natürlichen Tod, einen Unfall oder eine Gewaltanwendung mit Todesfolge (Mord oder Totschlag) handelt. Die Beispiele zeigen, wie sich im Ausschlussverfahren die Umstände des Todes aufdecken lassen.

TOTER NACH BRAND GEFUNDEN

Ruß in den Atmungsorganen?

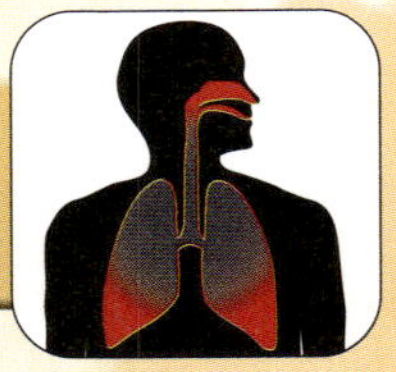

AM STRICK HÄNGENDER

Der an einem Strick hängende Tote zeigt Anzeichen von Sauerstoffmangel wie blaue Gesichtsfarbe, punktförmig geplatzte Blutgefäße und aufgeblähte Lungen.

Haben die so genannten Strangmarken am Hals »vitale Zeichen« – wie einen geröteten Rand?

JA →

Der Mensch lebte vor dem Erhängen. Entsprechen die Strangmarken dem Strick?

JA

NEIN

NEIN → Der Mensch war vor dem Erhängen bereits tot – Verdacht auf ein **Verbrechen.**

TOTER IM WASSER

Ist Wasser in den Atmungsorganen und im Magen? Sind die Lungen aufgebläht?

JA → Das Opfer ist **ertrunken.** Der Pathologe prüft, ob es Anzeichen für einen **Unfall** gibt – wie Blut in den Lungen (bedingt durch Erstickungskrämpfe) Auch umklammerte Blätter und Zweigreste von Ästen, an denen das Opfer versucht hat, Halt zu finden, weisen auf einen Unfall hin.

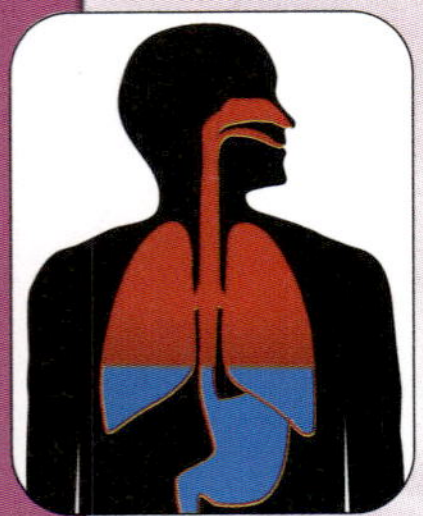

NEIN → Führte ein Kehlkopfkrampf zum Herzstillstand?

JA → Das Opfer kann an **Rauchvergiftung** gestorben sein.

NEIN → Sind sowohl Kohlenmonoxid (CO) als auch Blausäure oder andere giftige Substanzen im Blut?

JA → Das Blut ist kirschrot: Das Opfer starb an einer **Vergiftung** – durch CO im Rauch oder giftige Dämpfe, die durch verbrannten Kunststoff entstanden.

NEIN → Zeigen die Brandwunden »vitale Reaktionen« (Hautrötungen), wodurch der Körper versucht hat, den Schaden zu reparieren.

JA → Das Opfer starb durch den Brand.

NEIN → Die Wunden können durch den Brand oder frühere Verletzungen verursacht worden sein. Sind die Wunden blutunterlaufen?

NEIN → Das Opfer starb durch den Brand.

JA → Das Opfer kann bei Brandausbruch schon tot gewesen sein – Verdacht auf Brandstiftung, um ein **Verbrechen** zu vertuschen. Der Pathologe sucht nach entsprechenden anderen Verletzungen.

→ Zeigen die Strangmarken am Aufhängepunkt ein umgekehrtes V?

JA → Verdacht auf **Selbstmord.**

NEIN → Verdacht auf ein **Verbrechen** durch **Erdrosseln.**

→ Beim Erdrosseln – selten beim Erhängen – bricht das Zungenbein. Ist es gebrochen?

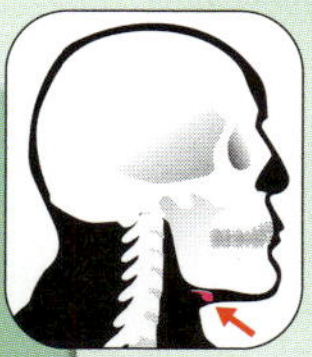

JA → Verdacht auf **Erdrosseln** durch andere Person.

NEIN → Sind Blutergüsse um Mund und Nase?

JA → Verdacht auf **Ersticken.**

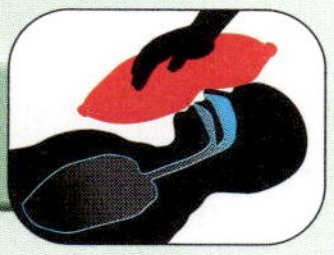

→ Verdacht auf **Verbrechen** – als Selbstmord getarnt.

NEIN → Verdacht auf absichtlichen Druck auf den Hals, der eine **Vagusnervblockade** hervorruft, was zum Herzstillstand führt (der Hirnnerv verläuft seitlich durch den Hals).

→ Verdacht auf **Verbrechen** – als Selbstmord getarnt.

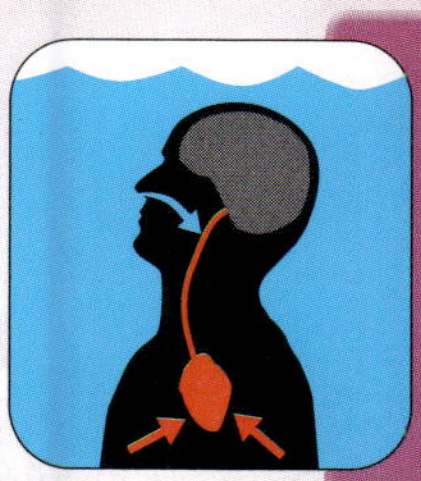

JA → Ein Sturz in eiskaltes Wasser rief einen tödlichen **Herzanfall** hervor. Oder Wasser ist sehr weit in die Nasenhöhle gedrungen und hat eine **Vagusnervblockade** verursacht, deren Folge Herzstillstand ist.

NEIN → Starb das Opfer durch Kälte und Erschöpfung, während es im Wasser trieb?

JA → Durch starkes Absinken der Körpertemperatur wurde das Opfer bewusstlos und starb an **Unterkühlung.**

NEIN → Gibt es Algen oder Einzeller im Inneren des Körpers des Opfers? Und finden sich die gefundenen Arten an der Fundstelle der Leiche?

JA → Das Opfer lebte noch, bevor es ins Wasser gelangte.

NEIN → Das Opfer war tot, als es ins Wasser gelangte. Der Pathologe sucht nach **Verletzungen durch Gewaltanwendung,** die der Täter vertuschen wollte.

Durch Fliegen überführt

Alton Coleman war ein grauenvoller, brutaler Vergewaltiger, der seine Opfer tötete, als seien sie Fliegen. Und Fliegen – dicke, fette Schmeißfliegen – führten zu seiner Hinrichtung. Das Wissen um den Lebenszyklus von Insekten brachte den entscheidenden Hinweis zum Todeszeitpunkt des Opfers – einen Monat nach der Ermordung.

Man kann sich gar keinen widerlicheren Typen vorstellen als Alton Coleman. Mit List und Tücke gewann er das Vertrauen von Menschen und nutzte sie gnadenlos aus, um seine gewalttätige, perverse Sexgier zu befriedigen. Er machte keinen Unterschied, Männer, Frauen und Kinder zogen ihn gleichermaßen an. Er bedrohte die Vergewaltigten, sodass er häufig einer Verurteilung entging, weil niemand es wagte, gegen ihn auszusagen.

Im Sommer 1984 ging Coleman von gelegentlicher Kleinkriminalität, Vergewaltigung und sexueller Belästigung zu Größerem über. Mit seiner Freundin Debra Brown unternahm er einen Raub- und Mordzug durch fünf US-Bundesstaaten. Als die Polizei Alton Coleman und Debra Brown im Juli fasste, fahndete man wegen acht Morden, sieben Vergewaltigungen und 14 bewaffneten Überfällen nach ihnen.

Eine Verurteilung des Paares schien einfach, doch Coleman hatte schon mehrfach seinen Kopf aus der Schlinge gezogen. Im Prozess trat er selbstbewusst wie das reinste Unschuldslamm auf. Die Staatsanwälte zogen zuerst die Verbrechen mit den eindeutigsten Beweisen heran – und das mit den härtesten Strafen. So griffen sie einen Mord in Illinois heraus, einem Staat, in dem es noch die Todesstrafe gab.

Vernita Wheat

Das Verbrechen war so grausam und herzlos wie alle Taten Colemans. Einen Monat lang traf er sich in Kenosha, Wisconsin, mit einer allein erziehenden Mutter. Am 29. Mai überredete er sie, ihm zu erlauben, mit ihrer neunjährigen Tochter ein verspätetes Muttertagsgeschenk zu kaufen und dann mit ihr zum örtlichen Karneval zu gehen. Weder die Tochter Vernita noch Coleman kehrten jemals zurück.

ALTON COLEMAN ▲
Alton Coleman, 1956 in Waukegan (nahe Chicago) geboren, wurde schon als Teenager straffällig. Der mehrmals wegen Vergewaltigung Verurteilte bedrohte seine Opfer und entkam so oft der Anklage.

Beweise sammeln

Die Leiche von Vernita Wheat fand man drei Wochen später in der Toilette eines verfallenen Gebäudes im nahen Waukegan, Illinois. Der Körper war mit Fliegen übersät. Die Ermittler durchkämmten die Toilette nach Spuren; sie hängten die Tür aus, damit das Labor sie auf Fingerabdrücke untersuchen konnte.

Man fand einen Fingerabdruck von Coleman, doch der reichte nicht aus, um ihn zu überführen. Die Ermittler brauchten den Beweis, dass das Mädchen zwischen dem Nachmittag seines Verschwindens und früh am nächsten Morgen getötet worden war. Debra Brown gab zu, dass Coleman die ganze Nacht weg war und gegen 8 Uhr

◄KOMPLIZEN
Debra Brown, Colemans Komplizin, wurde zum Tode verurteilt, obwohl feststand, dass ihr Freund sie beherrschte und anstiftete.

morgen zurückkam und ihr sagte, dass er »etwas wirklich Schlimmes« getan hätte.

Das FBI bat den Entomologen (Insektenforscher) Bernard Greenberg um Hilfe. Man sandte ihm die fliegenden und kriechenden Bewohner von Vernitas Leiche sowie die Unmengen an Insektenpuppen, die ihren Körper umgaben. Sie hofften, von Greenberg den genauen Todeszeitpunkt zu erfahren.

Der in der forensischen Entomologie erfahrene Wissenschaftler stand vor einer schwierigen Aufgabe. Die leeren Hüllen stammten von Fliegen der Art *Phormia regina*, die aus Eiern geschlüpft waren, die kurz nach dem Tod auf der Leiche abgelegt wurden. Die Fliegen, die beim Fund um die Leiche schwärmten, waren bereits die zweite Generation. Da *Phormia regina* ihren Lebenszyklus in rund zwei Wochen vollendet, bekam Greenberg kein genaues Ergebnis. Daher wandte er sich den noch nicht geschlüpften unbekannten Kokons zu, die das FBI am Boden gefunden hatte. Er ließ sie sich im Labor entwickeln. Im

◄GREENBERG
Einem Pionier der forensischen Entomologie, Bernard Greenberg, half der Umgang der Farmer mit Insektenvernichtungsmitteln, Vernitas Todeszeitpunkt herauszufinden.

Lauf der Tage schlüpften weitere *Phormia regina* aus. Schafschmeißfliegen folgten, doch da ihr Lebenszyklus auch zu kurz ist, brachten sie ebenfalls kein Resultat.

Die Hoffnung nicht aufgeben

Endlich, einen Monat nach Vernitas Verschwinden, fand Greenberg, was er suchte. Ein tiefes Summen verkündete, dass eine ganze Armee von dicken Blauen Schmeißfliegen geschlüpft war. Er wusste, dass diese Fliegenart bei einer konstanten Temperatur von 15 °C für die Metamorphose vom Ei über Made und Kokon bis zum erwachsenen Tier 33 Tage benötigt. Im Juni fällt die Temperatur in Illinois selten unter 16 °C und tagsüber liegt sie im Durchschnitt bei 25 °C. Bei diesen höheren Temperaturen verläuft der Lebenszyklus der Insekten schneller.

Unter Berücksichtigung der Variabeln wäre Greenberg nun eine wissenschaftliche Einschätzung möglich gewesen. Weil er wusste, dass Gerichte diese oft als »Vermutung« abtun, wollte er eine exaktere – mathematische – Lösung. Eine ungewöhnliche Quelle sollte ihm helfen: die angewandte Entomologie.

Genaue Festlegung

Er wusste, dass Entomologen Farmer beraten, wann sie am besten Insektenvernichtungsmittel ausbringen, um die Tiere am empfindlichsten Punkt ihres Lebenszyklus zu treffen. Entscheidend für Greenberg war die zugrunde liegende Berechnung: Wachstum pro Temperatureinheit. Benötigt ein Insekt 100 Stunden bei 15 °C, um ein bestimmtes Stadium zu erreichen, benötigt es 50 Stunden bei 30 °C.

Ausgerüstet mit mehr als 700 stündlichen Wetterberichten einer Wetterstation nahe dem Tatort, machte sich Greenberg an die Arbeit. Er »stellte die Uhr zurück« auf den Moment, als die Blauen Schmeißfliegen zu schlüpfen begannen. Daraufhin schätzte er den objektiven Zeitpunkt der Eiablage: Mitternacht am 30. Mai. Doch da Blaue Schmeißfliegen nachts keine Eier ablegen, erklärte Greenberg als Gutachter beim Prozess gegen Coleman, dass die Eier vermutlich früh am folgenden Morgen gelegt wurden.

Das überzeugte die Geschworenen. Coleman wurde für den Mord an Vernita zum Tod verurteilt. Doch ein anderer Staat war schneller, und er wurde am 26. April 2002 für den Mord an Marlene Walters aus Ohio hingerichtet.

HINRICHTUNG►
Coleman wurde nicht für den Mord an Vernita Wheat hingerichtet, sondern für einen anderen. Hier transportieren Gefängniswärter Colemans Leichnam ab.

INSEKTEN

Zur möglichen Feststellung der Todeszeit betrachten forensische Entomologen die Insekten, die auf der Leiche in einer bestimmten Reihenfolge auftauchen.

VERWESUNGSSTADIEN — GEFUNDENE INSEKTEN

FRISCH 0–3 TAGE
Schmeißfliegen sind als Erste auf einer Leiche, wenn Kohlenhydrate und Proteine sich zersetzen.

Blaue Schmeißfliege

AUFGEDUNSEN 4–7 TAGE
Fliegenlarven und Käfer bei beginnender Verwesung und Gasproduktion, die den Unterleib auftreibt.

Kurzflügelkäfer

VERWESUNG 8–18 TAGE
Die Bauchdecke reißt, der Körper verwest. Ameisen, Schaben und Käfer sind jetzt am häufigsten.

Ameisen

NACHVERWESUNG 19–30 TAGE
Leiche an feuchtem Platz ist feucht und klebrig, an trocknem ausgetrocknet – verschiedene Insekten.

Springschwanz

TROCKEN 31 TAGE +
Leiche an trockenem, warmem Platz: Nach einem Monat riechen Knochen, Haare und Haut nur nach Erde.

Afrikanischer Laufkäfer

MENSCHEN IDENTIFIZIEREN

Bei der Untersuchung von Verbrechen an Menschen steht die Identifizierung im Mittelpunkt – nicht nur im Hinblick auf verdächtige Personen. Um den Täter zu finden und zu überführen, müssen die Ermittler oft erst das Opfer identifizieren und Unbeteiligte ausschließen. Neben der DNA-Analyse, dem Nonplusultra der modernen und untrüglichen Identifizierung, spielen nach wie vor traditionelle Methoden eine Rolle, darunter die Identifizierung durch Fingerabdrücke, die Blutanalyse oder die forensische Zahnmedizin.

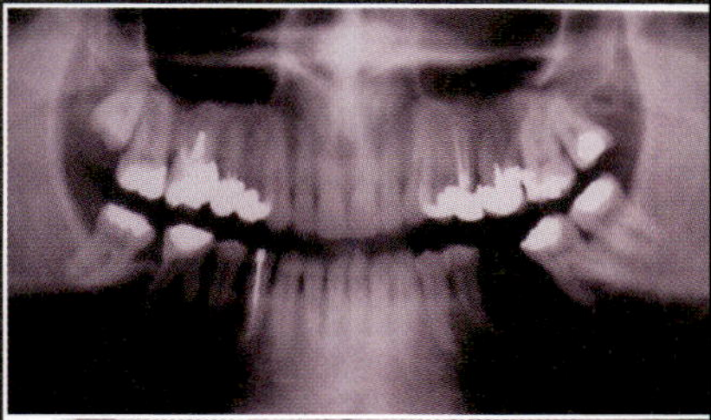

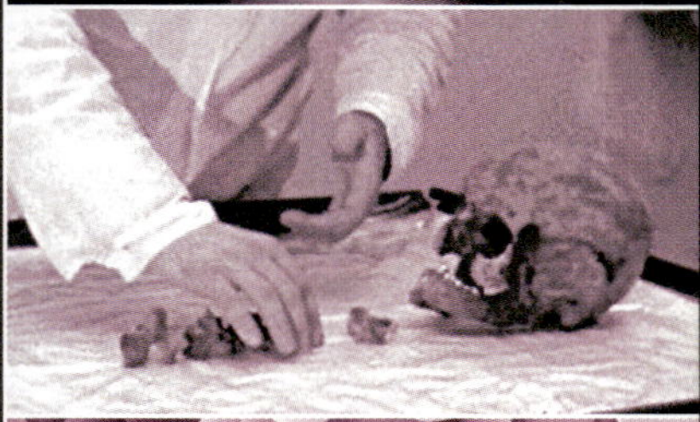

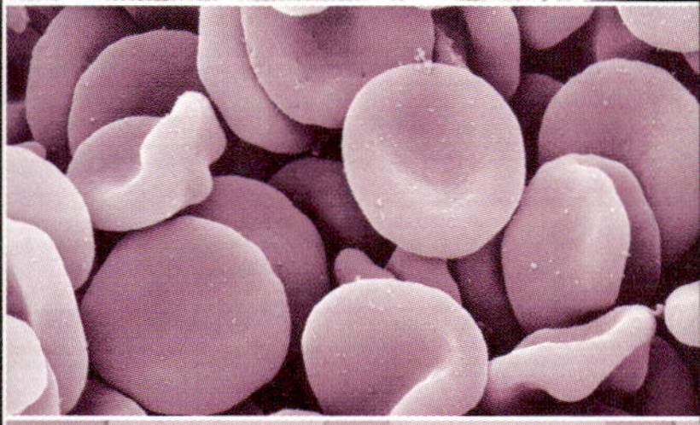

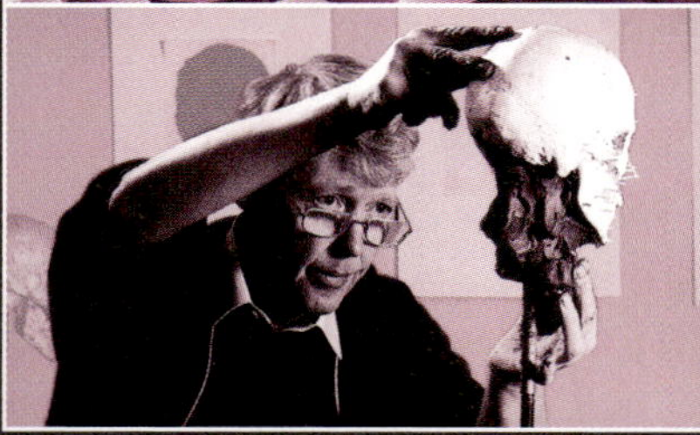

Identifizierung von Toten

Die Ebbe setzt eine Leiche frei. Neben einem abgestürzten Flugzeug liegen Tote. Die Untersuchung in einem Mordfall fördert ein Grab zutage. Die Todesumstände sind nie ganz gleich, doch »Um wen handelt es sich?«, fragen die Ermittler immer zuerst. Die Suche nach einer Antwort erfordert Wissen, Geschick, Geduld und manchmal einfach Glück.

Die Identität der meisten Leichen ist entweder offenkundig oder leicht festzustellen. Häufig beendet der Fund einer Leiche auf tragische Weise die Suche nach einem Vermissten. Identifizierung kann auch bei Unfallopfern nötig sein. Flugzeugabstürze sind für die Ermittler relativ einfach, weil ein Abgleich mit der Passagierliste möglich ist. Gegenüber derartigen Fällen mit Hinweisen stehen Fälle ohne jeglichen Anhaltspunkt, etwa bei Zugunglücken, bei denen es keine Passagierliste gibt, oder bei angetriebenen Leichen. Dann ist die Identifizierung wesentlich schwieriger.

Plastik und Gold

In vielen Fällen gibt es Hinweise auf die Identität der Toten. Nur wenige Erwachsene gehen ohne Papiere aus dem Haus, ohne Ausweis, Führerschein oder Kreditkarten. Nach Unfällen von Verkehrsmitteln kann die Zuordnung jedoch schwierig sein. Bei Männern ist es einfacher, sie tragen ihre Papiere meist am Körper. Frauen verstauen ihre Sachen in einer Handtasche, aus der leicht alles herausfallen kann. Kleidung und Schmuck können gemeinsam mit anderen Hinweisen die Identität bestätigen; allein haben sie wenig Wert, da Kleider und preiswerter Schmuck Massenanfertigungen sind. (Bei Unfällen wird oft wertvoller, identifizierbarer Schmuck gestohlen.)

◄TAUCHEN NACH HINWEISEN
Wenn ein Auto gesehen wird, das ins Wasser stürzt, sind die Polizeitaucher rasch zur Stelle. Gründliches Absuchen der Umgebung kann zur schnellen Entdeckung und Identifizierung der Opfer führen.

▲EIN NASSES GRAB
Hier ziehen Polizeibeamte einen Körper aus der Themse. Längeres Liegen im Wasser führt zu aufgedunsener, faltiger Haut, die das Opfer entstellt und seine Identifizierung erschwert.

Ist er es wirklich?

Seltsamerweise sind die offensichtlichsten Arten, einen Toten zu identifizieren, nicht immer die zuverlässigsten. Man glaubt es kaum, wie oft etwa die Identifizierung

ZEHN WICHTIGE HINWEISE:

1	*Zahnstatus – Füllungen, fehlende Zähne, Brücken und Kronen*
2	*Personenbeschreibung*
3	*Schmuck und anderes Persönliche*
4	*Dokumente, wie Pass, Kreditkarten*
5	*Fingerabdrücke*
6	*Identifizierung durch Verwandte*
7	*Details der Kleidung*
8	*Medizinische Berichte*
9	*Schätzung des Alters*
10	*Tätowierungen*

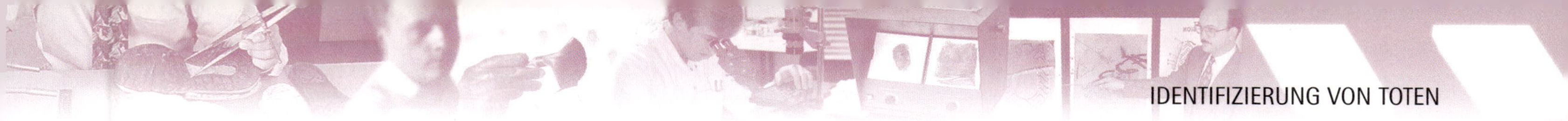

ÄUSSERE IDENTIFIZIERUNGSMERKMALE

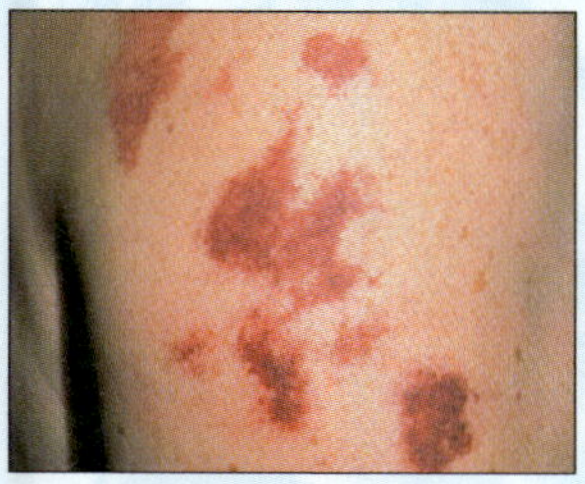

◄ **MUTTERMALE**
Angeborene Muttermale und Feuermale ändern sich ein Leben lang nicht; im Kindesalter erworbene Muttermale verschwinden allerdings mitunter wieder. Fotografien und Beschreibungen der Male durch Verwandte können bei der Identifikation helfen.

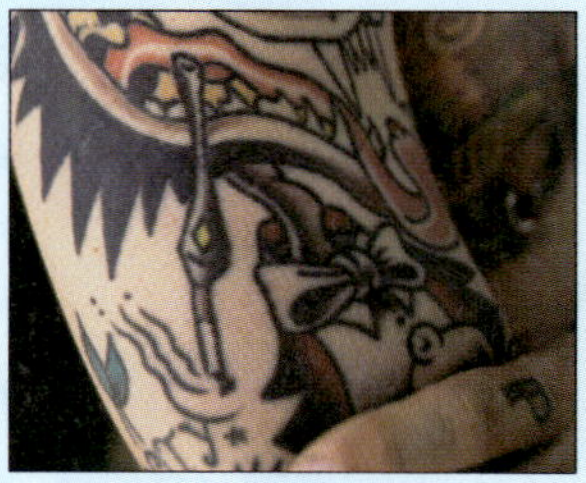

TATTOOS ▲
Einst waren Tätowierungen nur typisch für Seeleute und Kriminelle, heute sind Tattoos modisch und weit verbreitet. Ihre Haltbarkeit und die Einmaligkeit ihrer Muster machen sie zu einer wertvollen Hilfe bei einer Identifizierung, sofern die Haut intakt ist.

NARBEN ►
Unfälle, Verbrennungen und medizinische Eingriffe hinterlassen typische Spuren auf der Haut, die Ermittlern bei der Identifizierung helfen. Doch nur wenige Menschen haben deutliche Narben und nach einem Brand erkennt man selbst große Narben nicht mehr.

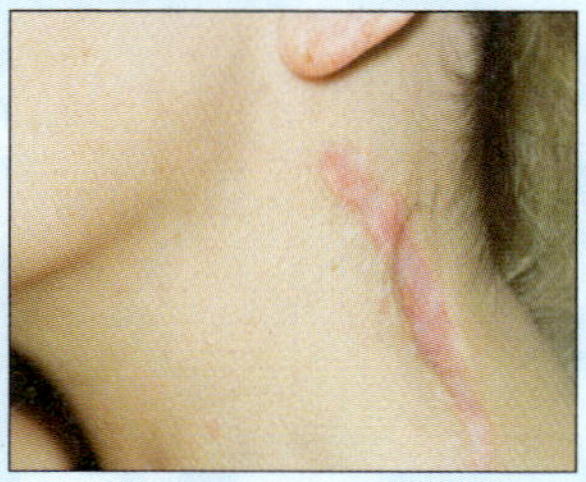

durch Verwandte keine endgültige Aufklärung ergibt. Bei großen Unglücken erschweren Trauer und Vielzahl der Toten die Identifizierung. Zudem löscht der Tod Eigenarten eines Menschen aus – wir sind uns kaum bewusst, in welch hohem Maß wir Freunde und Familie an Gesten, Ausdrucksweisen oder Gang erkennen. Auch Betrug kann eine Rolle spielen. Menschen haben schon völlig Fremde »identifiziert«, um die Versicherungssumme zu kassieren.

Unterscheidungsmerkmale

Wenn eine direkte Identifikation nicht zuverlässig oder möglich ist, können Fotos und Beschreibungen helfen. Details wie Muttermale, Narben und Tattoos sind leicht zu identifizieren und in der Regel sehr typisch. Auch der Zahnstatus kann hilfreich sein (siehe Seite 50). Fingerabdrücke räumen die letzte Unsicherheit aus, sofern Verwandte persönliche Gegenstände mit Abdrücken bringen.

Versagen all diese Möglichkeiten, muss die Gerichtsmedizin helfen. Röntgenaufnahmen zeigen alte Knochenbrüche, die vielleicht zu dem passen, was Verwandte über Unfälle erzählen. Auch Implantate geben nützliche Hinweise. Als man in London im Januar 2003 einen Torso ohne Kopf und Glieder in einem Müllsack fand, konnte die Leiche anhand der Seriennummern der Implantate in der Brust identifiziert werden. Bluttests lassen sich schnell und relativ preiswert durchgeführen. Sie sind aber nur aussagekräftig, wenn der Tote eine seltene Blutgruppe hatte. Medikamente im Blut können durch serologische Untersuchungen festgestellt werden und bei der Identifizierung helfen. Wenn ein naher Verwandter eine DNA-Probe abgibt, weist die Übereinstimmung mit fast absoluter Sicherheit die Identität nach.

Übereinstimmungen

Alle genannten Methoden helfen, den Kreis der infrage kommenden Personen einzuengen. Doch die wenigsten bringen ein Ergebnis bei unbekannten Leichen, nach denen keiner fragt. In diesen Fällen suchen die Ermittler in allen möglichen Listen und Datenbanken und hoffen auf Übereinstimmungen.

Verurteilte Kriminelle lassen sich durch die Fingerabdrücke oder den DNA-Analysebericht, die sich in den Polizeiakten befinden, identifizieren. Vermisstenlisten auf nationaler oder internationaler Ebene lösen manchen Fall von »Leichen mit unbekannter Identität«.

Wenn all diese Quellen nichts bringen, stehen die Chancen der Ermittler schlecht, vor allem in großen Städten, in die es Leute zieht, die häufig ganz bewusst die Anonymität suchen. In New York zum Beispiel verlassen jährlich rund 1500 Tote das Leichenschauhaus unbekannt, unbemerkt – von niemandem betrauert.

FALLBEISPIEL

Im Winter 1986 verschwand in Connecticut, USA, die blonde Pan-Am-Stewardess Helle Crafts. Die Polizei hatte einen Mordverdächtigen – den brutalen, fremdgehenden Ehemann –, aber kein Opfer. Als man entdeckte, dass er sich einen Häcksler gemietet hatte, wusste man, dass die Suche nach der Leiche schwierig würde. Augenzeugenberichte führten zum nahen Fluss. Eine Suche an den Ufern brachte ein Tausendstel eines menschlichen Körpers zutage, darunter 59 Knochensplitter, den Teil eines Fingers (siehe unten), fünf Blutstropfen, zwei Zahnkronen und 2660 Haare, alle blond. Nach mehr als 50 000 forensischen Tests mit dem wenigen Material stand fest, dass es sich um Helles Blutgruppe handelte und die Kronen zu ihrem Zahnstatus passten. Richard Crafts wurde wegen Mordes angeklagt und verurteilt.

FINGERSPITZENTEST ►
Der größte aufgefundene Teil war eine Fingerspitze von Helle Crafts mit dem lackierten Nagel. Der Nagellack wurde analysiert und mit einer Probe aus der Wohnung der Crafts verglichen.

FALLBEISPIEL

ORTHOPÄDISCHER BEWEIS ▼
Metallimplantate, durch die Chirurgen gebrochene Knochen stützen, liefern einen Hinweis, den auch ein Brand nicht zerstört.

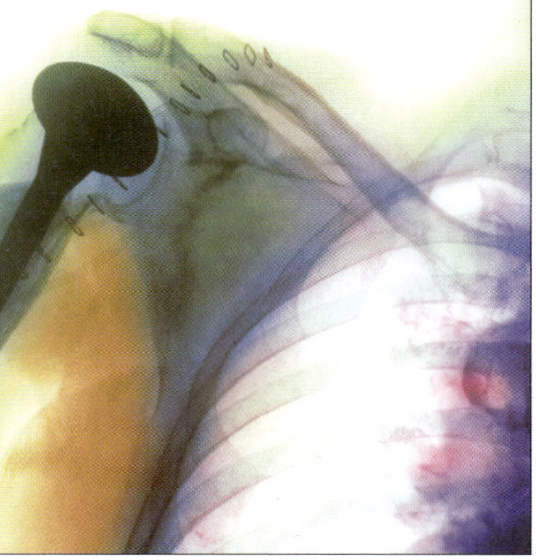

Fingerabdrücke

Schon 2000 v. Chr. signierten Babylonier Verträge mit einem Fingerabdruck. Der forensische Gebrauch von Fingerabdrücken geht auf das späte 19. Jahrhundert zurück. Trotz modernerer Methoden, wie DNA-Analysen, ist die Identifizierung mittels des einzigartigen Musters von Rillen (Papillarleisten) auf den Fingerspitzen noch weit verbreitet.

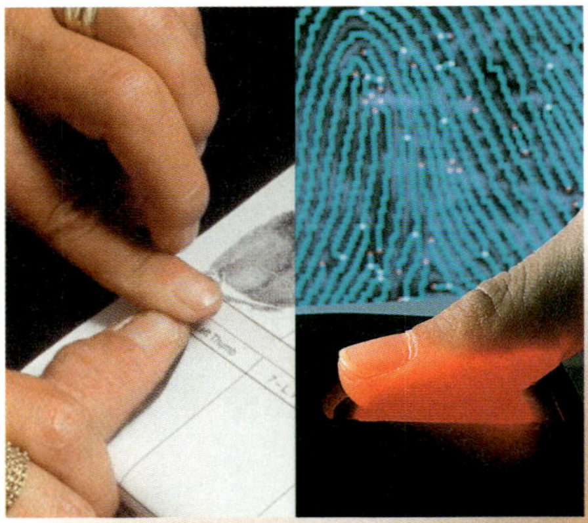

ABNAHME VON FINGERABDRÜCKEN ▲
Bei der traditionellen Methode färbt man die Fingerspitzen mit einer Stempelfarbe ein und rollt jeden Finger auf einer speziellen Karte ab (links). Immer häufiger werden die Abdrücke elektronisch erfasst, sodass sie direkt in der Datenbank landen (rechts).

Fingerabdrücke gelten als Beweise, die auf der Zuordnung des Musters an den Fingerspitzen beruhen. Ohne ein definiertes System könnte die Polizei nur durch direkten Vergleich der Fingerabdrücke vom Tatort mit denen eines Verdächtigen dessen Anwesenheit am Tatort beweisen. Dank der heute vorhandenen Karteien und Datenbanken können Fingerspuren mit Tausenden, ja sogar Millionen Fingerabdrücken verglichen werden.

Systematik der Fingerabdrücke

Die systematische Aufzeichnung von Fingerabdrücken begann 1891 in Argentinien (siehe unten). Fünf Jahre später schuf der Experte Sir Edward Henry ein System zur Einteilung von Fingerabdrücken, das Galton-Henry-System, das bis zum Einsatz des Computers die Hauptrichtlinie war.

Sir Henry teilte die Abdrücke in zwei Gruppen ein: wichtige Muster (Wirbel) und unwichtige Muster (Schleifen und Bögen). Finger mit einem Wirbelmuster bekamen einen numerischen Wert, ein Wirbel am rechten Daumen bekam zum Beispiel eine 16, einer am linken kleinen Finger eine 1. Durch Zusammenfassung der Werte bestimmter Finger bildete Henry einen Code für jeden Satz von Fingerabdrücken. So schuf er 1024 Codes – ein System, in das alle Fingerabdrücke einsortiert werden können.

Mit diesem System kam man Kriminellen, die unter anderem Namen arbeiteten, leichter auf die Spur. Bei verhafteten Verdächtigen nahm man die Fingerabdrücke ab und codierte sie. Die Codes vereinfachten die Suche, weil man nicht alle archivierten Fingerabdrücke durchsuchen musste, sondern nur die mit gleichem Code. Da man dafür aber Abdrücke aller zehn Finger brauchte, reichten die am Tatort gefundenen Abdrücke nur selten aus, um einen Vergleich anzustellen. Ab den 1930er-Jahren fand man Systeme, die anhand einzelner Finger geordnet waren.

Abgleich

Auch bei diesen Systemen musste noch jeder Fingerabdruck vom Tatort mit dem entsprechenden in den Akten verglichen werden, um herauszufinden, ob zwei Fingerabdrücke übereinstimmen. Bei dieser zeitraubenden Arbeit betrachteten die Experten die Charakteristika der Papillarleisten. Sie verglichen, wo sie begannen und endeten, wo sie zusammenliefen und sich teilten. Auch die Lage von kurzen Leisten und Punkten wurde festgestellt, ebenso wie so genannte eingeschlossene Bereiche.

Datenbanken

Findet man am Tatort einen Fingerabdruck mit einem außergewöhnlichen Muster, kann er rasch zugeordnet werden. Da Fingerabdrücke vom Tatort nur selten perfekt sind, bleibt die Suche mühsam.

Als die Sammlungen von Fingerabdrücken größer wurden, wuchs der Suchaufwand ins Unermessliche. Ab den 1960er-Jahren unterstützten Computer die Suche.

William James Herschel
1833–1917

WILLIAM JAMES HERSCHEL verwendete in den 1860er-Jahren als Erster Fingerabdrücke; er identifizierte damit Inder, die ihre Rente beantragten. Herschel demonstrierte, dass sich das Muster des Abdrucks durch das Alter nicht ändert. In den folgenden 30 Jahren erklärte Dr. Henry Faulds, dass Fingerabdrücke einmalig sind. Sir Francis Galton veröffentlichte eine wissenschaftliche Studie zu Fingerabdrücken. Diese drei Pioniere waren Briten, doch ein argentinischer Polizeibeamter, Juan Vucetich, schuf 1891 das erste System zur Identifizierung von Fingerabdrücken.

◄SCHLEIFEN
Die Papillarleisten bilden Schleifen. Radiale Schleifen entspringen auf der Daumenseite; ellenseitig liegende verlaufen entgegengesetzt.

◄WIRBEL
Wenn die Papillarleisten einen Punkt umkreisen, bildet sich ein Wirbel, die häufigste Form bei Fingerabdrücken.

◄BÖGEN
Die Papillarleisten liegen bogenförmig übereinander. Bögen sind das seltenste Muster bei Fingerabdrücken.

In 30 Jahren Entwicklung reifte das zuverlässige, schnelle Automatische Fingerabdrucksidentifizierungssystem (AFIS) aus. Die heutigen Computerprogramme scannen die Fingerabdrücke vom Tatort und stellen Charakteristika der Papillarleisten, etwa Gabelungen, fest. Dann vergleicht der Computer diese Daten mit entsprechenden Charakteristika in den Fingerabdrücken der Datenbank und liefert eine Liste mit den ähnlichsten Abdrücken. Anschließend gleichen Experten den Abdruck vom Tatort auf klassische Weise mit den vom Computer gelieferten Möglichkeiten ab.

Der größte Vorteil dieser Methode zeigt sich bei Teilabdrücken. Ein unvollständiger Wirbel gleicht einer Schleife, daher hätten die Experten früher wahrscheinlich an einer falschen Stelle mit der Suche begonnen und wären gescheitert.

AFIS braucht die Fingerabdrücke nicht in die traditionellen Muster aufzuteilen, daher liefern diese Systeme nach dem Abgleich des Fingerabdrucks vom Tatort mit der Datenbank sehr schnell die möglichen Übereinstimmungen. Diese moderne Technologie hat die Suche nach Fingerabdrücken revolutioniert: Das AFIS des FBI kann täglich 40 000 Anfragen bearbeiten. Bis zur Einführung von AFIS musste man Verdächtige häufig ohne Anklage entlassen, weil der manuelle Abgleich so lange dauerte.

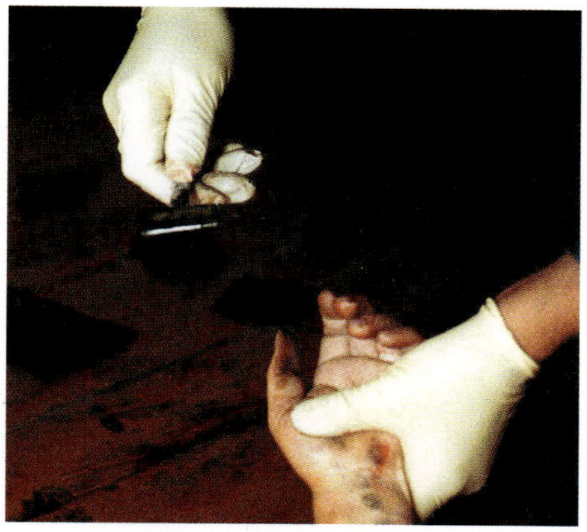

FINGERABDRÜCKE VON TOTEN▲
Von kürzlich Verstorbenen Abdrücke zu nehmen, ist einfach, wenn die Totenstarre vorbei ist, doch ältere Leichen bereiten Probleme. Bei Ertrunkenen schält sich die Haut oft ab – die Ermittler wickeln sie um den eigenen Finger, um einen Abdruck zu nehmen.

FALLBEISPIEL

»Ich hab' ihn!« Mit diesem Triumphschrei beim Fund des richtigen Fingerabdrucks beendete ein Ermittler in Blackburn eine der größten Fahndungen in der britischen Geschichte. Alles begann im Mai 1948, als die dreijährige June Devaney aus ihrem Krankenhausbett verschwand. Nach zwei Stunden Suche fand die Polizei in der Nähe ihre übel zugerichtete Leiche. Fingerabdrücke auf einer Flasche in der Klinik passten nicht zum Personal oder zu bekannten Kriminellen, deshalb nahm die Polizei die Fingerabdrücke aller männlichen Wähler in Blackburn – mehr als 40 000. Ohne Erfolg. Zu der Zeit gab es in Großbritannien noch Lebensmittelmarken, die man auch überprüfte. So fand man 200 Männer aus Blackburn, die nicht als Wähler registriert waren, und nahm deren Abdrücke. Die von Peter Griffiths (Foto) passten. Aufgrund der Beweise gestand der 22-jährige Ex-Soldat den Mord – er wurde am 19. November 1948 gehängt. Die Fingerabdrücke der anderen Bürger zerstörte man öffentlich.

FALLSTUDIE

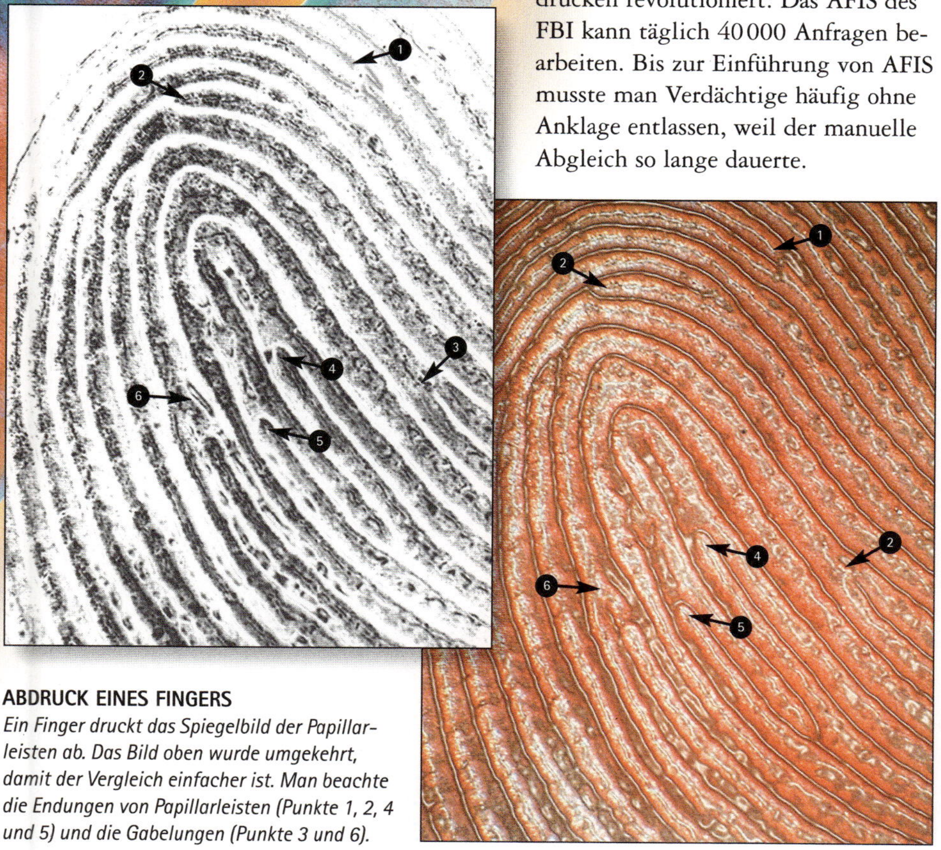

ABDRUCK EINES FINGERS
Ein Finger druckt das Spiegelbild der Papillarleisten ab. Das Bild oben wurde umgekehrt, damit der Vergleich einfacher ist. Man beachte die Endungen von Papillarleisten (Punkte 1, 2, 4 und 5) und die Gabelungen (Punkte 3 und 6).

DAS GESICHT DES BOMBERS▲
James McArdle verbüßte von den 25 Jahren Strafe nur zwei, dann kam er durch die Amnestie anlässlich des Wiederbeginns des Friedensprozesses frei.

SCHWACHE FINGERABDRÜCKE▼
Die Fotos zeigen den Essensgutschein und das regendurchweichte Exemplar von Truck and Driver, auf denen man die Fingerabdrücke des Attentäters fand.

»Docklands-Bomber«

Als eine gewaltige IRA-Bombe den Canary Wharf erschütterte, zerschmetterte sie nicht nur die Fensterscheiben in Londons Docklands, sondern auch den äußerst fragilen Friedensprozess in Nordirland. Die Ermittler, die zwei Jahr die Spur des Bombers hartnäckig verfolgten, gaben ihm den Spitznamen »der Mann mit den drei Fingerabdrücken«.

»Wir arbeiteten noch spät an unseren Computern, als plötzlich ein ungeheurer Blitz aufleuchtete und ein ohrenbetäubender Knall ertönte und wir alle zu Boden gingen. Die Wasserrohre explodierten, Glassplitter flogen überall umher, das ganze Büro war voller Staub und Rauch.«

Die Explosion, die auch George Sparks zu Boden warf, kam von einer gewaltigen Bombe in einem Lkw, der 500 Meter entfernt parkte. Sie explodierte am 9. Februar 1996 um 19 Uhr, tötete zwei Menschen und verletzte fast 40. Mit ihr ging ein Waffenstillstand zu Ende, der das britische Festland 17 Monate vor den Bomben der IRA verschont hatte.

Der Canary Wharf in London war ein Hauptziel der IRA – ein Symbol des Reichtums und das zweitgrößte Bürogebäude Europas. Es lag knapp außerhalb der Sicherheitszone, die Londons Finanzbezirk schützte. Die fatale Bombe erwischte die britischen Sicherheitskräfte kalt. »Wir wurden total überrascht ...«, gestand ein Sprecher.

Scotland Yards Terrorspezialisten hatten kaum Anhaltspunkte. Der Tatort war ein riesiger Krater neben dem Bahnhof South Quay. Der einzige Hinweis bestand in der Beschreibung, die ein Streifenpolizist von dem Lkw gab. Er hatte ihn gesehen, als er half, die Gegend nach einer telefonischen Warnung zu räumen. Anhand seines Berichts erstellte man eine Phantomzeichnung des Fahrzeugs – ein zum Autotransport umgerüsteter Tieflader der Marke Ford.

◄DIE JAGD NACH SPUREN
Ein Hinweis führte die Polizei auf eine wilde Müllkippe, wo sie einen abgestellten Anhänger und einen Reifen voller Spuren fanden.

Nachdem die Zeitungen das Bild veröffentlicht hatten, riefen rund 850 Leute bei der Polizei an. Der 199. Anrufer sagte, er hätte den Lkw in den Tagen vor der Explosion auf einem 16 Kilometer entfernten Industriegelände gesehen. Zwei Männer hätten einen Anhänger abgeladen, der noch an derselben Stelle stünde.

Die Ermittler fuhren dorthin. Neben dem Anhänger fanden sie in einem Reifen die Scheibe eines Fahrtenschreibers, Zeitschriften, irische Autokennzeichen und einiges andere. Die Fahrtenschreiber-Aufzeichnungen gaben erste wichtige Hinweise. Sie verrieten Geschwindigkeit und Stopps, wodurch die Polizei den Weg des verdächtigen Lkws nach Carlisle zurückverfolgen konnte. Dort war er Monate zuvor ersteigert und anschließend nach Nordirland überführt worden. Mithilfe der Nummernschilder und der Videos von

ÜBERWACHUNGSKAMERA▲
Dank der Videokameras auf den Brücken und Schilderbrücken der britischen Autobahnen gelang es der Polizei, die Route des Tiefladers zurückzuverfolgen.

Überwachungskameras an der Autobahn fanden die Ermittler heraus, dass der Lkw einen Monat vor dem Bombenanschlag wieder in England war. Sie erfuhren auch, dass die Attentäter zweimal im gleichen Motel in Carlisle übernachtet hatten.

Obwohl man die Zimmer inzwischen viele Male geputzt hatte, ging die Spurensicherung ans Werk. Man fand 100 Fingerabdrücke und glich sie zuerst mit den Fingerabdrücken des Personals ab. Ein Daumenabdruck auf einem Aschenbecher stammte nicht vom Personal!

435 Kilometer südlich von Carlisle untersuchten die Fingerabdruckspezialisten von Scotland Yard jedes Stückchen, das man beim Anhänger gefunden hatte.

Nach zwei Monaten fanden die Experten eine heiße Spur. Sie hatten einen Essensgutschein von der Fähre, die den Lkw aus Nordirland gebracht hatte, mit DFO und Ninhydrin (siehe Seite 18) behandelt. Er trug einen schwachen Abdruck eines Daumens – des Daumens vom Aschenbecher aus dem Motel in Carlisle. Reagenzien (siehe Seite 19) brachten einen weiteren Fingerabdruck zum Vorschein – auf einer Zeitung, die 14 Tage im Regen gelegen hatte. Er entsprach den anderen beiden. Der Bombenleger erschien nicht mehr so rätselhaft. Die Ermittler gaben ihm den Spitznamen »der Mann mit den drei Fingerabdrücken«. Doch ein Abgleich mit den Computerdateien ergab kein Ergebnis. Die IRA hatte den Bombenleger sorgfältig ausgewählt – er war nicht aktenkundig. Die Ermittlungen traten auf der Stelle.

Im April 1997 wurde bei einer Razzia der SAS (Special Air Services) in South Armagh, Nordirland, eine IRA-Heckenschützen-Gruppe gefasst. Einer der Verhafteten war James McArdle, ein Maurer und Fahrer aus dem Dorf Crossmaglen. Routinemäßig verglich man seine Fingerabdrücke mit jenen des Docklands Bombenlegers. Sie passten! McArdle war »der Mann mit den drei Fingerabdrücken«.

Beim Prozess im Juni 1998 gelangten Details des tödlichen Plans an die Öffentlichkeit. Der Autotransporter gelangte im Januar 1996 anlässlich einer Gebrauchtwagen-Auktion nach England. So kam der Bombenleger legal als Autohändler ins Land. Der IRA-Trupp nutzte die Fahrt als Probe. Der Fahrtenschreiber, der die Ermittler nach Carlisle geführt hatte, diente als überzeugende Tarnung.

Bei der Fahrt zum Attentat waren die Leerräume des Transporters mit mehr als einer Tonne Sprengstoff gefüllt – zum großen Teil ein Gemisch aus zermahlenem Dünger und Zucker, mit einer kleinen Menge Semtex-Plastiksprengstoff, um die Explosion auszulösen.

Die Fingerabdrücke reichten als Beweise gegen McArdle. Am 25. Juni 1998 erhielt »der Mann mit den drei Fingerabdrücken« eine Gefängnisstrafe von 25 Jahren.

BOMBENSCHADEN IN DEN DOCKLANDS▶
Der Sachschaden betrug 150 Millionen Pfund. Der Zeitungshändler Inam Bashir und sein Helfer John Jeffries kamen bei der Explosion ums Leben.

Was Zähne verraten

Zähne bohren, füllen, ziehen oder überbrücken bringt mehr als nur ein schönes Lächeln. All diese Maßnahmen verleihen dem Gebiss eine Individualität, die über Identität, Erscheinung und Gesundheit des Besitzers Auskunft geben kann. Anhand des noch erhaltenen Gebisses einer skelettierten Leiche lässt sich solch ein Toter sogar identifizieren.

Forensische Dentisten spielen weltweit bei vielen tragischen Ereignissen eine bedeutende Rolle. »Die Opfer wurden anhand ihrer Zähne identifiziert«, berichten die Medien häufig nach Bränden, Explosionen, Flugzeugabstürzen oder anderen Katastrophen mit unkenntlichen Opfern.

Diese Form der Identifizierung ist keine moderne Erfindung unserer Zeit. Schon 59 n. Chr., als der römische Kaiser Nero seine Mutter Agrippina ermorden ließ, identifizierte man ihre Leiche mithilfe ihrer Zähne. Anhand einer Brücke identifizierte der Dentist Paul Revere 1776 Joseph Warren – zehn Monate nach dessen anonymer Beerdigung während der Schlacht von Bunker Hill, Massachusetts, USA.

Unverwüstliches Gebiss

Odontologische (zahnheilkundliche) Vergleiche bilden bei der Identifizierung eine wertvolle Hilfe, weil die Zähne fast unverwüstlich sind. Sie überstehen sogar einen Brand, bei dem Glas und Kupfer schmelzen und vom Skelett nur noch Asche übrig bleibt. So machen sie auch Versuche, ein Verbrechen zu vertuschen, zunichte.

Bei den Ermittlungen vergleicht der forensische Zahnmediziner Gebiss- und Kiefermerkmale einer unbekannten Leiche mit zahnärztlichen Berichten. Dazu dokumentiert er den Zahnstatus des Toten und macht bei Bedarf Röntgenaufnahmen.

Alle Zahnärzte in Praxen und Kliniken dokumentieren routinemäßig die odontologischen Maßnahmen in der Patientenkartei – von der Zahnfüllung bis zum Einsetzen von Kronen oder Brücken. So fällt es dem Experten nicht schwer, fundierte Resultate zu liefern, wenn die Zahnreihen des Toten gut erhalten und zahnärztliche Unterlagen jüngeren Datum sind.

Schwieriger wird seine Arbeit, wenn die Röntgenaufnahmen sehr alt sind oder der Schädel stark beschädigt ist. In diesem Fall setzt der Forensiker sein Wissen über die natürliche Entwicklung der Zähne ein und zieht einzelne Punkte zum Vergleich heran. Fehlen odontologische Röntgenaufnahmen, können Aufnahmen vom Kopf weiterhelfen, da die individuelle Form der Stirnhöhle ein Identifizierungsmerkmal ist.

◄GEBISS EINE SKELETTIERTEN LEICHE
Zahnärzte tragen in die Patientenkartei viele Details über die 32 Zähne eines Erwachsenen ein. Sind die Unterlagen zugänglich, können auch skelettierte Leichen mit hoher Gewissheit identifiziert werden.

WIE ALLES BEGANN

Der Ursprung der forensischen Zahnmedizin geht auf einen Brand während eines Wohltätigkeitsbasars am 4. Mai 1897 zurück. Dabei kamen 126 wohlhabende Pariser Bürger ums Leben. Drei Viertel der Opfer konnten anhand von Kleidung oder mitgeführten Gegenständen identifiziert werden. Die restlichen Opfer waren bis zur Unkenntlichkeit verbrannt. Viele davon wurden anhand zahnärztlicher Unterlagen identifiziert. Dies half den Pionieren der forensischen Zahnmedizin, Davenport und Amoedo, Richtlinien zu erarbeiten, die bis heute gelten.

Bild aus einer Zeitung von 1897

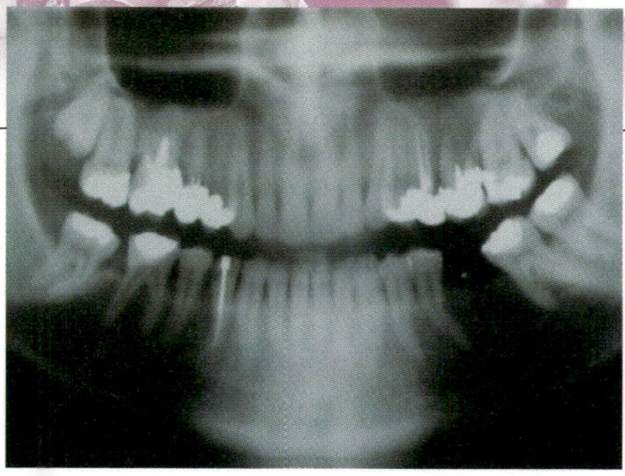

RÖNTGENAUFNAHME ▲
Durch die Füllungen und Wurzelbehandlungen (in der Aufnahme weiß) sowie die Zahnlücke im Unterkiefer ist das Gebiss dieses Opfers unverwechselbar.

Falls keinerlei odontologische Unterlagen zur Verfügung stehen, stößt die Ermittlung an Grenzen. Dennoch verraten die Zähne immer noch sehr viel: Kinder erkennt man anhand des Stadiums der Zahnentwicklung. Bei Erwachsenen werden die Zahnwurzeln mit der Zeit transparenter und die Abnutzungserscheinungen an ihrem Gebiss geben Hinweise auf Alter und Ernährungsweise. Anhand von Füllungen, Brücken oder Kronen lässt sich herausfinden, in welchem Land die Zahnbehandlungen ausgeführt wurden.

Bissspuren

Forensische Zahnmediziner übernehmen auch die Analyse von Bissspuren. Jeder Biss, sei er von Mensch oder Tier, hinterlässt einen typischen Abdruck. Auf der Haut und im Fleisch verursacht der Biss Blutergüsse und/oder punktuelle Wunden.

Ob Bissspuren für eine Identifizierung nutzbar sind, hängt davon ab, wie deutlich sie ausgeprägt sind und ob die Zähne des Beißenden charakteristische Merkmale aufweisen. Zahnlücken- oder fehlstellungen des Gebisses eines Verdächtigen bilden beweiskräftige Hinweise, wenn sie sich in den Bissspuren wiederfinden. Je deutlicher die Übereinstimmungen zutage treten, desto weniger Zweifel bleiben bei der Identifizierung des Urhebers des Bisses.

Um das Gebiss des Verdächtigen mit den Bissspuren vergleichen zu können, werden die Spuren fotografiert. Angebissene Lebensmittel muss man konservieren. Den Apfel aus nebenstehendem Fallbeispiel hat man in einer Lösung aus Alkohol, Glyzerin und Formaldehyd eingelegt.

Den Abdruck vom Gebiss des Verdächtigen geht der forensische Zahnmediziner in genau der gleichen Weise vor wie jeder Zahnarzt bei einem Patienten, der Kronen oder eine Brücke erhalten soll. Nach dem Ausgießen mit einer schnell aushärtenden Gipsmischung erhält man so eine fast perfekte Kopie von den Zahnreihen und dem Zahnfleisch des Ober- und Unterkiefers.

Für den direkten Vergleich mit Bissspuren werden Fotos oder Scans des Abdrucks im Verhältnis von 1:1 auf durchsichtige Folien übertragen.

Fotografierte Bissspuren sind häufig nur undeutlich zu erkennen und von Laien kaum zu interpretieren. Daher treten forensische Zahnmediziner als Gutachter und Zeugen vor Gericht auf, um dazu beizutragen, die Schuld – oder Unschuld – des Angeklagten zu beweisen.

FALLBEISPIEL

Als IRA-Terroristen Billy Craig und seinen Vater erschossen, hinterließen die Täter nur leere Patronenhülsen und einen angebissenen Apfel. Anhand der ungewöhnlichen Bissspuren im Apfel erstellte ein Professor der Zahnmedizin eine bemerkenswerte »Diagnose« über den Apfelesser. Aus einer Kieferanomalie schloss er: Er oder sie ist groß, schlank, kräftig gebaut, hat ein schmales Gesicht mit eingefallenen Wangen und einer großen Nase. Vermutlich leidet die Person unter Atembeschwerden. Als die Polizei aufgrund eines Hinweises einen Verdächtigen festnahm, war die Ähnlichkeit geradezu unheimlich. Ein Abdruck seiner deformierten Zähne ließ so gut wie keinen Zweifel zu, dass er es war, der in den Apfel gebissen hatte. Der IRA-Killer wurde für diesen und andere Morde zu siebenmal lebenslänglich verurteilt.

FALLBEISPIEL

SCHULTERBISS ▼
Ein Vergewaltiger hatte in die Schulter seines Opfers gebissen. Die deutlichen, individuellen Bissspuren auf der Haut halfen, den Täter zu überführen.

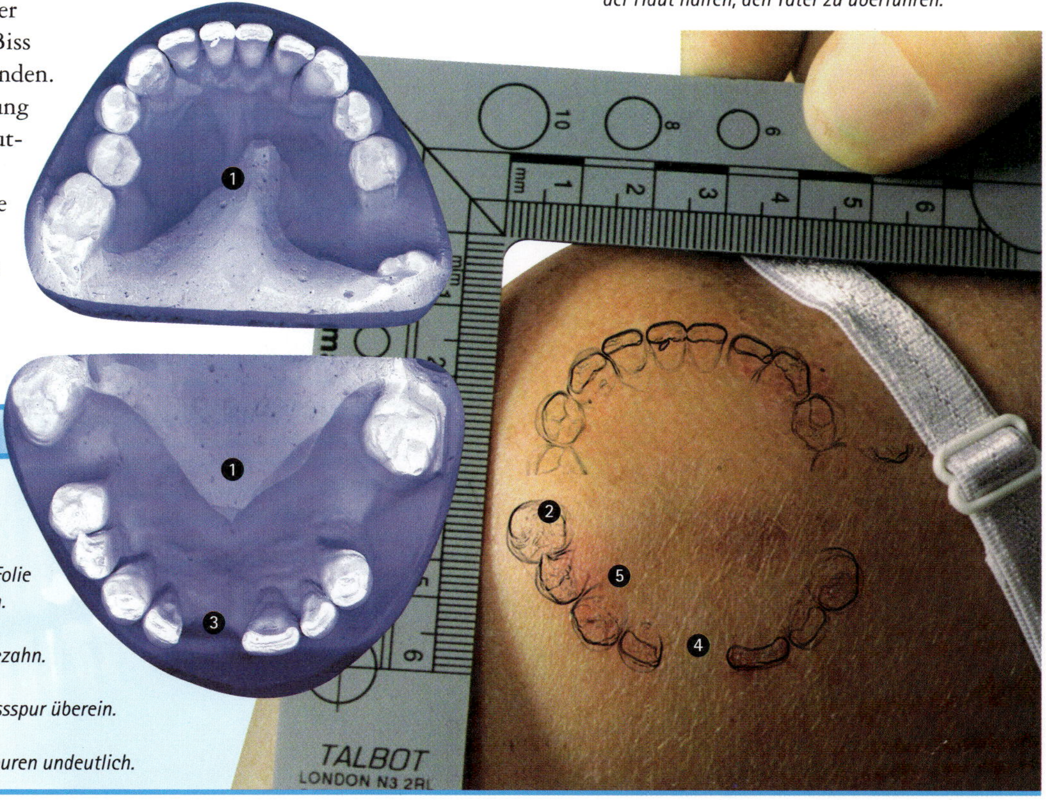

Bissspur-Analyse

1. *Abdruck vom Ober- und Unterkiefer des Verdächtigen.*
2. *Übertrag der Abdrücke auf eine Folie und Vergleich mit den Bissspuren.*
3. *Im Unterkiefer fehlt ein Schneidezahn.*
4. *Die Zahnlücke stimmt mit der Bissspur überein.*
5. *Durch Blutergüsse werden die Spuren undeutlich.*

Anthropologie

Skelette sind häufig stumme Zeugen von Verbrechen, denen forensische Anthropologen eine Stimme verleihen können. Mit Fachkenntnissen, Messungen und Vergleichen fördern diese Spezialisten Fakten zutage, dazu gehören nicht nur Alter, Geschlecht, Statur und ethnische Zugehörigkeit, sondern auch erlittene Krankheiten und die Todesursache.

GEWALTSAMER TOD ▲
Das Loch im Schädel lässt auf einen Tod durch einen stumpfen Gegenstand schließen. Das Opfer wurde zwischen 1976 und 1983 ermordet.

Werden Knochen zufällig oder während einer polizeilichen Ermittlung gefunden, hilft ein Anthropologe mit rechtsmedizinischer Ausbildung bei der Identifizierung und prüft, ob ein Verbrechen vorliegt. Als Erstes stellt er fest, ob es sich um Knochen von einem Menschen oder einem Tier handelt, weil Ähnlichkeiten bestehen. So lässt sich der Schweifknochen des Pferdes kaum von einem Finger unterscheiden.

Altersbestimmung

Anhand der Zähne lässt sich das Alter von Kindern und Jugendlichen herausfinden. Auskunft geben die verschiedenen Entwicklungsstadien – von den Milchzähnen bis zur Ausbildung von Weisheitszähnen, die oft um das 18. Lebensjahr erscheinen.

Während des Wachstums in der Teenagerzeit verdichten sich die Knochen. Diesen Prozess nennt man Ossifikation (Verknöcherung). Die 800 Ossifikationszentren gehören zu den besten Merkmalen für die Altersbestimmung von jungen Skeletten. Bis etwa zum sechsten Lebensjahr haben sich die Epiphysen (Endstücke an den langen Röhrenknochen) der Speichen am Unterarm ausgebildet. Bei Männern ist mit etwa 17 die untere Epiphyse mit der Speiche verschmolzen, bei Frauen ist dieser Prozess mit etwa 20 abgeschlossen. Jeweils bald darauf erfolgt diese Verschmelzung auch am oberen Ende der Speiche. Der letzte Skelettknochen – das Schlüsselbein – beendet sein Wachstum mit 28. Bei Skeletten älterer Menschen geben Degenerationserscheinungen Auskunft über das Alter, zum Beispiel nadelförmige Spitzen an den Wirbeln oder Arthritis an den Gelenken.

Geschlechtsmerkmale

Beim Skelett lassen sich die Geschlechtsunterschiede am Schädel und Becken erkennen. Der Schädel bietet drei Anhaltspunkte: der Knochen oberhalb der Augen,

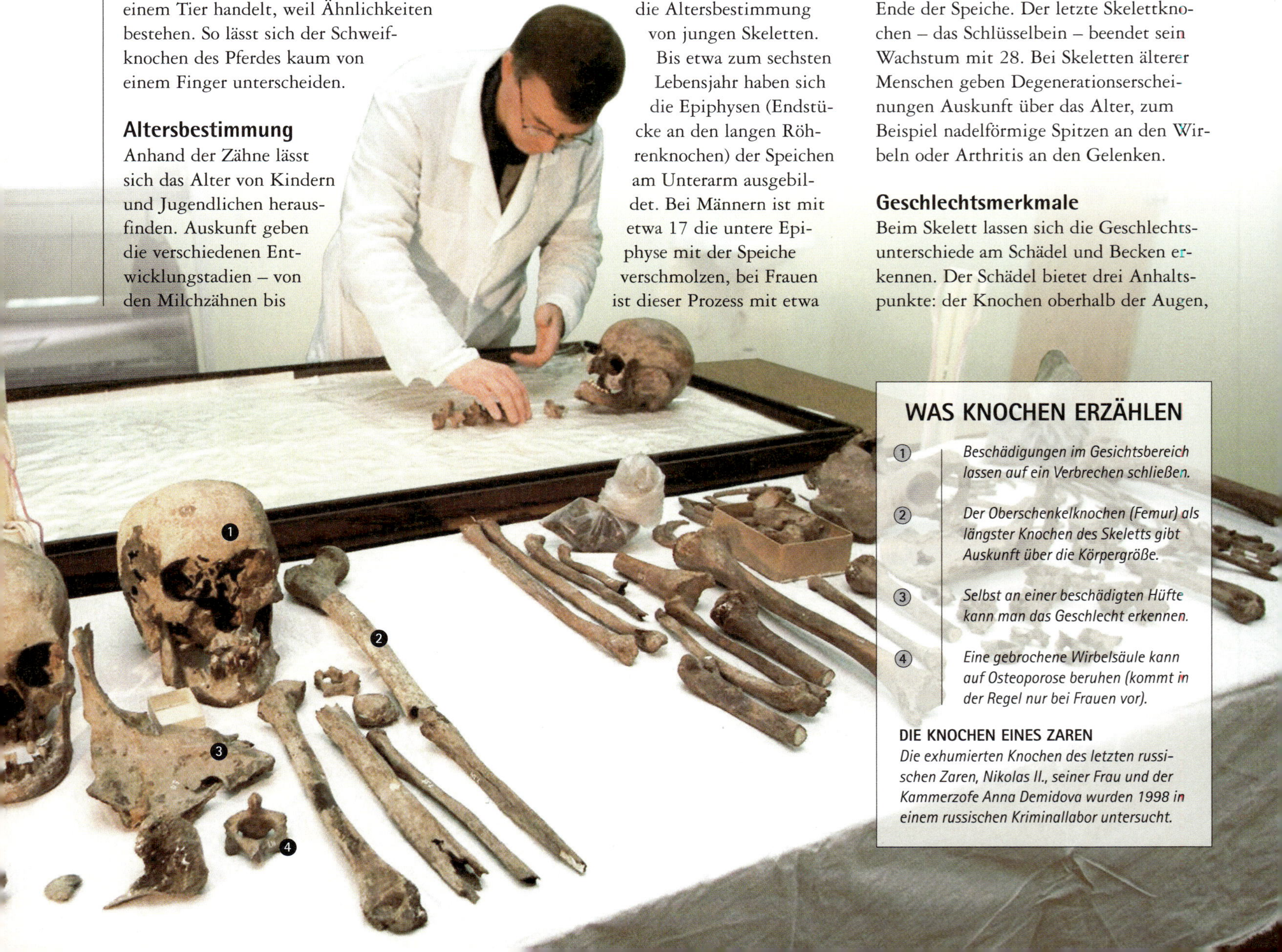

WAS KNOCHEN ERZÄHLEN

1. *Beschädigungen im Gesichtsbereich lassen auf ein Verbrechen schließen.*
2. *Der Oberschenkelknochen (Femur) als längster Knochen des Skeletts gibt Auskunft über die Körpergröße.*
3. *Selbst an einer beschädigten Hüfte kann man das Geschlecht erkennen.*
4. *Eine gebrochene Wirbelsäule kann auf Osteoporose beruhen (kommt in der Regel nur bei Frauen vor).*

DIE KNOCHEN EINES ZAREN
Die exhumierten Knochen des letzten russischen Zaren, Nikolas II., seiner Frau und der Kammerzofe Anna Demidova wurden 1998 in einem russischen Kriminallabor untersucht.

an einem Knochen unterhalb des Ohres und am Hinterhaupt. Alle sind bei Männern stärker ausgeprägt als bei Frauen.

Beim Becken sind die Unterschiede gut zu sehen: Bei Männern stehen die Hüft- und Beckenknochen deutlich enger als bei Frauen (siehe Fotos unten).

Falls weder der Schädel noch irgendwelche Beckenknochen vorhanden sind, ist die Geschlechtsbestimmung wesentlich schwieriger. Der Anthropologe kann sich dann nur vage an der unterschiedlichen Körpergröße und -kraft orientieren. An den Ansatzstellen der Muskeln sind die Knochen bei Männern stärker ausgeprägt, was auf mehr Körperkraft schließen lässt.

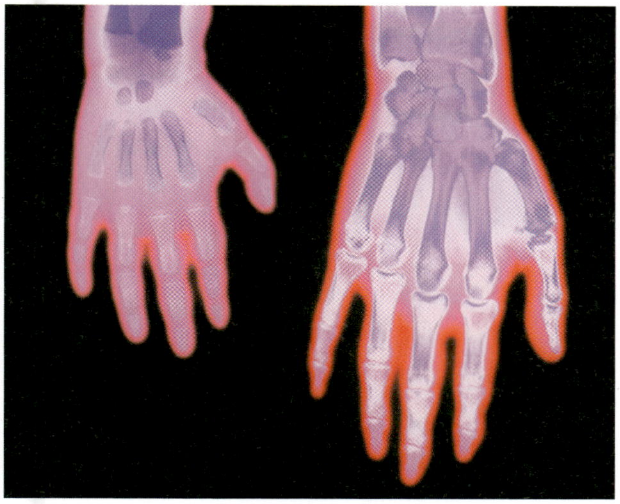

◄ALTERSBESTIMMUNG
Die Röntgenaufnahme der Hand eines Dreijährigen und eines Erwachsenen zeigt die unterschiedliche Verknöcherung (hier an den Abständen der Knochen zu sehen).

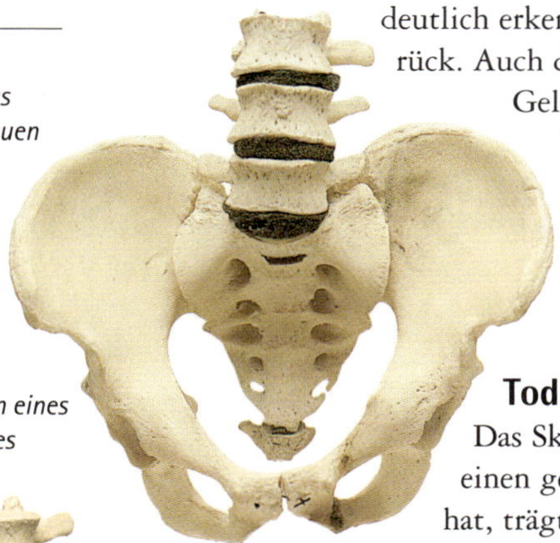

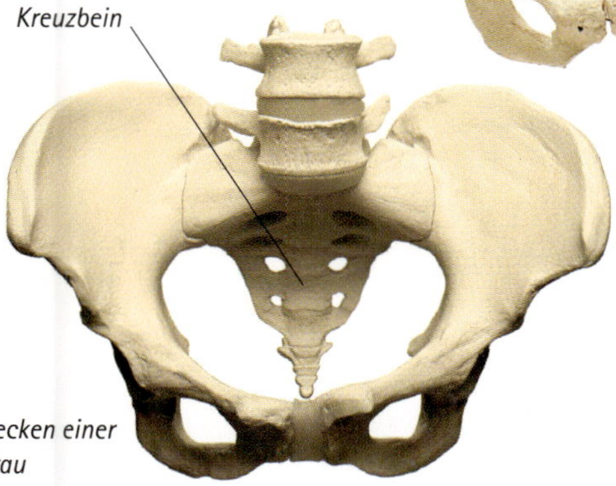

FÜR BABYS GEBAUT
Die breiteren Hüften und das geräumigere Becken der Frauen sind an das Austragen von Kindern angepasst. Auch das Kreuzbein – aus fünf miteinander verschmolzenen Wirbeln gebildet – ist bei Frauen ebenfalls breiter als bei Männern.

Becken eines Mannes

Becken einer Frau

Körpergröße

Kann man die relevanten Knochen zusammensetzen, ist die Körpergröße sicher und schnell zu bestimmen. Bei Erwachsenen rechnet man 10 bis 11 cm für das fehlende Gewebe hinzu – bei Kindern mehr (abhängig vom Alter). Ist dies nicht möglich, liefern einzelne Knochen Hinweise auf die Statur, zum Beispiel der Oberschenkelknochen. Grob geschätzt, ist der Körper drei- bis viermal so lang wie dieser Knochen – Gerichtsmediziner verwenden für die Berechnung eine differenzierte Formel.

Krankheiten und Verletzungen

Krankheiten wie Infektionen oder Krebs, falsche Ernährung und Geburtsfehler wie Spina bifida schädigen die Knochen. Doch nur chronische Erkrankungen hinterlassen sichtbare Spuren am Skelett. Anders sieht es bei Verletzungen aus. Wenn gebrochene Knochen zusammenwachsen, bleibt eine deutlich erkennbare »Nahtstelle« zurück. Auch die Veränderungen der Gelenke durch Arthritis kann man sehen (siehe Foto rechts). Derartige Spuren können bei der Identifizierung des Toten helfen.

Todesursache

Das Skelett eines Menschen, der einen gewaltsamen Tod erlitten hat, trägt mitunter klare Hinweise auf die verwendete Waffe. Kugeln hinterlassen charakteristische Löcher, scharfkantige Waffen erzeugen Schnittspuren oder Kratzer an den Knochen. Auch Knochenbrüche weisen auf Gewaltanwendung hin. Dabei muss der Anthropologe berücksichtigen, dass vitale Knochen zu Lebzeiten anders brechen als die getrockneten nach Eintritt des Todes. Geheilte Brüche gehen auf Verletzungen zu Lebzeiten zurück.

ETHNISCHE MERKMALE

Die ethnische Zugehörigkeit eines Toten kann bei seiner Identifizierung helfen. Der Schädel bietet Anthropologen einige klassische (umstrittene) Schlüsselelemente, die auf eine bestimmte Volksgruppe hinweisen.

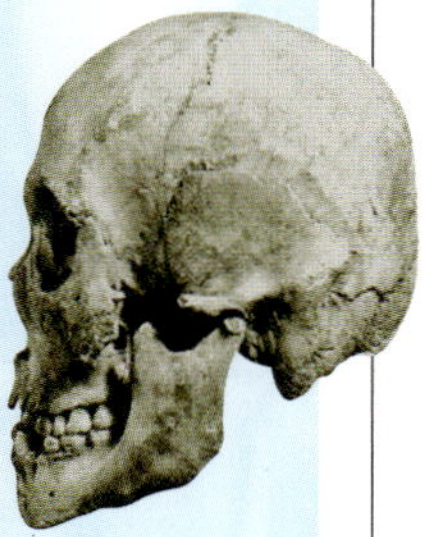

MONGOLISCHER TYP►
Menschen asiatischer Abstammung haben einen langen Schädel und ein flaches Gesicht mit ausgeprägten Wangenknochen, runden Augenhöhlen und geradem Nasenbein.

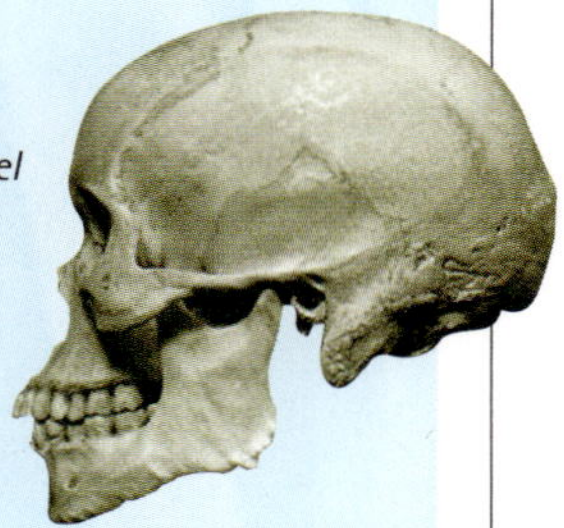

NEGROIDER TYP►
Afrokaribische – häufig lange, schmale – Schädel mit den nicht sehr stark hervortretenden Wangenknochen weisen weite Nasenöffnungen auf. Die Zähne sind größer als bei anderen Volksgruppen.

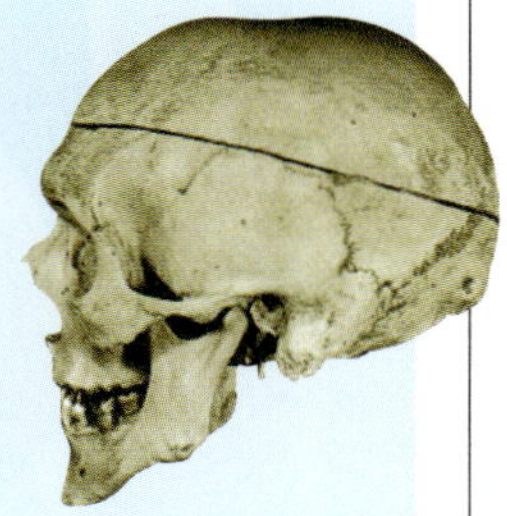

KAUKASOIDER TYP►
Der Schädel weißhäutiger Menschen wirkt in der Regel hoch und breit. Wangenknochen und Kiefer treten nicht hervor (im Profil stehen sie hinter der vertikalen Stirnlinie).

ARTHRITIS AM ELLBOGENGELENK▼
Bei der radiologischen Untersuchung zeigte sich bei einem Hammerwerfer eine Arthritis am Ellbogengelenk: Die normalerweise glatte Gelenkkugel ist durch den Hochleistungssport rau geworden.

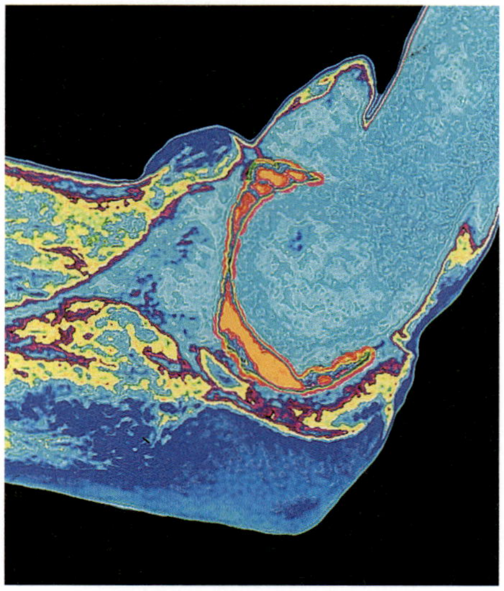

Gesichtsrekonstruktion mit Ton

Allein aus dem Schädel eines unbekannten Verbrechensopfers eine erkennbare Ähnlichkeit zu schaffen, erfordert unterschiedliche und sehr spezielle Fähigkeiten. Die Modelleure brauchen die Objektivität eines forensischen Anthropologen für die Genauigkeit und die Fantasie eines Künstlers, um eine gewisse Lebendigkeit hervorzubringen.

SCHÄDELFRAGMENTE ▶
Forensische Modelleure haben manchmal als Ausgangsmaterial nur Trümmer, die sie wie ein 3D-Puzzle zusammensetzen müssen.

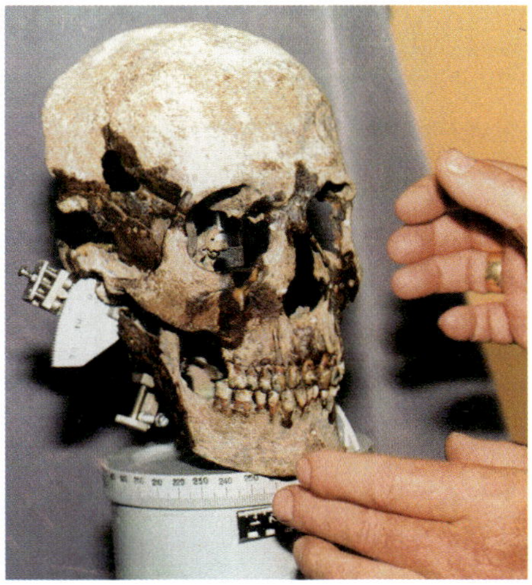

FORTSCHRITTE ▲
Wenn genügend Schädelfragmente vorhanden sind, kann man daraus einen Schädel bauen, der die Basis für die Gesichtsrekonstruktion bildet.

Wenn einem menschlichen Kopf Haut und Muskeln fehlen, verliert er jeglichen Charakter. Nur wenige Menschen schaffen den gedanklichen Sprung von den leeren Augenhöhlen und dem merkwürdigen »Grinsen« zu einem lebenden Gesicht. Forensischen Modelleuren verrät der Schädel tatsächlich Form und Struktur des Gesichts. Deshalb nehmen sie seinen Umriss als Ausgangspunkt, um mit Ton die Ähnlichkeit zu schaffen, die manchmal unheimlich realistisch ist.

Messen und markieren

Die verbreitetste Rekonstruktionstechnik orientiert sich daran, wie dick das Gewebe an den einzelnen Stellen des Schädels ist. Diese Methode bedient sich der Morphometrie (Name abgeleitet von griechischen Begriffen für »Form« und »messen«).

Ende des 19. Jahrhunderts begannen einige Forscher, die Dicke des weichen Gewebes (des Fleisches) zu messen. Die gesammelten Daten wurden jedoch erst ab den 1930er-Jahren zu forensischen Rekonstruktionen verwendet. Ursprünglich nahm man die Maße bei obduzierten Leichen ab; in jüngerer Zeit ermöglicht das Ultraschall-Scanning das Messen der Gewebetiefe am lebenden Menschen.

Modelleure arbeiten normalerweise mit 20 bis 35 anatomischen Fixpunkten – Schlüsselstellen der Gewebetiefe. Sie sind über das ganze Gesicht verteilt, doch am dichtesten liegen sie um den Mund und zwischen den Augen. Es gibt Messwerte für beide Geschlechter, unterschiedliches Alter, ethnische Gruppen und Gesichtstypen (von ausgezehrt bis verfettet).

Die Rekonstruktion beginnt mit dem Markieren der Dicke – dafür verwendet man kleine Holzstifte, wie Streichhölzer. Man befestigt sie am Originalschädel oder am Schädelabguss an den Fixpunkten. Die Hölzchen zeigen die durchschnittliche Gewebehöhe an. Dann legt der Modelleur Tonstreifen zwischen die Markierungen. Die Stärke der Streifen entspricht jeweils den Markierungen. Wenn die Streifen platziert sind, werden die Lücken mit Ton aufgefüllt. Anschließend beginnt die Arbeit an Nase, Mund, Ohren, Kinn und Wangen. Diese Stellen geben einem Gesicht die typischen Züge, doch leider verschwinden sie sehr schnell, wenn der Körper verwest. Der Modelleur kann sich aber an einigen Faustregeln orientieren.

Mikhail Gerasimov 1907–1970

Die systematische forensische Gesichtsrekonstruktion begann mit der Arbeit des russischen Anthropologen Michail Gerasimov. An einem medizinischen Institut der Universität Moskau maß er die Gewebehöhe der Gesichter von Leichen, die zur Obduktion bereitlagen. Als er genügend Werte hatte, machte er erste Versuche zur Rekonstruktion. Als wissenschaftlicher Assistent am Museum in Irkutsk rekonstruierte er in den späten 1920er-Jahren Gesichter von frühzeitlichen Menschen. Seine Rekonstruktionen halfen 1939 erstmalig bei der Klärung eines Mordfalls, als man menschliche Knochen in der Nähe von Leningrad fand. Bekannt wurde er vor allem wegen der Gesichtsrekonstruktion von Tamerlan, dem Mongolenkönig.

Ein paar Faustregeln

Die Breite der Nase entspricht etwa dem Abstand zwischen den inneren Augenwinkeln. Der Mundwinkel liegt direkt unter dem inneren Rand der Iris und über dem hinteren Rand des Eckzahns. Ohren haben ungefähr die gleiche Länge wie die Nase, wobei ältere Menschen im Verhältnis längere Ohren haben.

Wenn diese Züge fertig sind, korrigiert der Modelleur noch hier und da und glättet den Ton, damit er der Haut ähnelt. Danach wird ein Abguss aus Gips und Silikon angefertigt. Meist wird dieser Abguss farbig bemalt, damit er einem lebenden Gesicht ähnelt, um so bei der Identifikation zu helfen.

Muskel konstruieren

Nicht alle Modelleure arbeiten auf die beschriebene Weise. Aus Russland stammt die Morphoskopie (Name von den griechischen Wörtern für »Form« und »sehen« abgeleitet). Dabei geht man nicht von der Gewebehöhe aus, sondern von der Form des Schädels. Die Kaumuskeln liegen an waagrechten Knochenbögen vor den Ohren. Form und Größe dieser Knochen stehen in direktem Zusammenhang mit der Form der Muskeln.

Mit solchen Vorgaben baut der Modelleur das Gesicht Muskel für Muskel auf. Jeder Muskel wird sorgfältig aus Ton geformt, bevor er am Schädel befestigt wird. Als Letztes bedeckt der Modelleur die Tonmuskeln mit einer Tonhaut. Der weitere Verlauf entspricht der bereits beschriebenen Methode.

Beide Methoden besitzen Vorteile. Verteidiger der ersten Methode, die auf der Gewebehöhe basiert, behaupten, dass sie objektiver und wissenschaftlicher sei. Modelleure, die nach der zweiten Methode arbeiten, bezeichnen Durchschnittsmessungen als schlechten Ausgangspunkt, weil gerade das nicht Durchschnittliche ein Gesicht charakterisiert, zum Beispiel eine große Nase oder abstehende Ohren.

Ähnlichkeit

Bei beiden Methoden hat die Genauigkeit ihre Grenzen, das heißt, die Modelleure müssen raten, etwa bei der Frisur oder beim Gesichtsausdruck. Doch eine totale Ähnlichkeit ist ohnehin nicht nötig. Die Gesichtsrekonstruktion war erfolgreich, wenn sie die Erinnerung von jemandem anregt oder die Suche einengt, weil Menschen wegfallen, die keine Ähnlichkeit mit dem Tonmodell besitzen.

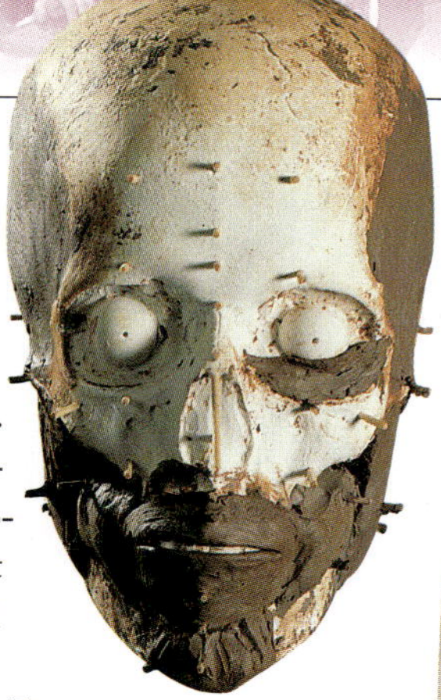

◄GEWEBETIEFE
Zur Identifizierung eines jungen Mädchens, dessen Skelett man 1989 in Wales, England, fand, beginnt Richard Neave mit den Markierungen für die Gewebetiefe.

◄KAUMUSKELN
Dann füllt er die Schläfen und den Hals mit aus Ton geformten Muskeln auf. Dabei orientert er sich an den Markierungen.

GANZES GESICHT►
Wenn das Gewebe vollständig rekonstruiert ist, sind die Markierungen im Ton verschwunden. Das Gesicht muss dann nur noch das Aussehen eines jungen Mädchens bekommen.

ÄHNLICHKEIT▼
Das fertige Gesicht war so lebensecht, dass eine Sozialarbeiterin Karen Price erkannte. Man fasste ihre Mörder, zwei Männer, und verurteilte sie.

◄RICHARD NEAVE
Wie Gerasimov arbeitete Richard Neave an archäologischen Resten, bevor er die forensische Rekonstruktion begann. Hier sieht man ihn bei der Arbeit am Gesicht von Karen Price.

Digitale Rekonstruktion

Das Gesicht, das Zug um Zug auf dem Bildschirm erscheint, wirkt gespenstisch lebensecht. Forensiker und Programmierer haben gemeinsam digitale Methoden zur Rekonstruktion des Gesichtes eines Opfers von Verbrechen entwickelt. Um dem Schädel das weiche Gewebe hinzuzufügen, kommt die Computertomographie (CT) zum Einsatz.

Einem Schädel ein Gesicht mithilfe von Ton zu verleihen, erfordert großes künstlerisches Geschick. Andere, keineswegs geringere Fähigkeiten verlangt die Gesichtsrekonstruktion am Computer, bei der virtuelle Daten zu einem lebensechten Bild zusammengefügt werden müssen.

Scannen des Schädels

Es gibt noch kein Standardverfahren der Gesichtsrekonstruktion per Computer, doch den Ausgangspunkt bildet immer eine dreidimensionale Aufnahme des Schädels. Dabei bleibt der Schädel unversehrt, was bei einem Gipsabdruck nicht immer der Fall ist. Der Schädel bewegt sich auf auf einer Drehscheibe, während der feine Strahl eines Laserscanners einen schmalen senkrechten Bereich erhellt. Seitlich angebrachte Spiegel reflektieren die Bilder der abgetasteten Flächen zu Sensoren. So entstehen Daten, deren Analyse es ermöglicht, den Abstand zwischen jedem Punkt des Schädels und der Rotationsachse zu berechnen – daraus entsteht ein digitales, dreidimensionales Schädelmodell, das auf dem Bildschirm frei rotiert.

Vom Schädel zum Gesicht

Um die fleischigen Teile des Gesichts hinzuzufügen, nutzt man häufig computertomographische Aufnahmen (kurz CT genannt) von lebenden Personen. Anders als

JUSTIERUNG DER CT EINES SCHÄDELS▼
Bei der Überlagerung vom CT (blau) lebender Personen mit der digitalen Aufnahme des Opferschädels (rot) zeigt sich, wie die CT justiert werden muss.

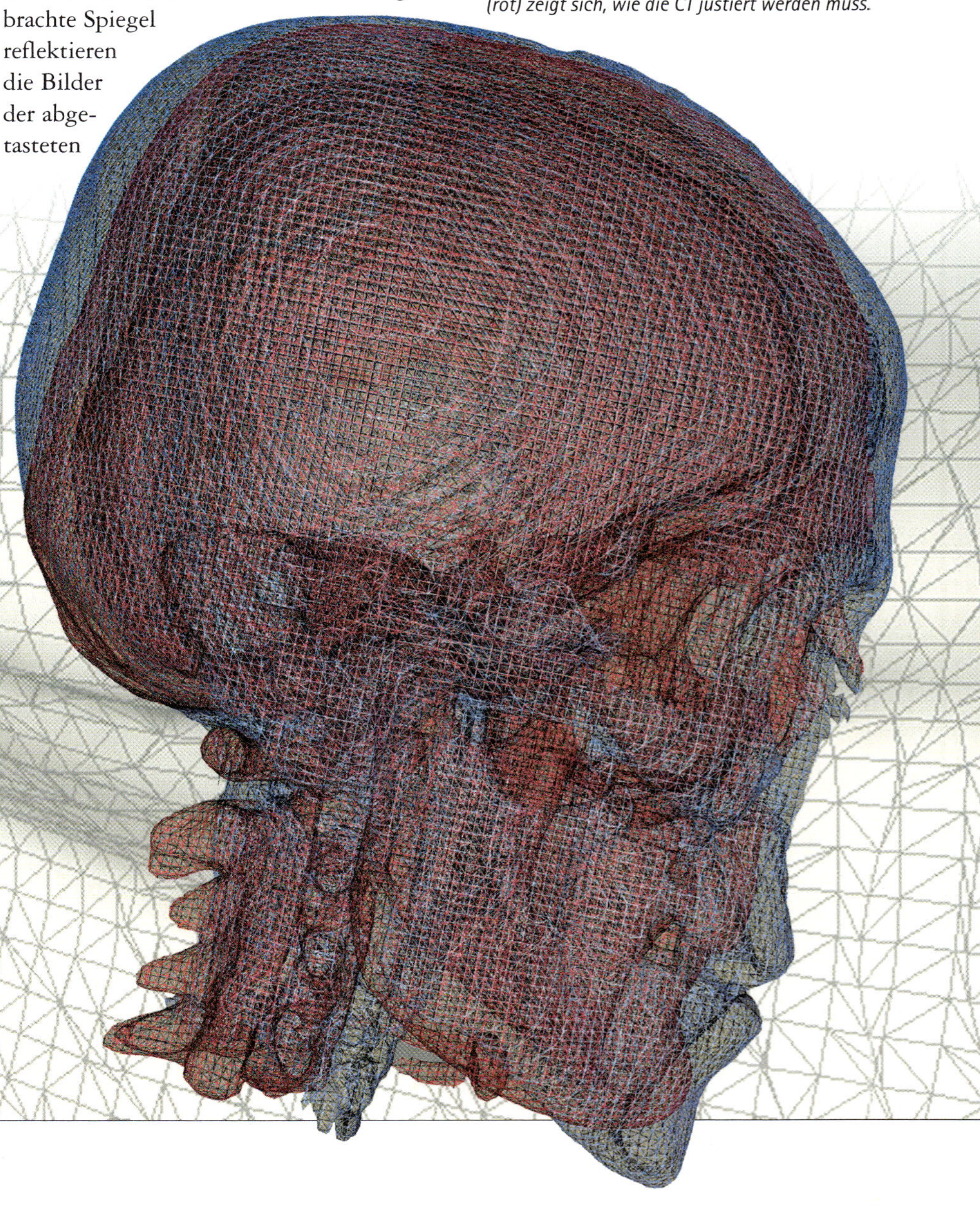

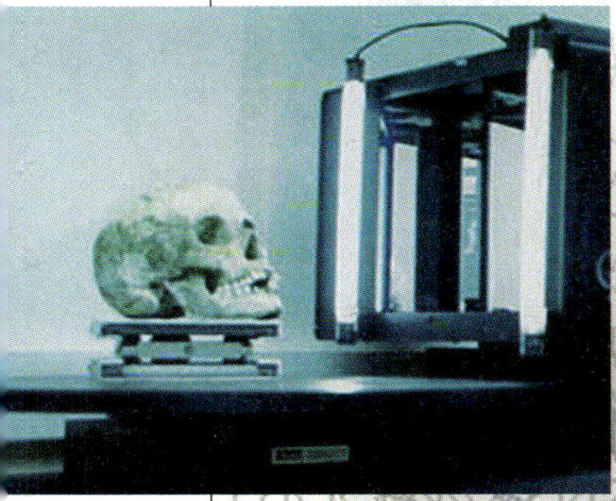

◄LASERSCANNER
Die in der Gerichtsmedizin verwendeten Laserscanner benutzt man auch in der Schönheitschirurgie. Alle Daten werden auf leistungsstarke Computer übertragen.

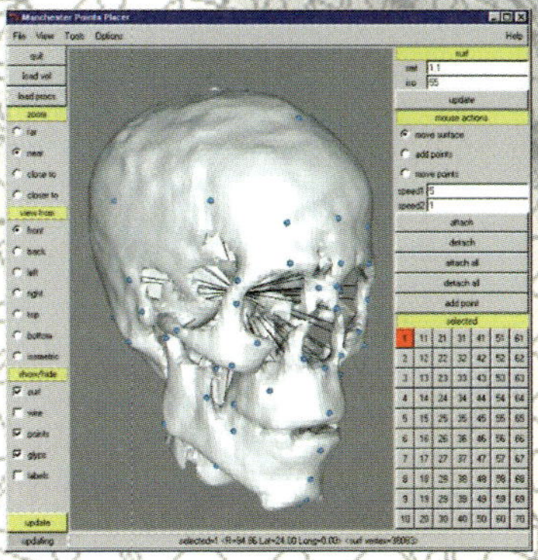

MARKIERUNGPUNKTE SETZEN▲
Zuerst setzt die Software die Markierungspunkte auf Standardpositionen, dann gibt der Bearbeiter die Feineinstellungen über die Tastatur ein.

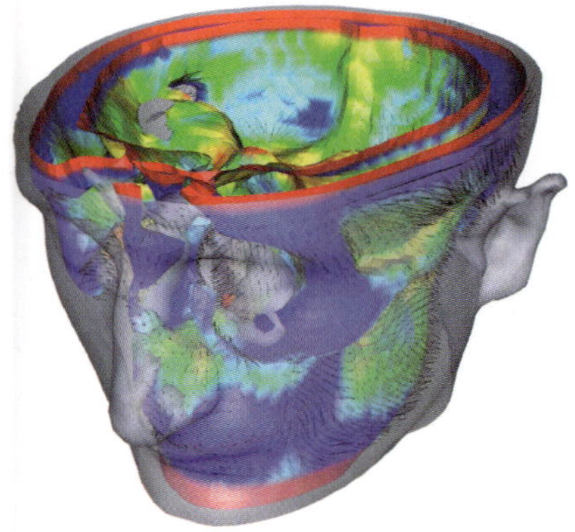

JUSTIEREN DER CT ▲
Um die übereinstimmenden weichen Gewebe der CT mit dem Schädel des Opfers in Einklang zu bringen, sind viele Versuche erforderlich. Die blauen Bereiche zeigen übereinstimmende Regionen an.

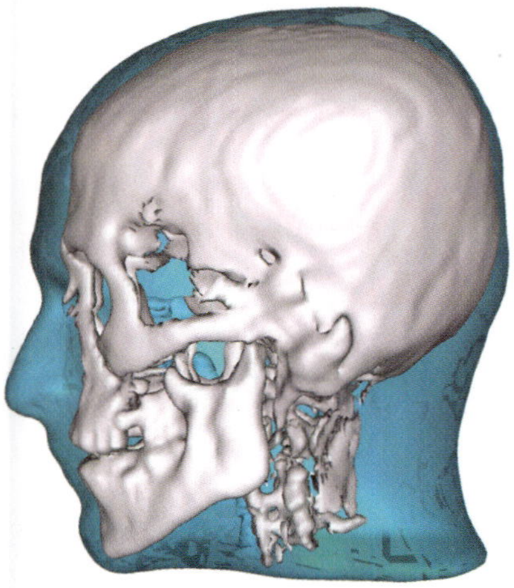

GEWEBETIEFE ▲
Nach einer erfolgreichen Justierung wird das weiche Gewebe (blau) der CT »fixiert«. Hier umhüllt es exakt den Schädel des Opfers (weiß).

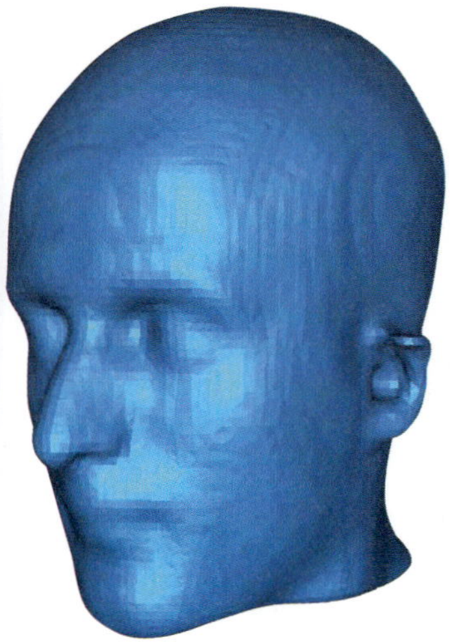

REKONSTRUIERTER KOPF ▲
Noch zeigt die digitale Darstellung weder die Farbe noch die Struktur einer menschlichen Haut. Sie wirkt wie eine traditionelle Rekonstruktion aus blauem Ton.

bei Röntgenaufnahmen, die nur die Schattenrisse der Knochen zeigen, stellt eine CT sowohl weiche als auch feste Gewebe, also Haut, Fleisch und Knochen, dreidimensional dar. Daher umfassen die CT-Dateien alle Daten des festen Schädels und die der gesamten Weichteile des Kopfes.

Um eine geeignete computertomographische Aufnahme zu finden, wird anhand des Schädels und anderer Überreste des Opfers dessen Alter und ethnische Zugehörigkeit festgestellt. Dabei kommt das Wissen von Anthropologen zum Einsatz. Viele Details – sogar die Kleidergröße – liefern Anhaltspunkte für die notwendige Vermessung der weichen Kopfgewebe.

Bei der ersten Überlagerung der beiden digitalisierten Aufnahmen (siehe rechts) stimmen die Schädelformen nicht überein. Damit sie perfekt aufeinander passen, wird der »CT-Schädel« mithilfe standardisierter und manuell eingegebener Markierungspunkten justiert (»verzerrt«). Die weichen Gewebe des »CT-Schädels« werden am Bildschirm ebenfalls so lange justiert, bis eine Gesichtsform entstanden ist, die der des Opfers nahe kommt.

Haut und Haare

In diesem Stadium ist die Rekonstruktion einem Gipsabdruck vergleichbar. Noch fehlen alle äußerlichen Merkmale wie die Farbe und Struktur der menschlichen Haut, die Haare und die Augen. Diese Details, die dem Kopf Leben einhauchen, »borgen« sich die Techniker von digitalisierten Bildern lebender Menschen und übertragen sie auf das Modell.

Für eine aussagekräftige dreidimensionale Wiedergabe des ganzen Kopfes wird das Gesicht einer Person, deren Alter, ethnische Zugehörigkeit und Kopfform dem Opfer ähnelt, fotografiert: von vorne und beidseitig im Profil. Die Software nimmt diverse Farbabstimmungen vor, vereinigt die drei Aufnahmen nahtlos und streift sie dem Modell über, um die Rekonstruktion zu vollenden. Anschauen und drehen lässt sich der 3D-Kopf in üblichen Animationsprogrammen wie VRML (Virtual Reality Markup Language oder Quicktime VR.

Auch wenn die Gesichtsrekonstruktion per Computer lebensechter aussieht als das Tonmodell, stoßen doch beide Verfahren an die gleichen Grenzen. Auf jeden Fall beruht insbesondere das Modellieren von Nase, Mund und Augen auf reinen Vermutungen. Doch allein schon der variable, differenzierte Einsatz von Licht- und Farbeffekten macht computerunterstützte Rekonstruktionsverfahren zu einem zukunftsträchtigen Hilfsmittel bei der Identifizierung von skelettierten Personen.

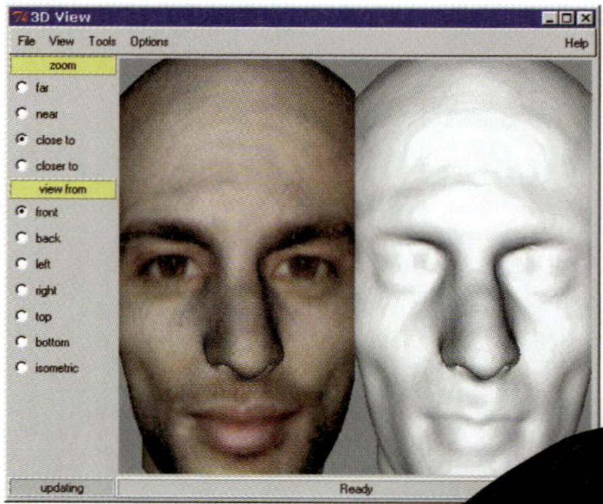

◄DAS GESICHT
Vom Gesicht einer lebenden Person werden flach ausgeleuchtete Aufnahmen angefertigt und in das Modell integriert. Die für die menschliche Haut typischen hellen und dunkleren Schattierungen setzt der Computer.

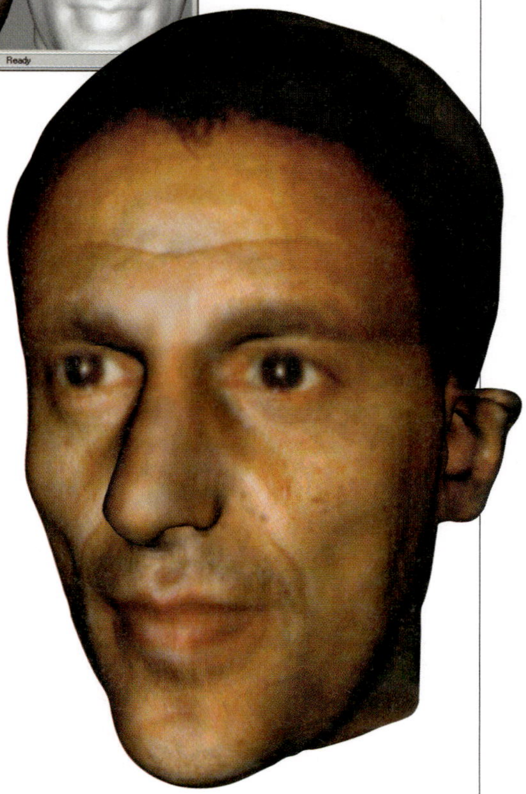

VOLLENDUNG DER REKONSTRUKTION ▲
Die Augen (aus einem Archiv) wirken lebendig. Die Haare werden nur angedeutet, wenn die Frisur des Opfers bei der Beweisführung keine Rolle spielt.

Blutanalyse

Mit einem Tropfen Blut oder kleine Mengen von anderen Körperflüssigkeiten lässt sich durch Tests eine Verbindung zwischen Opfer und Täter herstellen, aber auch zu einem Tatort oder einer Waffe. Der beste und beweiskräftigste Weg ist die DNA-Analyse – das absolute Glanzstück in der breit gefächerten forensischen Serologie.

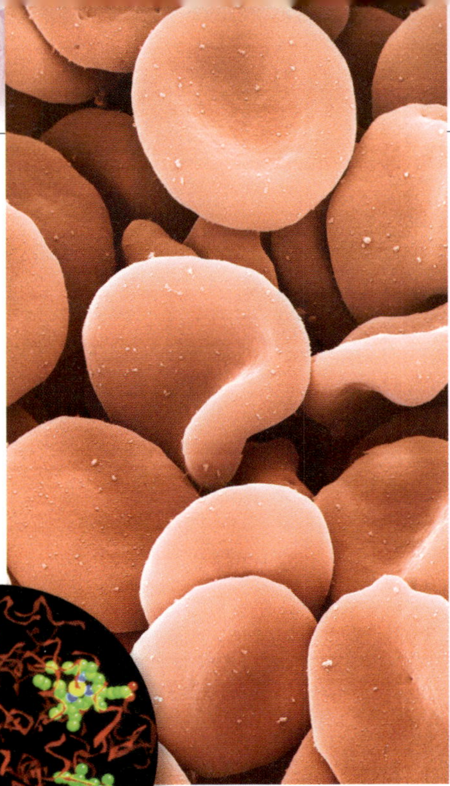

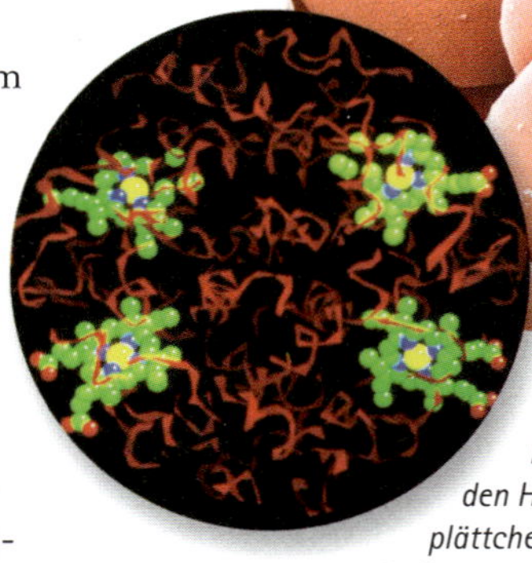

ROTE BLUTKÖRPERCHEN
Bei Bluttests geht es um Enzyme in den Hämoglobinmolekülen (links) in den plättchenförmigen roten Blutzellen (oben), die Sauerstoff durch den Körper transportieren.

Wenn die DNA-Analyse mit fast hundertprozentiger Sicherheit zur Identifizierung einer Person führt, warum setzt man dann noch andere, unzuverlässigere Tests ein? Die Antwort ist einfach: Eine DNA-Analyse dauert relativ lange und ist ziemlich teuer. Andere, weniger komplizierte Tests sind deutlich billiger und ergeben schneller ein Ergebnis; manche lassen sich sogar direkt am Tatort ausführen.

Ist es tatsächlich Blut?

Wann immer am Tatort ein Fleck nach Blut aussieht, greift die Spurensicherung zu einem der altbekannten Schnelltests. So ein Test verrät den Ermittlern, ob es sich überhaupt um Blut handelt. Die meisten dieser Tests bestehen aus einer Lösung, die sich verfärbt, wenn sie in Kontakt mit Hämoglobin oder einem Enzym kommt, das Peroxidase heißt. Ein häufig angewendeter Test ist das Besprühen der verdächtigen Stelle mit Luminolspray (siehe Seite 84), das Blutrückstände bei völliger Dunkelheit leuchten lässt. Luminol ist so reaktionsempfindlich, dass es sogar weggeschrubbtes Blut zum Vorschein bringt.

Dieser Test reagiert allerdings nicht nur auf Blut, sondern auch auf Meerrettich und Kartoffelstärke, weil sie das gleiche Enzym enthalten. So fällt das Ergebnis bei den Spuren einer entsprechenden Mahlzeit ebenfalls positiv aus.

Ist es menschliches Blut?

Den am häufigsten eingesetzten Test, der diese Frage beantwortet, hat der deutsche Bakteriologe Paul Uhlenhuth 1901 entwickelt. Er injizierte Hühnereiweiß in ein Kaninchen, dessen Immunsystem daraufhin mit der Bildung von Antikörpern reagierte, um das Tier vor den Antigenen des Huhnes zu schützen. (Ein Antigen ist ein Gift oder ein Enzym, das eine Abwehrreaktion des Immunsystems hervorruft.)

Das von Uhlenhuth mit Hühnereiweiß angereicherte Blut des Kaninchens reagierte, indem es die Eiweißantigene in einem flockigen Niederschlag ausfällte (isolierte). Diesen Niederschlag nennt man

BLUTABSTRICH
Der Tupfer, mit dem die Probe aufgenommen wird, ist mit Salzlösung getränkt.

Präzipitat, während der Antikörper, der ein Antigen unter Bildung eines Niederschlags ausfällt, Präzipitin heißt. Um ein auf den Menschen bezogenes Ergebnis zu erhalten, injizierte der Wissenschaftler menschliche Zellen in das Kaninchen.

Der Präzipitin-Test, der heutzutage in forensischen Labors angewendet wird, ist wesentlich komplexer. Der Serologe gibt die Blutprobe und das Testserum, das Antikörper gegen menschliches Eiweiß enthält, in Vertiefungen eines mit Gel bedeckten gläsernen Objektträgers. Die beiden aufgetragenen Substanzen diffundieren. Handelt es sich um menschliches Blut, enthält es artspezifische Antigene, sodass sich am Schnittpunkt der beiden Substanzen deutlich erkennbar Präzipitin bildet. Elektrophorese (siehe Seite 61) beschleunigt das Ergebnis, ebenso wie die heute künstlich hergestellten Testseren.

Wessen Blut ist es?

Menschliches Blut enthält rund 100 Antigene, doch nicht jeder Mensch verfügt über alle. Daher liefert ein Abgleich zwischen der Blutspur am Tatort und dem Blut eines Verdächtigen beweiskräftige Informationen. Blutproben auf alle Antigene hin zu testen, ist zwar möglich, aber zu aufwändig. Und es ist auch nicht nötig, denn wenige Antigene reichen aus, um die Blutgruppe zu bestimmen. Das übliche Verfahren ist dabei der AB0-Blutgruppentest (siehe unten), der auch vor Bluttransfusionen vorgenommen wird.

Andere Körperflüssigkeiten

Speichel, Sperma, Vaginalsekrete, Urin oder Kot verraten die DNA eines Menschen. Doch bevor die Serologen im forensischen Labor einen DNA-Test ausführen, testen sie erst einmal auf andere Weise. In Vergewaltigungsfällen zum Beispiel geht es vor allem um das Sperma, das sich bei einem Farbwechsel-Test zeigt, der auf die Bestandteile von Sperma reagiert wie Phosphatasen (hier: Enzyme der Prostata), Spermin und Cholin. Beim anschließenden Mikroskopieren sieht man dann die Spermien (nicht nach Vasektomie und bei Unfruchtbarkeit). Ein bewährter, sicherer Test ist ein Antigen-Antikörper-Test, der das Protein P30, das in der Prostata gebildet wird, aufdeckt und ähnlich wie der Präzipitin-Test funktioniert.

Karl Landsteiner 1868–1943

Der Immunologe und Pathologe Karl Landsteiner zeigte 1901 in Wien auf, dass es beim Menschen drei Blutgruppen gibt, die sich durch Antigene auf der Oberfläche der roten Blutzellen unterscheiden. Er nannte die Gruppen analog zum vorhandenen bzw. fehlenden Antigen A, B und 0. Die Gruppe AB entdeckte er im Jahr darauf. Für diese Entdeckung und die damit verbundene Entwicklung des AB0-Blutgruppensystems erhielt Landsteiner den Nobelpreis.

BLUTGRUPPENTEST

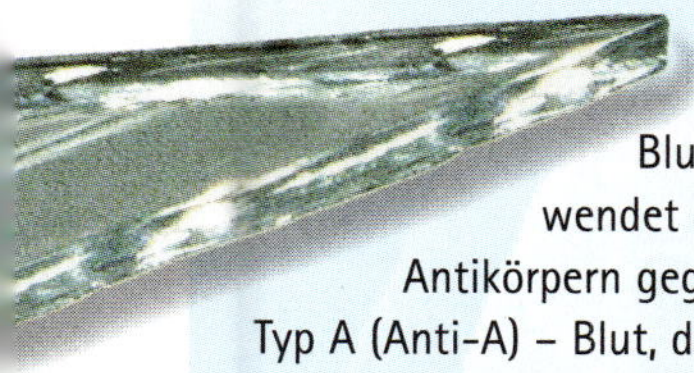

Beim AB0-Blutgruppensystem geht es darum, ob sich das Antigen A oder B auf den roten Blutzellen befindet – bei 0 sind dort keine Antigene vorhanden. Beim Blutgruppentest verwendet man ein Serum mit Antikörpern gegen Antigene vom Typ A (Anti-A) – Blut, das Antigene von Typ A enthält, klumpt und gehört somit zur Blutgruppe A oder AB. Auf die gleiche Weise identifizert man mit Antikörpern gegen Antigene vom Typ B (Anti-B) die Blutgruppen B und AB. Bei der Blutgruppe 0 reagiert das Blut auf keines dieser Testseren. Das Beispiel (rechts) zeigt noch eine dritte Reaktion auf ein Anti-AB-Serum.

Bei diesen Tests liegt das Ergebnis schnell vor, sodass zügig weiter ermittelt werden kann, falls ein Verdacht sich nicht bestätigt.

In Europa sind die Blutgruppen A und 0 am häufigsten: (A/0) 43/41 % Deutschland, 41/37 % Österreich, 47/41 % Schweiz.

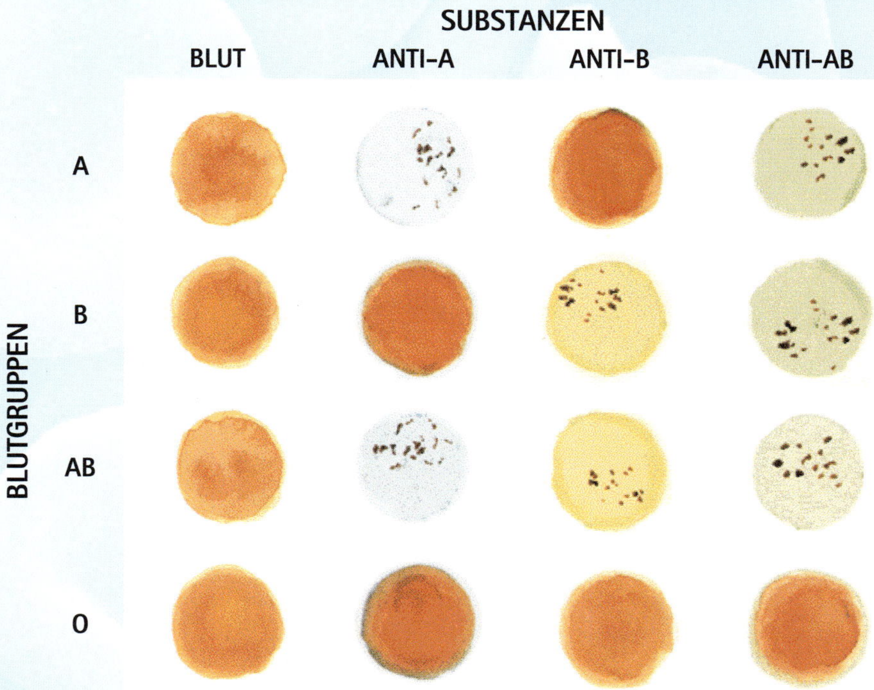

DNA-Analyse

Der Zellkern fast jeder unserer Zellen liegt aufgerollt in einem spiralförmigen Strang, dessen Bausteine bestimmen, wie wir aussehen und so sind, wie wir sind. Er trägt all jene Codes, die jeden Menschen einzigartig machen. Die Möglichkeit diese Codes zu entschlüsseln, hat die Arbeit der Forensiker revolutioniert.

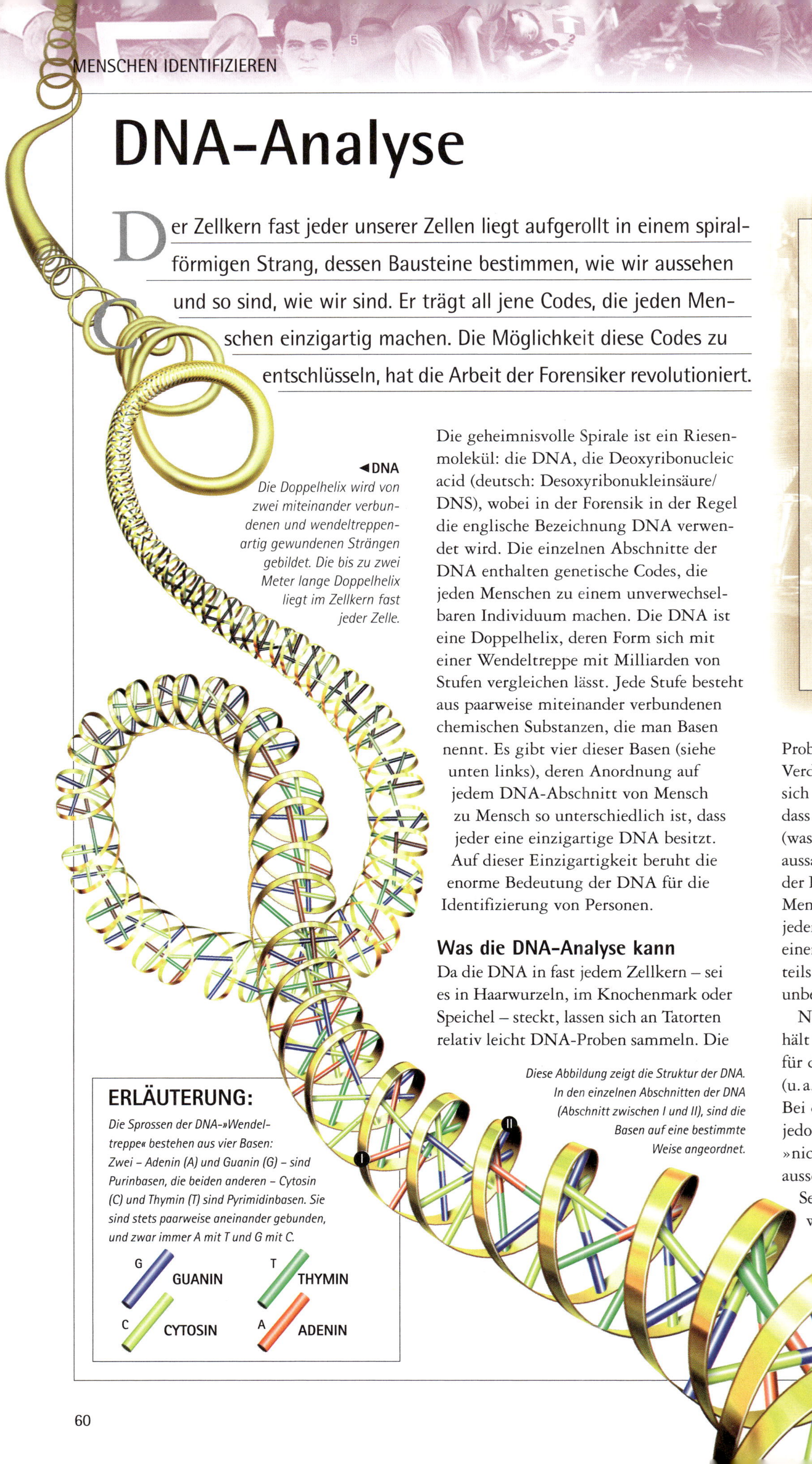

◄DNA
Die Doppelhelix wird von zwei miteinander verbundenen und wendeltreppenartig gewundenen Strängen gebildet. Die bis zu zwei Meter lange Doppelhelix liegt im Zellkern fast jeder Zelle.

Diese Abbildung zeigt die Struktur der DNA. In den einzelnen Abschnitten der DNA (Abschnitt zwischen I und II), sind die Basen auf eine bestimmte Weise angeordnet.

Die geheimnisvolle Spirale ist ein Riesenmolekül: die DNA, die Deoxyribonucleic acid (deutsch: Desoxyribonukleinsäure/DNS), wobei in der Forensik in der Regel die englische Bezeichnung DNA verwendet wird. Die einzelnen Abschnitte der DNA enthalten genetische Codes, die jeden Menschen zu einem unverwechselbaren Individuum machen. Die DNA ist eine Doppelhelix, deren Form sich mit einer Wendeltreppe mit Milliarden von Stufen vergleichen lässt. Jede Stufe besteht aus paarweise miteinander verbundenen chemischen Substanzen, die man Basen nennt. Es gibt vier dieser Basen (siehe unten links), deren Anordnung auf jedem DNA-Abschnitt von Mensch zu Mensch so unterschiedlich ist, dass jeder eine einzigartige DNA besitzt. Auf dieser Einzigartigkeit beruht die enorme Bedeutung der DNA für die Identifizierung von Personen.

Was die DNA-Analyse kann

Da die DNA in fast jedem Zellkern – sei es in Haarwurzeln, im Knochenmark oder Speichel – steckt, lassen sich an Tatorten relativ leicht DNA-Proben sammeln. Die Proben können dann mit der DNA von Verdächtigen verglichen werden. Ergibt sich eine Übereinstimmung, ist bewiesen, dass die verdächtige Person am Tatort war (was aber noch nichts über die Täterschaft aussagt). Opfer können ebenfalls mithilfe der DNA identifiziert werden. Da jeder Mensch jeweils die Hälfte der DNA von jedem Elternteil in sich trägt, kann durch einen Abgleich mit der DNA eines Elternteils die Blutverwandtschaft mit einer unbekannten Person festgestellt werden.

Nur ein kleiner Teil unserer DNA enthält Codes (genetische Informationen), die für die typischen Merkmale des Einzelnen (u. a. das Aussehen) verantwortlich sind. Bei der Identifikation einer Person spielt jedoch der weitaus größere Rest, der als »nicht-codierend« bezeichnet wird, die ausschlaggebende Rolle. Er enthält kurze, Sequenzen von Basenpaaren, die sich wiederholen: die Short Tandem Repeats (STR). Die Anzahl der Wiederholungen dieser Sequenzen ist bei jedem Menschen völlig anders. Das Zählen der

WATSON UND CRICK
Die beiden Wissenschaftlter haben die Struktur der DNA (Doppelhelix) entschlüsselt – unter Verwendung von Röntgenbeugungsdiagrammen (von Rosalind Franklin und Maurice Wilkins entwickelt). Watson, Crick, und Wilkins erhielten für ihre Arbeit 1962 den Nobelpreis für Medizin.

James Watson, geb. 1928 & Francis Crick, geb. 1916

ERLÄUTERUNG:

Die Sprossen der DNA-»Wendeltreppe« bestehen aus vier Basen: Zwei – Adenin (A) und Guanin (G) – sind Purinbasen, die beiden anderen – Cytosin (C) und Thymin (T) sind Pyrimidinbasen. Sie sind stets paarweise aneinander gebunden, und zwar immer A mit T und G mit C.

G GUANIN
T THYMIN
C CYTOSIN
A ADENIN

HINZUFÜGEN DER PRIMERS ▲
Zu Beginn der PCR werden die Primers zu den DNA-Proben in die Reagenzgläser gegeben. Anschließend erhitzt man die Mischung und kühlt sie wieder ab.

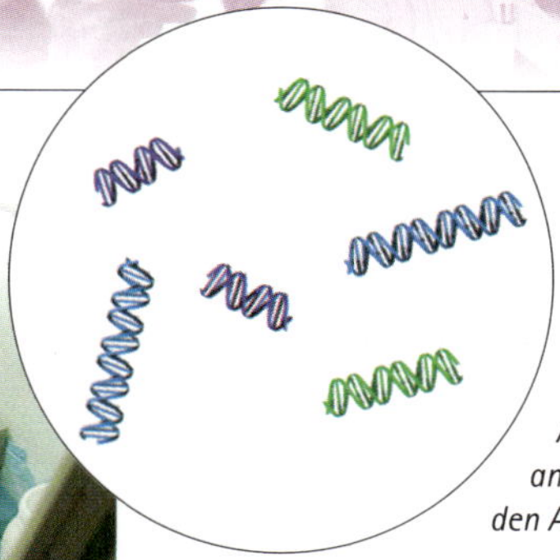

◄FARBIGE SPIRALEN
An jeden Primer ist ein fluoreszierender Farbstoff gebunden. Dies erleichtert, die einzelnen DNA-Fragmente nach der Anlagerung des Primers an die DNA im darauffolgenden Arbeitsschritt auszuwerten.

Wiederholungen verschiedener Basensequenzen (bis zu 13) ermöglicht das Idenfizieren einer bestimmten Person.

Extrakion der DNA

Zu Beginn der Analyse wird die DNA aus der Probe (Speichel, Hautzellen) mithilfe einer Chloroform-Phenol-Mischung oder einer Salzlösung aus dem Zellkern herausgelöst. Meist reicht diese separierte DNA nicht für die Analyse, sodass sie künstlich vervielfältigt werden muss. Dafür setzt man ein Verfahren ein: die Polymerase-Kettenreaktion (abgekürzt PCR – von englisch: Polymerase Chain Reaction).

Ausführung der PCR

Polymerase ist ein Enzym in unseren Zellen, das DNA synthetisieren kann. Bei den für den Körper notwendigen Zellerneuerungen muss immer erst die DNA kopiert bzw. verdoppelt werden. Dafür teilt sich die DNA in der Mitte, und neue Basen müssen sich an die nun freien Einzelstränge angelagern. Da sich immer nur komplimentäre Basen verbinden (siehe Erläuterung zur DNA-Abbildung), sorgt die Polymerase dafür, dass sich die passenden Basen andocken und wieder ein kompletter Doppelstrang entsteht.

Bei der PCR erfolgt diese Reproduktion im Reagenzglas. Dafür wird die DNA mit einem Puffer (Salzwasser), Polymerase, den vier Basen und Primers gemischt.

Primers sind unterschiedlich kurze vorgefertigte DNA-Fragmente, die sich an die flankierenden Regionen der verschiedenen ausgewählten Wiederholungsseqenzen der Basenpaare anlagern.

Die Mixtur wird bis knapp unter den Siedepunkt von Wasser erhitzt, wobei sich der DNA-Doppelstrang wie ein Reißverschluss öffnen. Nach dem Abkühlen der Mixtur erfolgt die Anlagerung des spezifischen Primers an die jetzt einzelsträngige DNA. Beim darauffolgenden Erwärmen rekonstruiert die DNA-Polymerase den zweiten – komplimentären – Strang zwischen den Primern. Das heißt: Das Enzym kopiert den betreffenden Bereich, indem es die DNA-Kette verlängert. Der Prozess wird 25- bis 40-mal wiederholt, wobei millionenfache Kopien der Abschnitte entstehen. Dank dieser immensen Vervielfältigung durch die PCR können DNA-Proben analysiert werden, die nur den Bruchteil eines Nanogramms groß sind – bei Blut reicht der vierzigmillionste Teil eines Bluttropfens.

Jedes der unterschiedlich langen DNA-Fragmente enthält Informationen aus der Erbsubstanz beider Elternteile. Die Analyse ermöglicht aber ausschließlich das Identifizieren einer Person.

Proben-Analyse

Die Analyse der DNA-Fragmente erfolgt mithilfe der Elektrophorese, einem Verfahren, das die elektrischen Felder nutzt. Die DNA hat eine negative Ladung, die – wie der Plus- und Minuspol eines Magneten – von einer positiven Elektrode angezogen wird. Bei der Elektrophorese wird die Bewegung der DNA-Fragmente beeinflusst, indem man sie durch ein Gel oder eine enge Röhre schickt. Die kurzen Abschnitte wandern schnell, die längeren langsamer, sodass alle ihrer Länge entsprechend sortiert werden. »Gewinner« und »Verlierer« dieses »elektronischen Rennens« sind durch die Farbstoffe der jeweiligen Primer leicht zu erkennen.

In der hochautomatisierten Form der DNA-Analyse treibt man die DNA-Fragmente durch eine enge Röhre. An deren Ende passieren sie einen Laser und einen farbsensitiven Detektor, der mit einem Computer verbunden ist. Das Laserlicht verleiht jedem Fragment seine durch den Primer bestimmte charakteristische fluoreszierende Farbe. Der Detektor fängt das farbige Licht differenziert ein, und die Software stellt es als Peaks (Spitzen) auf dem Bildschirm dar. Für das Testergebnis muss man nur noch die Peaks der Probe vom Tatort mit denen des Verdächtigen vergleichen.

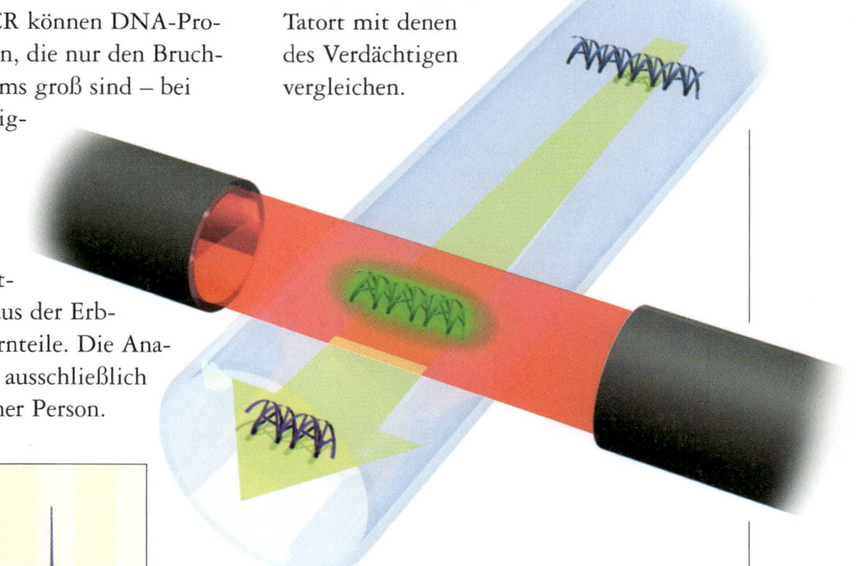

VORBEREITUNG ZUR AUSWERTUNG
Hochspannung treibt die DNA-Fragmente durch eine Kapillarröhre an einem Photodektektor vorbei, der charakteristische Peaks (Spitzen, siehe links) produziert). Die Peaks werden auf dem Computerbildschirm dargestellt. Anhand eines Kontrolldurchgangs mit Fragmenten in bekannter Länge lässt sich die Peaks-Wiederholungsrate der Probe erkennen.

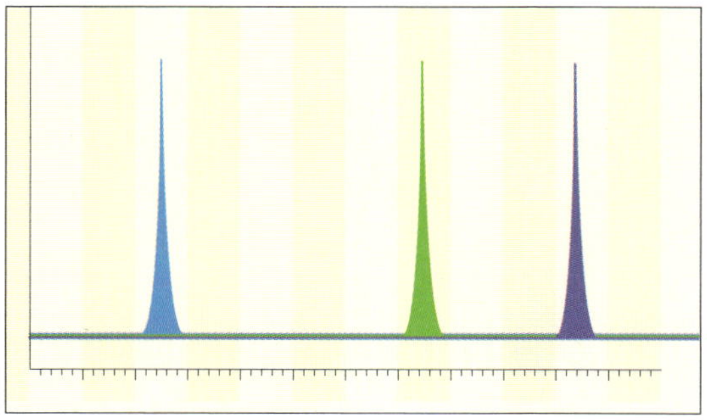

DNA-Übereinstimmung

Die als »Wunderwaffe der Kripo« gefeierte DNA-Analyse hat nicht enttäuscht. Selbst sehr lange zurückliegende Verbrechen konnten durch den Abgleich der DNA-Proben von Verdächtigen mit denen der DNA-Datenbanken aufgeklärt werden. Dennoch wird die Methode von der Öffentlichkeit und von Experten, die vor Missbrauch warnen, kritisiert.

In Dezember 2000 stahl Stephen Snowden eine Flasche Whisky – er wurde erwischt. Routinemäßig nahm man ihm eine Speichelprobe ab, analysierte sie und glich das Ergebnis mit der DNA-Datenbank ab. In der Sektion »Unaufgeklärte Verbrechen« erlebten die Ermittler eine Überraschung. Der Mann, den sie für einen Kleinkriminellen hielten, war ein brutaler Vergewaltiger. Zehn Jahre zuvor hatte er eine Frau, die eine Autopanne auf einer Landstraße hatte, vergewaltigt. Für dieses Verbrechen erhielt Snowden zwölf Jahre Gefängnis.

◄COMPUTERABGLEICH
DNA-Datenbanken enthalten die DNA-Profile von Proben, die vom Tatort oder von Tätern stammen. In einigen ist auch die DNA von Vermissten gespeichert.

Auf der DNA-Datenbanken

Der Fall Snowden zeigt den Nutzen von DNA-Datenbanken. Das DNA-Profil, das einen Menschen identifiziert, wird als Code, der nicht länger als vier Telefonnummern ist, abgespeichert. Solche den Tatorten und Tätern zugeordneten Codes per Computer abzugleichen, geht schnell.

Die erste nationale DNA-Datenbank entstand in den 1980er-Jahren in den USA. Die Basis bildete das DNA-Index-System (CODIS) des FBI. Befürworter von DNA-Datenbanken versichern, dass Unschuldige überhaupt nichts zu befürchten hätten. Dennoch stehen viele Menschen diesen Datenbanken kritisch gegenüber. Die Kritiker betrachten das Sammeln und Speichern von DNA-Profilen als massiven Eingriff in die persönliche Freiheit. Auch als Beweismittel vor Gericht sind sie umstritten, weil die Gefahr der Manipulation zu groß sei – obwohl wirklich alles getan wird, jegliche Verfälschung zu verhindern.

INDIVIDUEN IN DER MENGE▼
Die Chance, dass alle 13 analysierten DNA-Fragmente (siehe Seite 61) bei zwei Personen völlig übereinstimmen, steht 200 Milliarden zu 1.

DNA-ABGLEICH▼
Die modernen Verfahren, wie die Elektrophorese ermöglichen es, DNA-Fragmente (Short Tandem Repeats) als Peaks (Spitzen) grafisch dazustellen. Die nachfolgenden Grafiken zeigen das Prinzip des DNA-Abgleichs – in der Realität sind dafür mehr als 13 verschiedene Sequenzen (Farben) nötig.

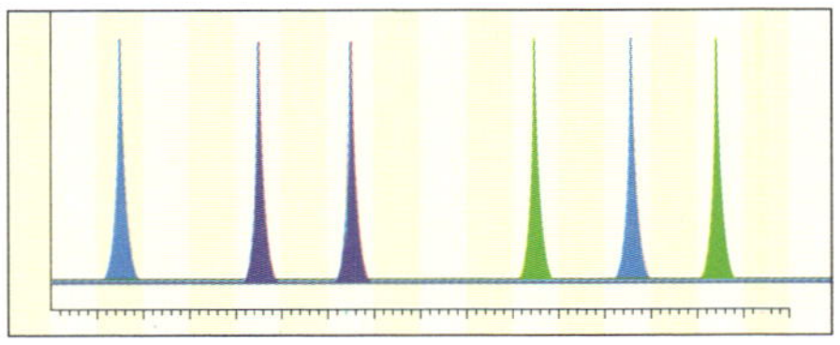

PROBE VOM TATORT▲
Ein Spermafleck vom Tatort einer Vergewaltigung enthält DNA vom Täter, die für den Vergleich nutzbar ist.

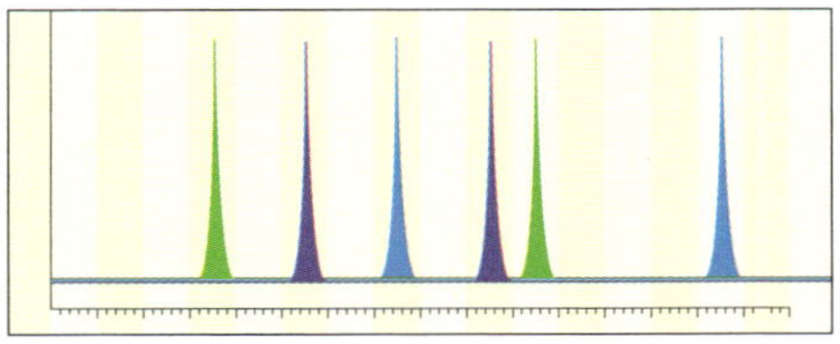

OPFER▲
Peaks in der Probe vom Tatort, die zum DNA-Profil des Opfers passen, können ignoriert werden.

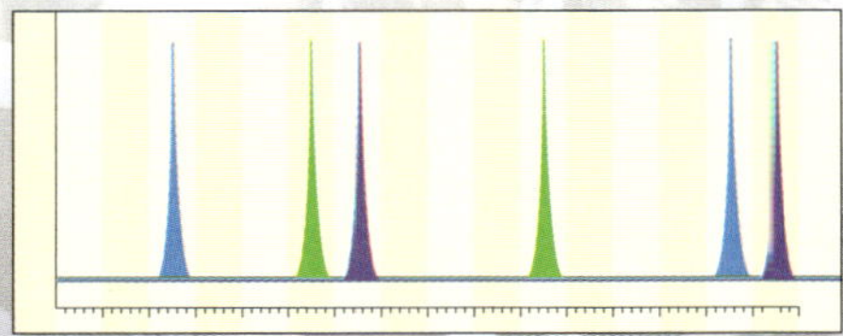

VERDÄCHTIGER 1 (PASST NICHT)▲
Einige Peaks in diesem Profil eines Unschuldigen stimmen mit den Peaks der Probe vom Tatort überein.

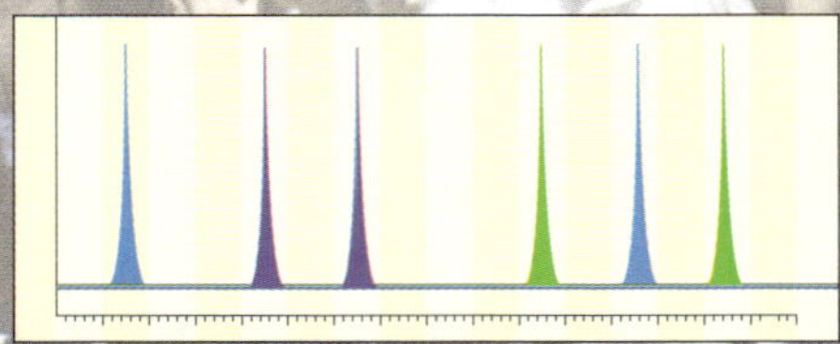

VERDÄCHTIGER 2 (ÜBEREINSTIMMUNG)▲
Das Profil dieses Verdächtigen stimmt mit der Probe vom Tatort vollkommen überein (es ist der Täter).

Mitochondriale DNA

Für die DNA-Analyse wird meistens die DNA des Zellkerns verwendet. Doch nicht immer ist sie in den Proben vom Tatort enthalten, zudem verfällt sie schnell. Eine Alternative bietet die DNA aus einem anderen Teil der Zelle: den Mitochondrien. Im Gegensatz zur Zellkern-DNA, die jeweils 50 Prozent der DNA beider Elternteile enthält, wird die mitochondriale DNA (mtDNA) nur von der Mutter vererbt. Außerdem ist sie resistenter gegen Verfall und noch nach Jahrzehnten in den Knochen zu finden. Daher hat man 1993 die mtDNA nutzen können, um herauszufinden, ob aufgefundene Skelettreste tatsächlich von Russlands letztem Zaren Nicholas II. stammen. Man hatte ihn samt seiner Familie infolge der russischen Oktoberrevolution von 1917 ermordet. Forensische Wissenschaftler extrahierten die mtDNA der Knochen und verglichen sie mit der mtDNA eines nahen Verwandten: Prinz Philip. Der Abgleich bestätigte die Identität des Zaren.

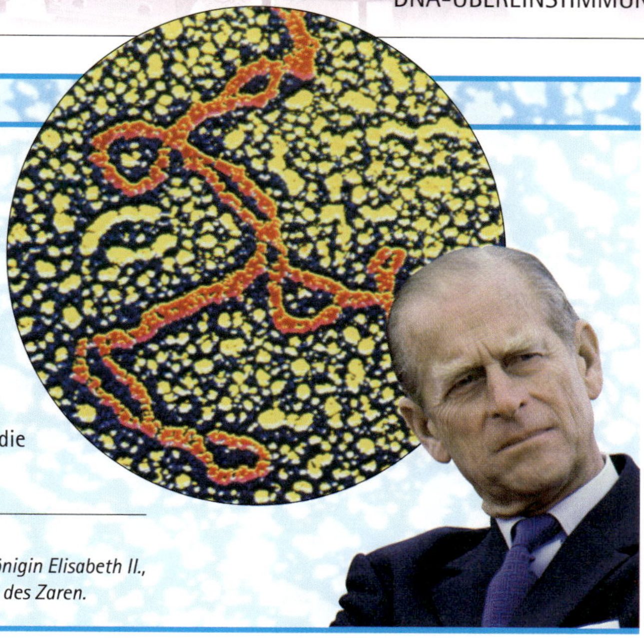

VERWANDTER DES ZAREN ►
Prinz Philip, Gatte der englischen Königin Elisabeth II., ist ein Nachkomme der Schwägerin des Zaren.

Hält der Beweis vor Gericht stand?

Basiert ein Schuldspruch weitgehend auf einem DNA-Profil als Beweismittel, legen Verteidiger häufig Widerspruch gegen das Urteil ein. Als Argument führen sie den »Justizirrtum« ins Feld. Zum besseren Verständnis dieses Vorgehens stelle man sich Folgendes vor: In einem Land mit zehn Millionen Einwohnern finden die Ermittler an einem Tatort eine Spur. Bei der Standard-DNA-Analyse zur Identifikation geht man davon aus, dass die DNA-Profile von nur einem Prozent der Bevölkerung zum Profil der Probe vom Tatort passt. Die Polizei verhaftet einen Verdächtigen, dessen DNA vollkommen mit der analysierten Tatortspur übereinstimmt. Die Anklage argumentiert also, die Chance, dass der Angeklagte unschuldig ist, liegt bei 100:1. Aber die Verteidigung begründet ihren Vorwurf des Justizirrtums genau umgekehrt (basierend auf dem Rechtsgrundsatz »Im Zweifel für den Angeklagten«): Wenn ein Prozent von zehn Millionen Menschen über das gleiche DNA-Profil verfügen, dann könnte genauso gut jeder der anderen 99 999 am Tatort gewesen sein. Also liegt die Chance, dass der verurteilte Mann nicht am Tatort war, bei 100 000:1.

Dieses theoretische Beispiel zeigt das Problem, das entsteht, wenn ein Urteilsspruch sich zu stark oder gar ausschließlich auf die DNA-Analyse stützt. In der Praxis verstärkt der DNA-Abgleich den Schuldverdacht (oder Unschuldsverdacht), zumal er in der Regel nur einen Teil der Beweisführung bildet. Gibt es jedoch nur wenige oder gar keine anderen Beweismittel, nützt das DNA-Profil in der Tat wenig.

Die Zukunft der DNA-Analyse

Die Feststellung der Identität eines Spurenverursachers bildet nur einen kleinen Teil der Einsatzmöglichkeiten der DNA-Analyse. Wissenschaftler nutzen sie, um die Geheimnisse unseres Erbguts zu entschlüsseln, um mehr über erblich bedingte Krankheiten oder über bestimmte Eigenschaften eines Menschen zu erfahren.

Der Wunschtraum mancher Kriminalisten bleibt wohl noch ziemlich lange unerfüllt: Ihnen schwebt vor, aus der DNA-Analyse eines Blutstropfens ein fotoartiges Bild des Verdächtigen zu erstellen. Unabhängig davon, dass in den meisten Ländern (zum Beispiel in Deutschland) sehr strenge Gesetze es verbieten, den codierten Bereich der DNA, der Aufschluss über das Aussehen gibt (siehe Seite 60), für eine Idenfikation zu verwenden, reichen die Technologien für solch ein komplexes »Screening« noch nicht aus.

ALEC JEFFREYS
Der genetische Fingerabdruck (DNA Typing) wurde 1984 von dem britischen Genforscher Alec Jeffreys entdeckt. Er arbeitete seine Methode in kurzer Zeit für forensische Zwecke aus. Bereits im Jahr darauf wurde sie eingesetzt und verhalf einem zu Unrecht Verdächtigten zum Freispruch.

Alec Jeffreys
geb. 1950

Dingo oder Mord?

Einen schweren Schicksalsschlag erlitt eine Familie in Australiens Outback. Ein Dingo drang in ihr Campingzelt ein und schleppte ihre neun Wochen alte Tochter weg. Das Mitgefühl der Öffentlichkeit verwandelte sich in Abscheu, als die Polizei Blutspuren an einer Schere und im Auto der Familie fand und Lindy wegen Kindesmord angeklagt wurde.

ANKLAGE KINDESMORD ▲
Nach sechs Jahren Gefängnis wurde Lindy im September 1988 freigesprochen. Sie erhielt ein Haftentschädigung, vermutlich 1,3 Millionen Dollar.

»Ein Dingo hat mein Baby!« Mit diesem Panikschrei alarmierte Lindy Chamberlain die Menschen auf dem Campingplatz im australischen Outback. Unvorstellbar! So etwas gab es doch gar nicht. Alles war so friedlich auf dem Campingplatz, auf dem Lindy und Michael Chamberlain im August 1980 zelteten, um den Uluru, den Ayers Rock, zu besuchen. Gegen acht Uhr bereiteten die beiden das Abendessen zu, als sie Schreie aus ihrem Zelt hörten, in dem ihr fünfjähriger Sohn und die neun Wochen alte Azaria schliefen. Auf dem Weg zum Zelt sah Lindy einen Dingo wegrennen. Im Zelt bot sich ihr ein Bild des Grauens. Ihr Baby war verschwunden und eine riesige Blutlache breitete sich auf dem Zeltboden aus. Die schnell eingetroffene Polizei begann sofort mit der Suche nach dem Kind. Spurensucher der Aborigines verfolgten die Dingospur – doch niemand fand Azaria. Gegen elf Uhr verließen die Chamberlains den Campingplatz, um in einem Motel zu übernachten.

TÖDLICHES GEBISS ▼
Hundeexperten, die gegen Lindy aussagten, kannten sich nur mit Haushunden aus. Von Dingos, wilden Hunden, und deren Bissen hatten sie keinerlei Ahnung.

Polizeiliche Untersuchungen

Am nächsten Morgen verhörte ein Polizist der örtlichen Polizei das Ehepaar. Er entfernte einige blutbefleckte Gegenstände – ohne die gebotene Sorgfalt. Am selben Tag traf ein Polizeiinspektor aus Alice Springs ein. Lindys Schilderung der Vorgänge in der vergangenen Nacht kamen ihm verdächtig vor. Dingos entführen doch keine Kinder! Außerdem mit einem 4,5 Kilogramm schweren Kind wäre das Tier gewiss nicht weit gekommen. Eine Woche verging ereignislos. Dann fanden Touristen in einer nahe am Uluru gelegenen Dingohöhle Azarias Bekleidung. Die Polizei sicherte den Fundort nicht und versäumte es, die Kleidungsstücke gründlich zu untersuchen.

Mangelnde Sorgfalt der Polizei bei der Untersuchung des Tatortes sowie einige merkwürdige Umstände führten dazu, dass man Lindys Aussagen nicht glaubte. Zum Beispiel gab es auf der Strampelhose weder Biss- noch Speichelspuren eines Dingos, aber sie hatte kurze Risse, die wie Schnitte aussahen, und war blutgetränkt. Und Babyschuhe steckten noch an den Füßen des Stamplers, aber das Unterhemdchen lag unerklärlicherweise verkehrt herum mit der Innenseite nach außen.

ULURU ▼
Der von den Aborigines – den Ureinwohnern Australiens – als heilig verehrte Uluru (Ayers Rock) zieht jährlich eine halbe Million Toruisten an.

 FALLBEISPIEL FALLBEISPIEL FALLBEISPIEL FALLBEISPIEL

Erste gerichtliche Untersuchung

Im Februar 1981 äußerte die Polizei anlässlich einer gerichtlichen Untersuchung der Todesursache im Fall Azaria die Zweifel an Lindys Aussagen. Doch der Coroner (der für ungeklärte Todesfälle zuständige Beamte) wies den Tatverdacht zurück und übte massive Kritik an den polizeilichen Untersuchungen. Er sah er als erwiesen an, dass ein Dingo das Baby verschleppt hatte. Lindy, die inzwischen durch die Aufregungen eine Fehlgeburt erlitten hatte, und ihr Mann, glaubten, der Fall wäre abgeschlossen.

Die australischen Medien waren anderer Meinung, zumal die »Dingo-Story« eine Publikumssensation war. Also gossen die Journalisten weiter Öl ins Feuer, indem sie sich auf die Tatsache stürzten, dass die Familie zu den Adventisten vom Siebten Tag gehörte. Über diese bigotten Leute kursierten die abenteuerlichsten Gerüchte. Und so jemandem konnte man einen religiösen Ritualmord durchaus zutrauen.

Auch die Polizei gab sich nicht mit der Tatverdachtsabweisung zufrieden. Sieben Monate später tauchte sie mit einem Durchsuchungsbefehl im Haus der Chamberlains auf. Als Begründung sagte man Lindy, dass zusätzliche forensische Untersuchungen von Azarias Kleidung einen neuen Beweis erbracht hätten: eine Blutspur in Form einer Frauenhand.

Zweite gerichtliche Untersuchung

Noch belastender waren die Beweise, die man bei der zweiten gerichtlichen Untersuchung vorlegte. Gerichtsmediziner hatten Blutpartikel aus dem Auto und von einer Schere der Chamberlains analysiert. Sie sagten aus, dass es Azarias Blut ist und die Risse in ihrer Kleidung mit der Schere ausgeführte Schnitte sind und nicht von Dingobissen stammen. Der Coroner zog den Schluss: Lindy hat im Auto mit der Schere ihr Baby ermordet. Sie wurde am 2. Februar 1982 verhaftet und des Mordes angeklagt.

Der Prozess

Die Beweise der polizeilichen und forensischen Ermittlungen überzeugten das Gericht: Lindy wurde zu lebenslänglicher Haft veurteilt. Niemand interessierte, dass Lindy eine sehr fürsorgliche Mutter war und es keinerlei Motiv für den Mord gab.

AZARIAS JÄCKCHEN ▶
Das blutgetränkte Jäckchen ihres Kindes trug zu Lindys Freispruch und Entlassung aus dem Gefängnis bei. Es bildete jedoch nur einen kleinen Mosaikstein in der Beweiskette, die für Lindys Unschuld sprach.

Freispruch

Zweimal legte Lindy Chamberlain vergeblich Widerspruch ein. Das Blatt wendete sich erst, als man im Februar 1986 Azarias Jäckchen halb vergraben am Uluru fand. Fünf Tage später war Lindy auf freiem Fuß. Im Jahr darauf wurde sie rehabilitiert. Das Blut im Auto entpuppte sich als ein lärmdämpfendes Spray des Autoherstellers; die Blutspuren an Azarias Strampelhose wurden als Spuren eines Dingos erkannt. Die Ermittler bekamen Vorwürfe: Vorverurteilung, Voreingenommenheit und höchst fehlerhafte Arbeit.

LINDY UND MICHAEL ▼
Durch das Gerichtsverfahren und Lindys langjährige Haft zerbrach wahrscheinlich ihre Ehe mit Michael Chamberlain, einem führenden Mitglied der Adventisten vom Siebten Tag. Michael stand wegen Beihilfe zum Kindesmordes ebenfalls vor Gericht.

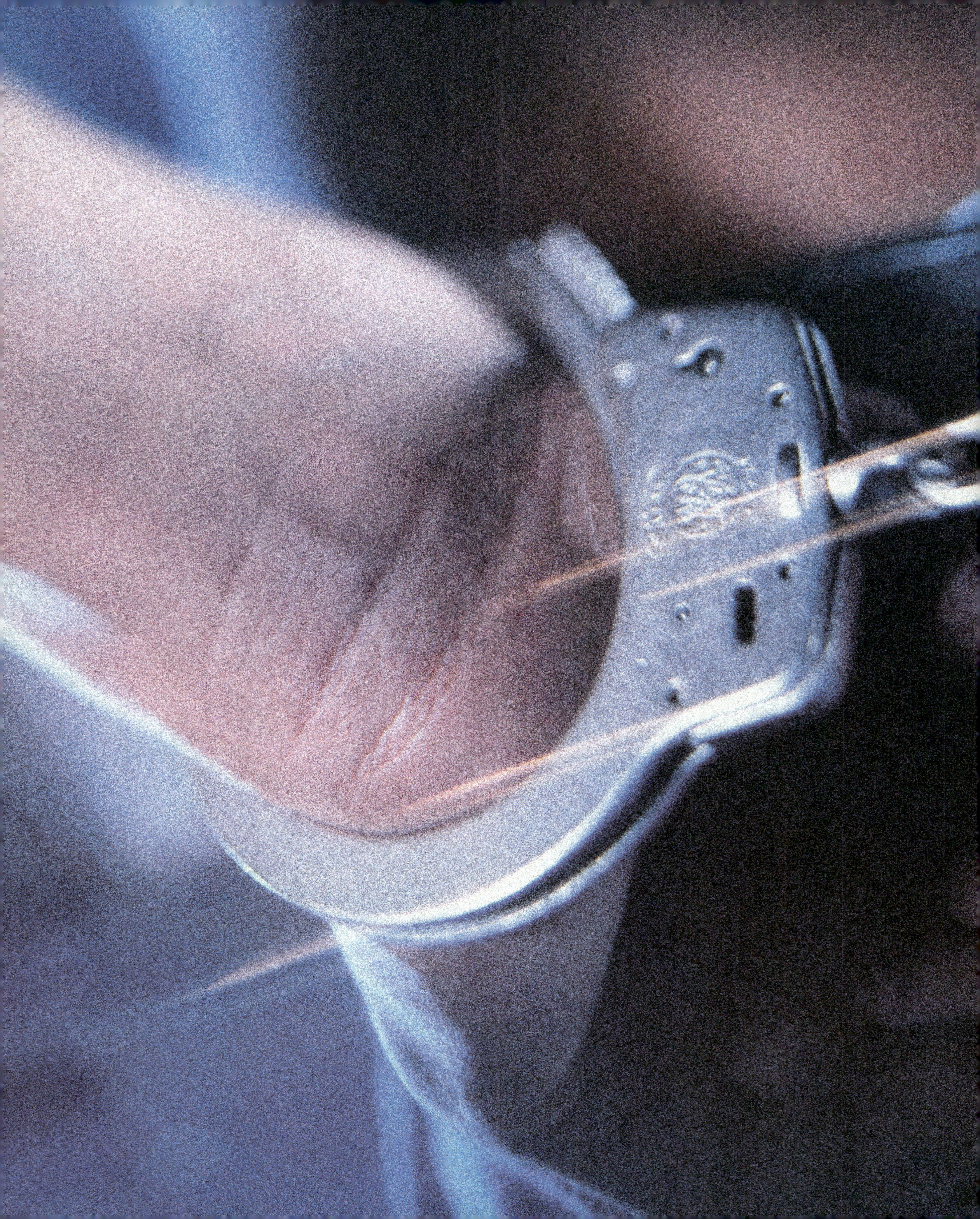

UNTER VERDACHT

Ein noch unbekannter Täter ist wie das fehlende Stück eines Puzzles, bei dem die umgebenden Puzzlestücke ein Bild vermitteln und es eingrenzen. Bei der Tätersuche sind solche informativen Teile Augenzeugenberichte, Phantombilder, Videos von Überwachungskameras, die aufgezeichnete Telefonstimme eines Verdächtigen, die Art, wie das Verbrechen ausgeführt wurde oder der Abgleich mit ähnlichen Taten. Profiling, Identifizierungsverfahren und andere Ermittlungsmethoden helfen, die Details zusammenzufügen.

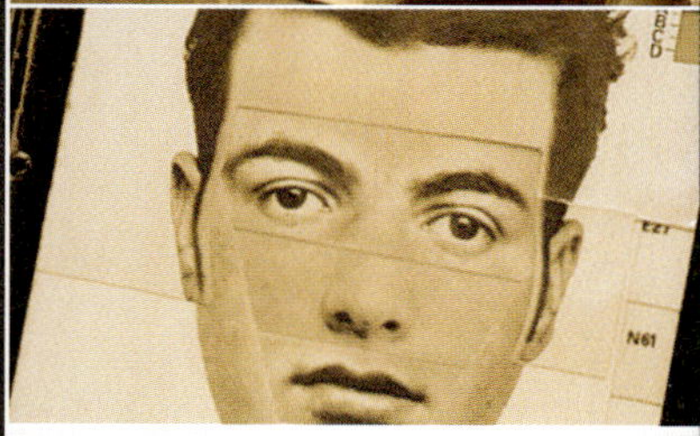

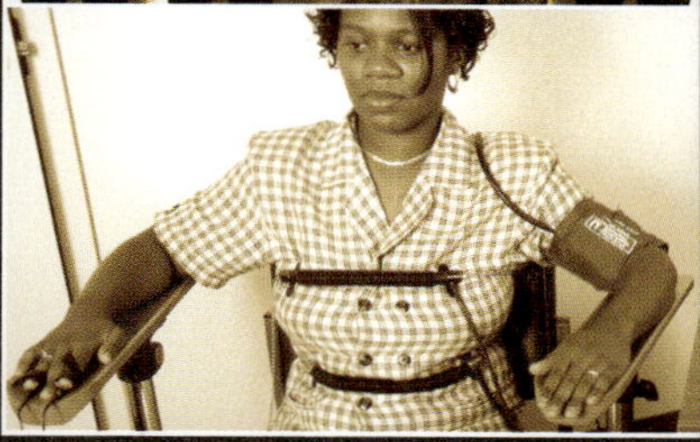

Profiling

In Vergewaltigungs- und Mordfällen kann Profiling die Ermittler auf die richtige Spur bringen. Anhand des Täterverhaltens schließt es auf Leben, Motive und Umfeld der Täter. Doch das Bild, das die Öffentlichkeit von Profilern hat, geht an der Realität vorbei – sie sind nicht übersinnlich und ihre Arbeit ist vorwiegend wissenschaftlich.

Studien legen nahe, dass ein Trieb Kriminelle wiederholt töten oder vergewaltigen lässt. Deshalb fürchten die Menschen diese Verbrecher, und die Presse macht eine Sensation daraus. Dieser Drang beherrscht jedoch ihr Verhalten dermaßen stark, dass er letztlich ihrer Überführung dienen kann.

Profiling – psychologisches Profiling oder Täterprofiling genannt – analysiert Gewohnheiten und Rituale von Serientätern. Forensische Psychologen nutzen die Verhaltensforschung, um Ähnlichkeiten bei Taten von Serienmördern zu finden. Sie stellen Vermutungen über Eigenarten in der Lebensweise der Täter an, die Kollegen oder Nachbarn eventuell erkennen.

Geschichte

Die Basis für das Profiling legte man vor mehr als einem Jahrhundert (siehe unten). Als eigene Disziplin entstand es in den USA in den 1950er-Jahren. Frühere FBI-Beamte befragten inhaftierte Täter, um Zusammenhänge zwischen ihren Taten zu erkennen. Faszinierende Muster zeigten sich bei Studien mit Serienmördern. Viele von ihnen waren als Kind missbraucht worden. Dies führte zu anormalem Verhalten wie Brandstiftung und Grausamkeit gegen Tiere oder andere Kinder, dann zu Kleinkriminalität und Auflehnung gegen Autorität. Bei den meisten findet mit Mitte bis Ende zwanzig der Übergang zu Gewaltverbrechen statt.

Diese Täter wollen manipulieren und dominieren; ihre Motive können sexuell sein, selbst wenn sie keine Sexualdelikte begehen. Sie finden Erfüllung im Mord, er vermittelt ihnen ein Gefühl von Kontrolle und Erfolg, das in ihrem Leben fehlt. Sie genießen die Berühmtheit oder sammeln Kleidung, Schmuck oder Körperteile als Trophäen, um ihren Triumph andauernd neu zu durchleben.

Profiling in der Praxis

Profiler arbeiten induktiv oder deduktiv. Die induktive Methode geht davon aus, dass sich Lebenshintergrund und Motive aller Kriminellen ähneln. Demnach ist ein Serienvergewaltiger weißer Frauen selten ein Afroamerikaner, weil bei früheren vergleichbaren Verbrechen kaum die Rassenschranke überschritten wurde. Wegen solcher angreifbarer Annahmen musste die induktive Methode einige herbe Rückschläge hinnehmen (siehe Fallbeispiel).

Die deduktive Methode stützt sich auch auf Wahrscheinlichkeiten, vermeidet aber Verallgemeinerungen. Sie untersucht präzise und passt Folgerungen immer wieder der Beweislage an. In den USA folgt diese Methode der Strategie des FBI (siehe rechts). Auf der Grundlage von den Handlungen vor, während und nach der Tat kreiert man ein Täterprofil. Verwendet ein Mörder etwa eine improvisierte Waffe, legt dies eine spontane Tat nahe.

Die deduktive Methode stützt sich auf induktives Wissen, sie verbindet Theorien

FALLBEISPIEL

Das Wüten des Heckenschützen von Washington, der im Herbst 2002 neun Menschen tötete, zeigt die Faszination des Profiling und die Grenzen der induktiven Methode. Wie so viele Serientäter beging der Heckenschütze seine Taten in seiner »Komfortzone«. Sein Verhalten in den drei Wochen der Angriffe wurde zunehmend arroganter und rücksichtsloser; er reizte die Polizei mit Briefen und Anrufen. Nachdem die Ermittler nur Tote und passende Kugeln hatten, zogen sie Profiler hinzu. Danach suchte man einen intelligenten, wütenden, weißen Mann ohne Kinder. Verhaftet wurden zwei – nicht besonders kluge – Afroamerikaner, der eine hatte vier Kinder. Verteidiger des Profiling gaben zu bedenken, dass ungewöhnliche Merkmale der Taten die Fehler bedingt hätten.

FALLBEISPIEL

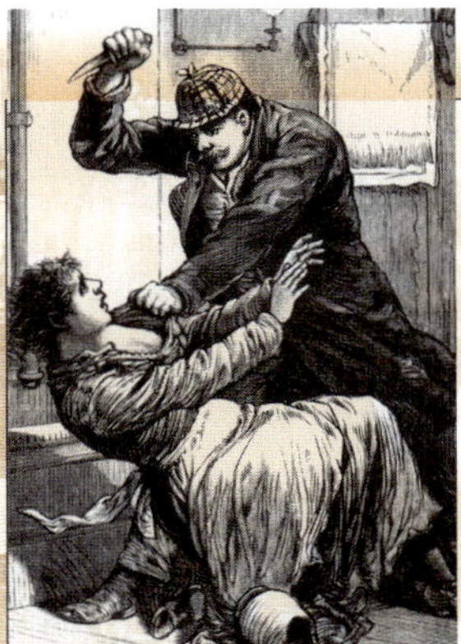

So sah ein Künstler den Mörder Jack the Ripper.

JACK THE RIPPER nannte man einen Serienmörder, der 1888 sieben Prostituierte im Londoner Stadtteil Whitechapel tötete. Seine grauenvolle »Signatur« war die teilweise Sektion seiner Opfer. Dieses Vorgehen führte zum ersten Versuch von psychologischem Profiling: George B. Philips, ein Polizeiarzt, schloss aus der akribischen Entfernung der Organe von Annie Chapman, dem dritten Opfer, dass nur jemand mit medizinischer Ausbildung so präzise Schnitte setzen konnte. Diese Beobachtung nützte nichts, denn trotz der mit »Jack the Ripper« gezeichneten Botschaften an die Polizei wurde der Mörder nie gefasst.

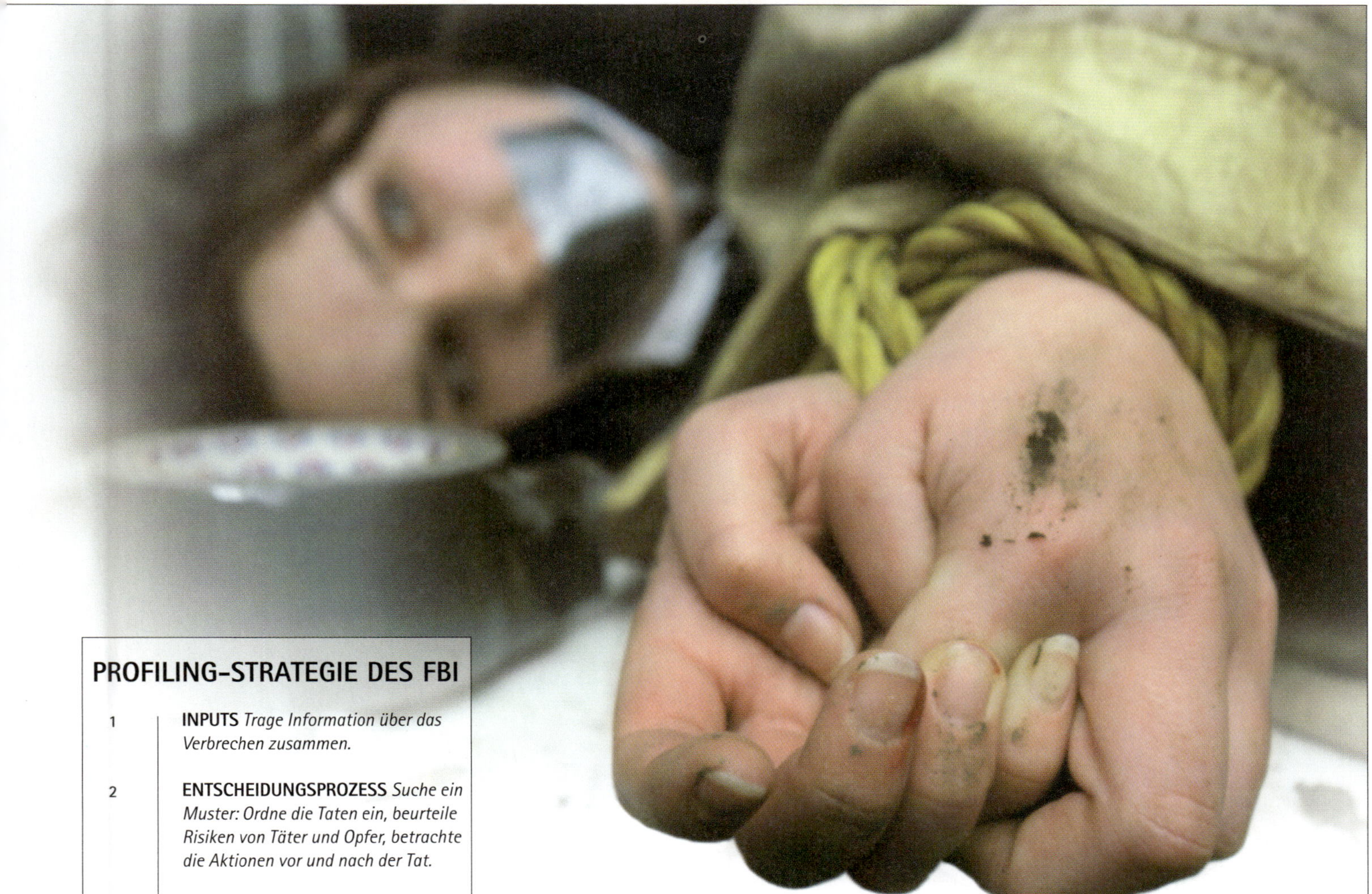

▲GUT GEPLANTES VERBRECHEN
Sorgfältige Vorbereitung weist darauf hin, dass der Täter ein »organisierter Serienvergewaltiger« ist. (Das Opfer wird hier von einem Model dargestellt.)

PROFILING-STRATEGIE DES FBI

1 **INPUTS** *Trage Information über das Verbrechen zusammen.*

2 **ENTSCHEIDUNGSPROZESS** *Suche ein Muster: Ordne die Taten ein, beurteile Risiken von Täter und Opfer, betrachte die Aktionen vor und nach der Tat.*

3 **EINSCHÄTZUNG DES VERBRECHENS** *Rekonstruiere das Täterverhalten. Was sagt es über den Charakter aus?*

4 **PROFIL** *Bilde aus der Einschätzung der Tat eine Beschreibung des potenziellen Verdächtigen: vermutliche Rasse, Alter, Geschlecht, Lebensweise, Glaubensrichtung, Werte und Vorstrafen.*

5 **ERMITTLUNG** *Der Bericht des Profilers ermöglicht es der Polizei, den Kreis der Verdächtigen einzugrenzen.*

6 **FESTNAHME** *Eine gute Verhörtechnik kann zu einem Geständnis führen.*

früherer Studien mit Beweismitteln vom Tatort. So können Serienmörder »organisiert« sein und geplante, vorsätzliche Angriffe auf Fremde ausführen. »Unorganisierte« begehen ungeplante Morde und benehmen sich willkürlich. Hinweise oder ihr Fehlen kennzeichnen organisierte Mörder. Oft verbergen sie sich hinter Masken und besitzen einen »Werkzeugkasten«, in dem sie etwa Seile zum Fesseln haben.

»Komfortzone«

Profiling bezieht sich auf Persönlichkeitsstrukturen, gibt aber auch Hinweise zum Tatort. Serienmörder morden zuerst in einer vertrauten Gegend, ihrer Komfortzone. Fühlen sie sich stärker, gehen sie weiter. Eine Aufgabe des Profilers ist das Erkennen der frühesten Verbrechen mit der »Signatur« des Täters. Das kann ein Ritual oder ein Verhaltensmuster sein, das dem Täter Erfüllung bringt. Die Ermittlungen haben mehr Erfolg, wenn sie diese »Signatur« zu dem frühesten Verbrechen einer Serie zurückverfolgen.

STÜMPERHAFTER EINBRUCH▶
Wildes Durchwühlen der Wohnung des Opfers nach einer Vergewaltigung spricht dafür, dass der Täter keine Vorstrafen wegen Einbruchs hat. Erfahrene Einbrecher arbeiten systematisch, um Zeit zu sparen.

»Milwaukee-Kannibale«

Sämtliche Sexkiller der wüstesten Horrorfilme und Schundliteratur gepaart mit potenzierten Alpträumen können Jeffrey Dahmers Bestialität nicht übertreffen. Wie perfekt er das Profil eines Serienmörders erfüllte, erkannte man zu spät, um ihn daran zu hindern, 15 afroamerikanische und asiatische Homosexuelle zu ermorden.

VERBRECHERFOTO ▲
Schon als Teenager hatte Jeffrey Dahmer Fantasien über Sex mit Leichen. Seinen ersten Mord beging er mit 18. Das Opfer vergrub er in einem Plastiksack im Wald hinter seinem Haus.

Die Nachbarn in den Oxford Apartments bemerkten den Geruch, aber der sanfte, blonde 31-Jährige fand stets eine perfekte Erklärung. »Es ist Fleisch, das schlecht wurde«, sagte Jeffrey Dahmer, und seine Ausrede schien vielleicht noch einleuchtender, da sie nur eine halbe Lüge war.

Warum schöpfte die Polizei keinen Verdacht, als sie in dem heruntergekommenen Viertel von Milwaukee einen 14-jährigen asiatischen Jungen fand? Nackt, mit Drogen voll gepumpt und zusammen mit Dahmer, der ihn als seinen betrunkenen schwulen Freund ausgab. Er zeigte der Polizei einen Ausweis und führte sie in seine Wohnung. Dort stank es, aber alles schien in Ordnung. Und so stellten die zwei Polizisten keine weiteren Fragen.

Der verrückte Typ

Einige Monate später, am 22. Juli 1991 um Mitternacht, hielten zwei Streifenpolizisten einen Mann an, der Handschellen trug, aber kein entflohener Sträfling war. Er stammelte etwas von einem »verrückten Typen«, der versucht hatte, ihn zu fesseln, und führte die Polizisten zu den Oxford Apartments, zur Nr. 213.

Jeffrey Dahmer öffnete. Er war höflich und gelassen. Freundlich bot er an, den Schlüssel für die Handschellen zu holen. Die Situation wäre vielleicht als Streit zwischen Homosexuellen durchgegangen, wenn nicht einer der Polizisten Dahmer gefolgt wäre und die Fotos von Schädeln und schrecklich verstümmelten Leichen bemerkt hätte. Dahmer verlor seine Ruhe, als die Polizisten ihm Handschellen anlegten und die Wohnung durchsuchten.

Hinter der Kühlschranktür

»Im Kühlschrank liegt ein Kopf!«, schrie der eine Polizist, während er schockiert die Tür zuknallte. Drei weitere Köpfe lagen im Gefriergerät. Zwei Schädel und Fotos von grauenvollen Morden steckten in einem Schrank. Ein Topf enthielt verwesende Hände, einen Penis und andere Genitalien – in Formaldehyd eingelegt.

Die widerliche, kaum fassbare Wahrheit über Jeffrey Dahmer: Er hatte getötet, um einen sexuellen Kick zu bekommen, und mit den Leichen geschlafen. Danach zerstückelte er sie und fotografierte akribisch jeden Schritt. Seine Opfer wurde er los, indem er sie in Säure auflöste – einzelne Teile behielt er als Trophäen. Manchmal verspeiste er auch ihr Fleisch.

Dahmer lauerte homosexuellen Männern und Jungen auf, meist Afroamerikanern, Asiaten oder Hispanos. Kritiker der Polizei von Milwaukee meinten nach seiner Verhaftung, dass er nur deswegen so lange unentdeckt blieb. Ohne den Rassismus der Polizei und deren Abneigung gegen Schwule hätten sie Dahmer vermutlich früher gestoppt. 1988, als er bereits fünfmal gemordet hatte, gab er einem 13-jährigen Asiaten Drogen und befummelte ihn, ermordete ihn aber nicht. Wegen sexueller Belästigung eines Kindes verurteilte man ihn zu zehn Monaten Gefängnis. Tagsüber bekam er jedoch Freigang, damit er seinen Job in einer Schokoladenfabrik nicht verlor. Kaum

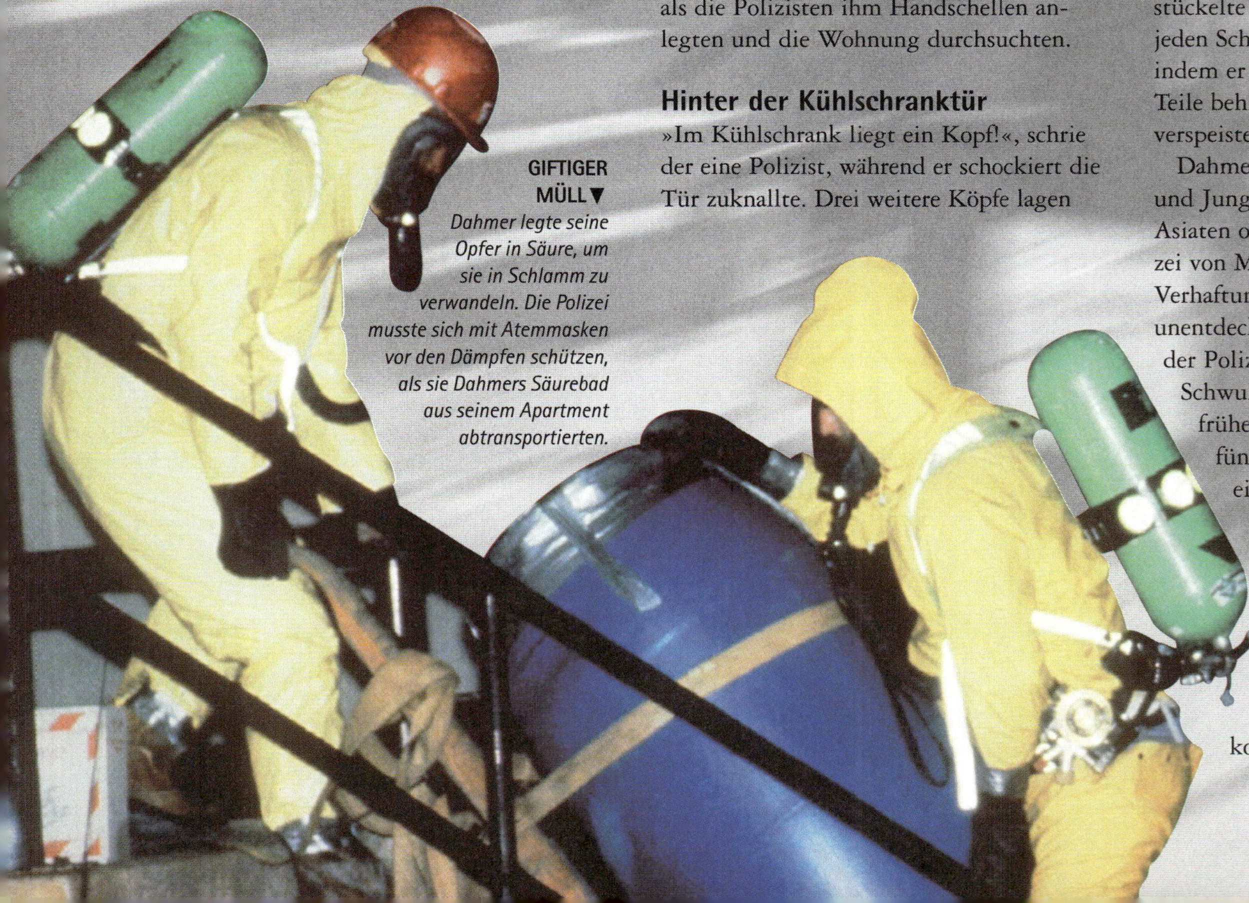

GIFTIGER MÜLL ▼
Dahmer legte seine Opfer in Säure, um sie in Schlamm zu verwandeln. Die Polizei musste sich mit Atemmasken vor den Dämpfen schützen, als sie Dahmers Säurebad aus seinem Apartment abtransportierten.

FALLBEISPIEL FALLBEISPIEL FALLBEISPIEL FALLBEISPIEL

befand sich Dahmer auf freiem Fuß, mordete er ungehindert weiter. Als man ihn 1991 wieder festnahm, hatte er wöchentlich einen Menschen getötet.

Auf der Anklagebank

Vor Prozessbeginn schnüffelten Hunde den Gerichtssaal nach Bomben ab; alle Mitglieder des Gerichts wurden vor dem Betreten des Saals durchsucht und mit Metalldetektoren abgetastet.

Dahmers Anwalt drängte ihn, sich für nicht schuldig zu erklären. Dahmer beharrte auf Unzurechnungsfähigkeit. Die Staatsanwaltschaft stellte fest, dass er ein schlechter, verrückter Mensch war. Der Bezirksstaatsanwalt Mike McCann stützte seine Strategie auf die Prinzipien des Profiling. Er machte die Geschworenen auf die Kontrolle aufmerksam, die Dahmer über seine Opfer hatte: ein klassischer Zug bei Serienmördern. Dahmer wählte Opfer, die leicht zu kontrollieren waren und er verstärkte seine Macht über sie, indem er Drogen in ihre Drinks gab. Das Ritual des Folterns, Tötens und Zerstückelns gab ihm ein Gefühl der Allmacht.

GRAUENHAFTE BEWEISE►
Die Polizei schaffte die Beweise aus Dahmers Apartment, darunter den Kühlschrank, in dem der Killer die Köpfe und andere Körperteile seiner Opfer aufbewahrte.

Böse, nicht verrückt

McCanns Argumente überzeugten. Die Geschworenen hielten Dahmer nicht für unzurechnungsfähig und sprachen ihn des Mordes in 15 Fällen schuldig. Der »Milwaukee-Kannibale« erhielt 15-mal lebenslänglich – etwa 1000 Jahre Gefängnis.

Das Urteil gab den Familien der Opfer nur wenig Trost. Genauso wenig wie das Wissen, dass Profiler – wenn man sie eingesetzt hätte – bei der Tätersuche einen Verdächtigen aufgezeigt hätten, der sehr viel Ähnlichkeit mit Dahmer besessen hätte. Auf ihn trafen alle Merkmale des Serientäters zu. Er war im richtigen Alter, 25 bis 35, und in der Schule ein Einzelgänger. Er war klug, aber arbeitete in einem untergeordneten Job. Er war charmant und überzeugend. Er tötete mit seinen Händen und hatte sadistische Sexfantasien.

Dahmer wurde ein mustergültiger Sträfling der Columbia Correctional Institution in Wisconsin, wo man ihn zu seinem Schutz von den Mithäftlingen trennte. Dahmer forderte jedoch Kontakt. Durch sein selbstbeherrschtes Verhalten überzeugt, stimmte die Gefängnisleitung zu. Den Kontakt genoss er nicht lange. Am 28. November 1994 schlug Christopher Scarver, ein afroamerikanischer schizophrener Gefangener, Dahmer den Kopf mit einem Besenstiel ein.

VOR GERICHT▼
Da man befürchtete, dass Jeffrey Dahmer ermordet würde, bevor das Gericht sein Urteil fällen konnte, versah man die Publikumsgalerie mit einer kugelsicheren Glasscheibe.

Erkennungsdienst

Die Polizei hat es schwer, wenn Verdächtige anhand von Gegenüberstellungen, Fahndungsfotos oder Phantomzeichnungen identifiziert werden müssen. Die Zeugen sind sich zwar sicher und das Gericht vertraut auf ihre Aussage. Aber die Erfahrung zeigt, dass allein die Identifizierung durch Augenzeugen zu Fehlurteilen führen kann.

PUZZLESPIEL ▲
Bis vor einigen Jahren wurden manche Phantomzeichnungen aus vorgegebenen Fototeilen erstellt, doch das System war unflexibel und lieferte keine guten Ergebnisse.

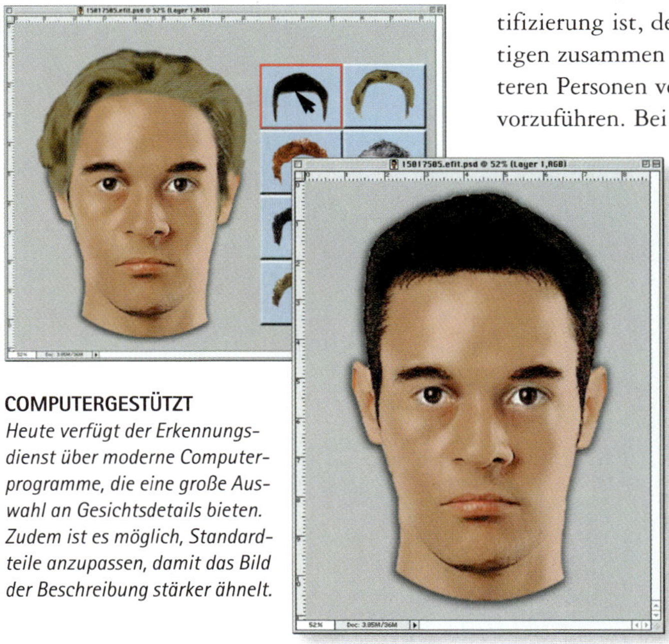

COMPUTERGESTÜTZT
Heute verfügt der Erkennungsdienst über moderne Computerprogramme, die eine große Auswahl an Gesichtsdetails bieten. Zudem ist es möglich, Standardteile anzupassen, damit das Bild der Beschreibung stärker ähnelt.

Die altbekannte Geschichte: Ein Geschäft wird von einem bewaffneten Täter überfallen und die Kassiererin ist überzeugt, dass sie ihn wiedererkennen würde.

Eine traditionelle Möglichkeit der Identifizierung ist, dem Zeugen den Verdächtigen zusammen mit mindestens vier weiteren Personen von ähnlichem Aussehen vorzuführen. Bei solch einer Gegenüberstellung ist es wichtig, dass der Zeuge die Auswahl so objektiv wie möglich trifft. Daher wird er darauf hingewiesen, dass er sich nicht entscheiden muss, wenn er irgendeinen Zweifel hegt. Denn es besteht die Gefahr, dass ein Zeuge im Bestreben, der Polizei helfen zu wollen, denjenigen benennt, der dem Verdächtigen am ähnlichsten sieht.

Ein Blick in die Kartei

Gegenüberstellungen sind möglich, wenn die Ermittler glauben, den Verdächtigen gefasst zu haben. Doch wenn das nicht der Fall ist? Dann können Zeugen versuchen, den Täter unter den Fotos der Verbrecherkartei zu identifizieren.

Diese Methode hat Nachteile. Eine umfassende Suche scheitert an der Vielzahl der vorhandenen Fotos. Außerdem werden nur bereits verurteilte Täter berücksichtigt, und der Irrtum eines Zeugen kann die Aufmerksamkeit der Polizei auf einen unschuldigen Vorbestraften lenken. Zudem kann die Suche in der Kartei eine spätere Gegenüberstellung beeinflussen.

Wenn Gegenüberstellung und Kartei nicht zum Ziel führen, kann eine Phantomzeichnung die Ermittlung vorwärts bringen. Heute entstehen solche Zeichnungen meistens am Computer, wo Zeugen Gesichtsmerkmale und Haare auswählen können, um ein dem Verdächtigen ähnliches Bild schaffen. Die Phantombilder werden bei Bedarf in den Medien veröffentlicht.

Erinnerungsvermögen

Das Problem all dieser Methoden liegt im Erinnerungsvermögen der Zeugen.

GEGENÜBERSTELLUNG ▶
Diese für die Fotoaufnahme gestellte Gegenüberstellung zeigt fünf recht unterschiedliche Personen. In Wirklichkeit sind wegen der Objektivität alle von gleicher Größe und Statur.

GEZEICHNETE PHANTOMBILDER

Obwohl Computerzeichnungen informativ sind, meinen viele Ermittler und Polizeizeichner, nichts könne den Skizzenblock ersetzen. Sie argumentieren, dass Zeichner flexibler sind als Software und dass sich Zeugen im Dialog mit einem Menschen besser entspannen und an mehr erinnern. Ein Polizeizeichner erstellte nach dem Bombenattentat auf ein Regierungsgebäude in Oklahoma City 1995 anhand von Zeugenaussagen eine Phantomzeichnung des Mannes, der den verwendeten Van gemietet hatte. Das Bild führte zur Identifizierung des Täters: Timothy McVeigh.

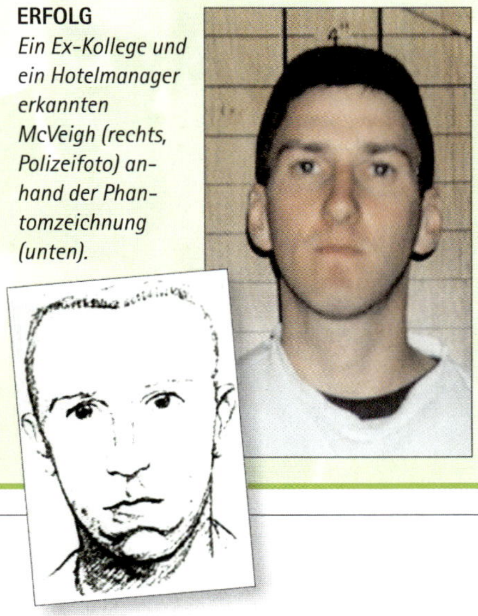

ERFOLG
Ein Ex-Kollege und ein Hotelmanager erkannten McVeigh (rechts, Polizeifoto) anhand der Phantomzeichnung (unten).

Fast jeder überschätzt seine Fähigkeit, sich an Gesichter zu erinnern, selbst unter günstigen Bedingungen. Und bei Verbrechen mit ausgeübter oder angedrohter Gewalt konzentrieren sich die Opfer stärker auf die Waffe als auf die Person, die sie hält. Besonders problematisch sind Erinnerungsfehler der Zeugen vor Gericht, weil man belastenden Zeugen (die unter Eid stehen) mitunter eher glaubt als entlastenden Indizien.

Da Verurteilungen, die auf unzuverlässigen Identifizierungen durch Zeugen basierten, häufig angefochten wurden, schuf man vielerorts Gesetze mit strengeren Kriterien für die entsprechenden erkennungsdienstlichen Vorgänge. Außerdem verstärkte man den Einsatz forensischer Methoden in der Polizeiarbeit.

Unerschrockene Zeugen

Video-Überwachung scheint die Schwächen des menschlichen Gedächtnisses auszuschließen, doch ist sie keineswegs so objektiv, wie man das gern hätte. Videobilder sind oft unscharf, sodass es recht schwierig ist, eine Übereinstimmung mit bestimmten Gesichtern zu finden. Man versucht Identifizierungen anhand von Videos zu erhärten, indem man den Abstand bestimmter Punkte im Gesicht am Video und auf dem Foto des Erkennungsdienstes abmisst. Per Computer lässt sich dieser Vorgang automatisieren.

Je besser die Technik wird, desto mehr Bedeutung bekommen Videobilder als Beweise. Sie werden jedoch mit einiger Sicherheit noch eine ganze Weile in erster Linie nur dazu dienen, die Anwesenheit eines Verdächtigen an einem bestimmten Ort zu beweisen.

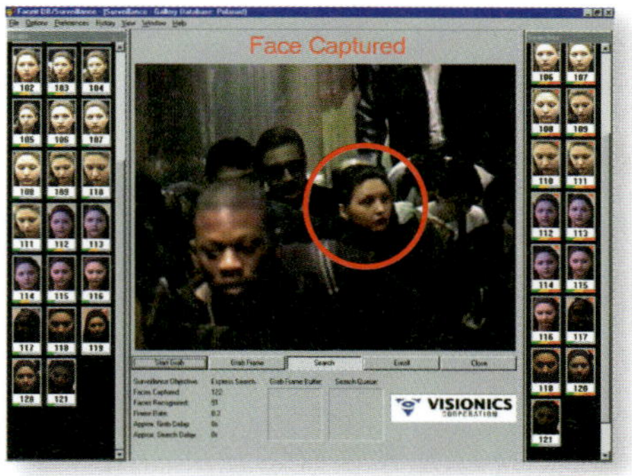

EIN GESICHT UNTER VIELEN ▲
Gesichtserkennungssoftware hilft den Bedienern von Überwachungskameras, mögliche Täter mithilfe einer Datenbank herauszufinden. Sie liefert eine ausführliche Liste von Übereinstimmungen.

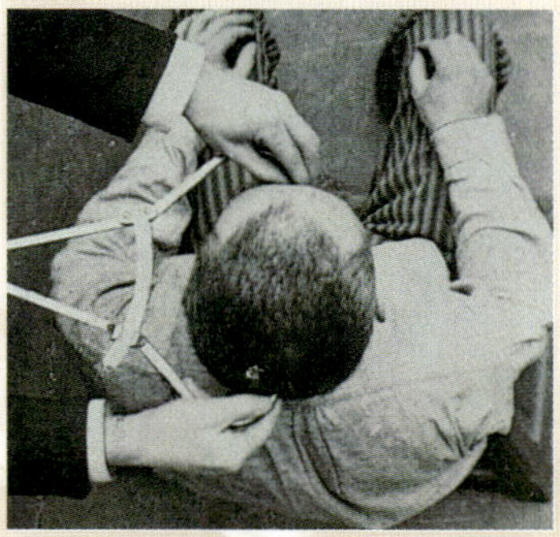

Alphonse Bertillon 1853–1914

Als Angestellter im Pariser Polizeiarchiv entwickelte Alphonse Berthillon die Idee, dass man Verbrecher an den Körper- und Kopfmaßen erkennen könnte (Anthropometrie). Später war er Vorreiter des »portrait parlé«, einer methodischen Vermessung des Gesichts zur Täteridentifizierung, und der Fotografie von Verdächtigen und Tatorten. Bertillons Systeme waren zwar erfolgreich, doch wurden sie schließlich von der Identifizierung durch Fingerabdrücke, die er als wirkungslos betrachtete, verdrängt.

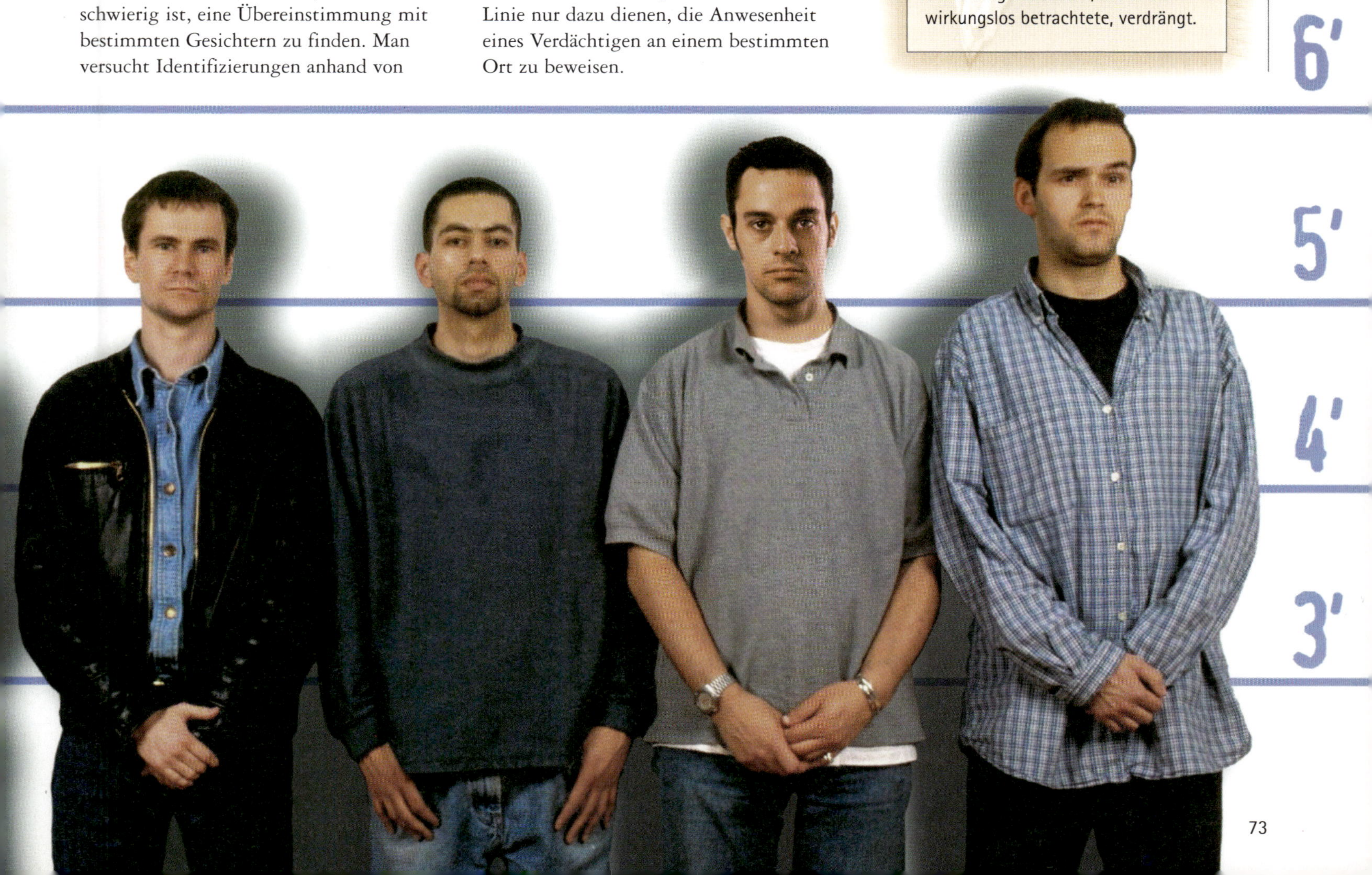

Lügendetektor

Beim Aufspüren der Wahrheit träumen Ermittler von einem narrensicheren Weg, um die Lügen verdächtiger Personen zu erkennen. Die Erfindung des Lügendetektors in den 1920er-Jahren schien den Wunsch zu erfüllen. Heute bezweifeln jedoch viele Experten seinen Wert, und man untersucht ausgereiftere Methoden als Ergänzung oder Ersatz.

Im Polizeirevier befragen zwei Polizisten einen Jugendlichen, der auf einem Parkplatz herumgelungert hat. Er antwortet ruhig, sicher, sogar hochnäsig – auch als das Verhör auf Autodiebstähle kommt. Allerdings ändert sich seine Haltung. Er verschränkt die Arme. Bei einigen Fragen fasst er sich an die Lippe. Gegen Ende der Befragung lehnt er sich zurück, legt die Beine übereinander und die Hände hinter den Kopf. Die Polizisten sind überzeugt: »Das ist unser Mann.« Er wird beschattet. Tage später filmt eine Überwachungskamera ihn beim Diebstahl von Autoradios.

Verräterische Körpersprache

Die erfahrenen, gut ausgebildeten Polizisten deuteten die Körpersprache des Verdächtigen. Seine Gesten sagten: »Ich helfe euch nicht«, »Ich lüge«, »Ihr kriegt mich nicht, ich bin schlauer als ihr«.

Die Fähigkeit, die Körpersprache eines Verdächtigen zu deuten, war schon immer nützlich, galt aber bis in die 1960er-Jahre als reine Intuition. Das änderte sich, als Psychologen die nonverbale Kommunikation, die Julius Fast 1971 in einem Buch bekannt machte, untersuchte. Heute gehört sie zur Ausbildung in Verhörtechnik.

Zuverlässiger Lügendetektor?

Die Körpersprache ist nützlich, doch auch subjektiv. Im Gegensatz dazu scheint der Lügendetektor objektiv zu sein. Er zeichnet fortlaufend die Reaktionen des Befragten auf und misst die Körperreaktionen, die bei Stress auftauchen. Jeder kennt die stressbedingten »schwitzigen Hände«. Schweiß verringert den elektrischen Widerstand der Haut. Diese Reaktion misst der Lügendetektor über die Elektroden an den Fingern.

KÖRPERSPRACHE ▲
Körpersprache ist realtiv leicht zu deuten. Man muss nur beobachten, wie die Menschen sitzen und was sie mit ihren Händen tun.

◄TEST, TEST!
Eine Bewerberin beim FBI unterzieht sich einem Lügendetektortest. Im Verlauf von Ermittlungen versuchen Verdächtige, mit solch einem Test ihre Unschuld zu beweisen.

LÜGENDETEKTORTEST

1. *Plättchen an den Fingern der Testperson messen den Hautwiderstand. Lügen rufen Schweiß hervor, der diesen Widerstand senkt.*
2. *Eine Erhöhung des Blutdrucks oder der Pulsfrequenz zeigt Stress an. Deshalb werden diese Werte über die mit dem Blutdruckmessgerät verbundene Manschette am Arm aufgenommen.*
3. *Schwere Atmung zeigt Angst an. Die Gurte eines Pneumographen liegen um die Brust, um die Veränderungen zu messen. Die Ergebnisse gehen an den Computer.*
4. *Ein Laptop zeichnet die Resultate des Tests auf und setzt sie in Beziehung zu den Fragen.*

Das Gerät misst auch die Atemmenge, den Puls und Blutdruck. Die Werte werden auf einen Papierstreifen oder einen Computer übertragen.

Für einen Lügendetektortest muss der Befrager dem Befragten erst einige völlig harmlose Fragen stellen. Die Reaktionen bei den Antworten sind die Basis für die weitere Messung. Damit vergleicht man später die Reaktionen des Verdächtigen bei Fragen zur Tat. Theoretisch verrät der Körper dann Lügen, indem die Messung Spitzenwerte ergibt.

Risikofaktoren

In der Praxis sind die Reaktionen eines Verdächtigen nicht so eindeutig. Viele körperliche Faktoren, wie Drogen- oder Alkoholeinfluss und sogar Hunger, führen das Gerät in die Irre. Notorische Lügner können es täuschen und simple Techniken, wie selbst verursachte Schmerzen durch einen Biss auf die Zunge, verfälschen das Ergebnis. Ist der Bediener des Detektors nicht gut genug ausgebildet, können Bedienungsfehler zu Irrtümern führen.

Ohne weitere überzeugende Beweise räumt ein Lügendetektortest vor Gericht »berechtigte Zweifel« nicht aus (er wird ohnehin selten zugelassen). Doch Kriminellen flößt der Lügendetektor Angst ein; sie erklären sich mitunter nach dem Versagen in einem Test oder weil sie einen Test fürchten für schuldig.

Verrät das Gehirn Verbrechen?

Neuere Techniken schaffen vielleicht das, was der Lügendetektor nicht kann. Dazu zählt das EEG (Elektroenzephalogramm), mit dem Forscher seit den 1930er-Jahren die beim Denken entstehenden elektrischen Wellen unseres Gehirns untersuchen. Dabei konzentriert man sich vor allem auf eine Welle: die P300, die auftaucht, wenn wir etwas erkennen.

Eine Institution arbeitete mit CIA und FBI zusammen, um einen Test mit dem Spitznamen »Fingerabdruck des Gehirns« zu entwickeln. Dieser Test arbeitet mit der P300-Welle, während der Verdächtige Bilder und Wörter betrachtet, die mit dem Tatort zusammenhängen, aber auch neutrale. Das Erkennen, das so genannte Täterwissen, löst eine Veränderung der Welle aus, die das EEG-Gerät entdeckt. Zu Unrecht Verdächtigte, die nie am Tatort waren, sollten auf alle Bilder auf gleiche Weise reagieren.

Das Verfahren ähnelt dem Lügendetektortest, ist aber nicht so anfällig für Mogeleien. Menschen mit Täterwissen können ihre Reaktionen nicht verhindern oder steuern, daher gibt es – angeblich – keine falschen Ergebnisse.

Magnetische Hilfe

Dem EEG haben sich heute ausgefeiltere Techniken zur Überwachung der Gehirnaktivität hinzugesellt, zum Beispiel die Magnetresonanztomographie (MRT). Sie konzentriert sich auf die Hirnrinde – die dicke denkende »Haut« des Gehirns –, wo die Nervenenden am stärksten reagieren. Mit dieser Technik können Forensiker vielleicht eines Tages den kriminellen Geist ergründen. Bis jetzt ist es noch nicht gelungen, dass die MRT die komplizierte Gehirntätigkeit so aufschlüsselt, dass ein einfacher, standardisierter »Wahrheitstest« entsteht.

Vielleicht kann ja ein ganz einfacher Test zur Wahrheitsfindung den Lügendetektor ersetzen. Forscher an der Universität Michigan stellten fest, dass Lügner vor einer Antwort kurz zögern. Selbst mit viel Übung gelingt es ihnen nicht, diese »Lügenpause« zu verbergen.

Die Technik steckt noch in den Kinderschuhen, aber einer der beteiligten Forscher erklärte zuversichtlich: »Es ist ein preiswerter, einfacher Test, um die Schuld herauszufinden – man braucht nur einen PC und keine Elektroden.«

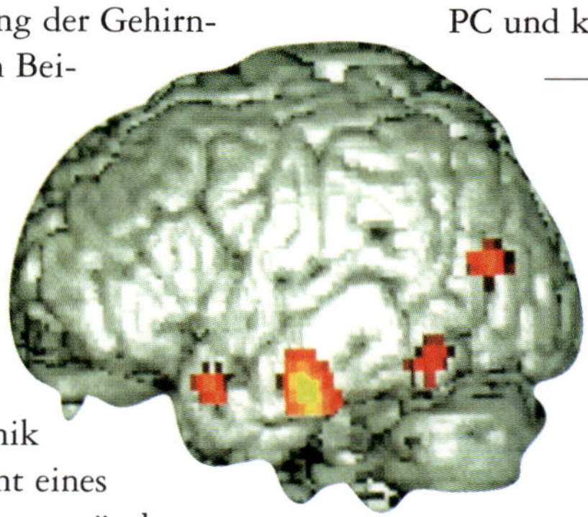

◄»FEURIGES GEHIRN«
Die Positronenemissionstomographie (PET) hebt die Bereiche farbig hervor, die während des Erkennens eines Bildes aktiv sind.

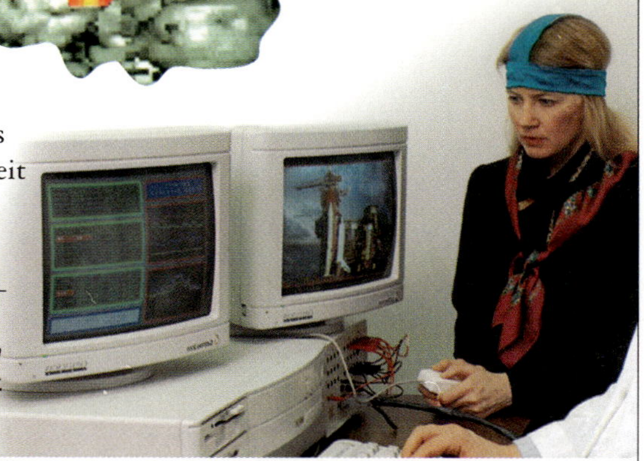

STIRNBAND DER WAHRHEIT►
Für den »Fingerabdruck des Gehirns« benötigt man weitaus weniger Sensoren als beim Lügendetektor. Sensoren an einem Stirnband nehmen die EEG-Wellen auf, und der Computer stellt sie dar.

Lügenmuster

Kann der Klang der Stimme Lügen verraten? Die Frage stellen sich forensischen Phonetiker. Diese Experten sind acht Jahre in Linguistik und Phonetik (Sprachwissenschaft) ausgebildet, bevor sie bei rechtlichen Problemen hinzugezogen werden. In manchen Fällen können sie Alter, Geschlecht und Rasse eines Verdächtigen anhand der Stimme erschließen und aufgezeichnete Anrufe einem bestimmten Anrufer zuordnen.

Stimmspektrogramme, die in den USA seit den 1960er-Jahren eingesetzt werden, geben einen Ton grafisch wieder. Das Bild unten zeigt das Muster, das entsteht, wenn jemand »Baby« sagt. Das Gerät misst die Schwingung (Lautstärke in Relation zur Dauer) und zeigt die zwei Silben deutlich abgesetzt. Doch bei forensischer Phonetik geht es nicht nur um Spektrogramme. Die Experten müssen diese zusammen mit phonetischen Analysen und akustischen Messungen deuten.
Experten sind sich über den Wert von Spektrogrammen nicht einig. Die meisten meinen, dass sich das Zittern in der Sprache nicht als Maß für Stress eignet, sodass man damit Lügen nicht zuverlässig aufdecken kann.

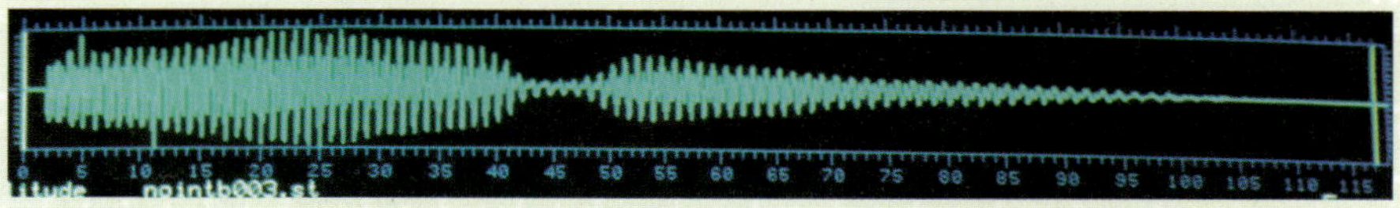

»Iwan der Schreckliche«

ENDGÜLTIGER FREISPRUCH?▲
Demjanjuk trug die israelische Gefängniskluft, als er 1990 von seiner Freilassung erfuhr. 2002 entzog man ihm erneut die amerikanische Staatsbürgerschaft – die Anklage lautete wiederum: Kriegsverbrechen.

John Demjanjuk war für seine Nachbarn in Cleveland nichts anderes als ein zurückhaltender Monteur, bis man ihn plötzlich beschuldigte, »Iwan der Schreckliche« zu sein. Die Anklage beruhte auf Aussagen von Überlebenden des Holocausts, die Demjanjuk das letzte Mal vor 40 Jahren gesehen hatten. Dem 55-jährigen Ukrainer drohte die Todesstrafe.

Im Gerichtssaal in Jerusalem skandierte das Publikum »Tod! Tod! Tod!«, als der Richter die Urteilsbegründung vorlas: »Es ist, als ob Treblinka noch existiert und Iwan der Schreckliche noch immer zusticht und mordet, auch wenn er heute das Gesicht eines alten Mannes trägt. Noch immer schneidet er Brüste ab, schlitzt Bäuche auf, bohrt das Messer in lebendes Fleisch, erschießt Kinder … All das veranlasst uns, die Todestrafe zu verhängen.« Der im Rollstuhl sitzende John Demjanjuk schrie auf: »Ich bin unschuldig!«

Wächter der Gaskammer

Angeklagt wurde John Demjanjuk wegen Verbrechen, die im Zweiten Weltkrieg in Treblinka, einem Konzentrationslager in Polen, gschahen. Dort starben mehr als 900 000 Juden in den Gaskammern. Unter den Hunderten ukrainischer KZ-Wärter gab es einen, den die Lagerinsassen »Iwan den Schrecklichen« nannten. Dieser Mann beging unglaubliche Grausamkeiten.

John Demjanjuk kam 1951 als Auswanderer in die USA, wo er sich in Cleveland, Ohio, niederließ und in der Automobilindustrie arbeitete. Er lebte unauffällig und anscheinend frei von Schuld, bis sein Name auf einer in der Sowjetunion erstellten Liste mit vermutlichen Nazikriegsverbrechern auftauchte. Die Justizbehörde der USA entzog Demjanjuk die amerikanische Staatsbürgerschaft, damit er ausgeliefert und in Israel vor Gericht gestellt werden konnte. Wie die Einwanderungsbehörde feststellte, hatte Demjanjuk im Einwanderungsantrag angegeben, dass er während des Zweiten Weltkrieges als »Bauer in dem polnischen Dorf Sobibor« gelebt hatte. Doch laut der sowjetischen Informationen hatte er dort als Wärter in einem KZ gearbeitet.

Die Nazi-Jäger ermitteln

Die amerikanische Einwanderungsbehörde übergab der israelischen Polizei das Foto aus Demjanjuks Antrag.Die israelische Jus-

◄VERBRECHEN GEGEN DIE MENSCHLICHKEIT
Diese ausgehungerten Häftlinge starben in einem Konzentrationslager der Nazis. Millionen Menschen fanden infolge des Naziregimes den Tod. Demjanjuk war nicht »Iwan der Schreckliche«, aber der Verdacht, dass er ein Kriegsverbrecher ist, besteht immer noch.

tizbehörde ermittelte zugleich gegen einen anderen Mann, der im Lager Treblinka gearbeitet hatte. Man integrierte die Fotos beider Verdächtiger in ein Verbrecheralbum und legte dieses ehemaligen Insassen der Lager Treblinka und Sobibor vor. Anhand der vergleichsweise großen, scharfen Bilder identifizierten mehrere Treblinka-Überlebende Demjanjuk als »Iwan den Schrecklichen«. Auch bei einem Treffen von Holocaust-Überlebenden bestätigten weitere Augenzeugen die Identität, andere erkannten Demjanjuk jedoch nicht. So blieb die Identifizierung nicht zweifelsfrei. Auch der Beweis, dass Demjanjuk überhaupt jemals in Treblinka gearbeitet hat, ließ sich nicht vollständig erbringen. Den Einwanderungsbehörden der USA genügten jedoch die vorliegenden Aussagen, um Demjanjuk 1981 die Staatsbürgeschaft abzuerkennen. 1986 brachte man ihn nach Israel, um ihn vor Gericht zu stellen.

Prozess um Leben und Tod

Im Jahr darauf begann der Prozess. Die Anklage stützte sich auf die Identifizierung durch die überlebenden Augenzeugen. Zudem legte sie eine Kennkarte vor (siehe rechts), die zu beweisen schien, dass Demjanjuk als Mitglied der SS in Sobibor Juden in die Gaskammer geschickt hatte – allerdings nicht in Treblinka. Die Verteidigung stellte die Echtheit der Kennkarte infrage und bezweifelte die Aussagen der Augenzeugen. Aber das Gericht sprach Demjanjuk schuldig.

Seine Anwälte gingen in Berufung. In dem 1990 wieder aufgenommenen Prozess konnte Demjanjuk anhand von Augenzeugenberichten aus der Sowjetunion beweisen, dass bereits ein anderer Mann Ivan Marchenko, als »Ivan der Schreckliche« identifiziert worden war. Demjanjuk wurde freigesprochen und kehrte in die USA zurück. Der Fall John Demjanjuk zeigt die Gefahr, die eine Identifizierung durch Augenzeugen birgt, vor allem nach so langer Zeit, in der die Erinnerungen der Zeugen verblasst sind und sich das Aussehen des Verdächtigen stark verändert hat.

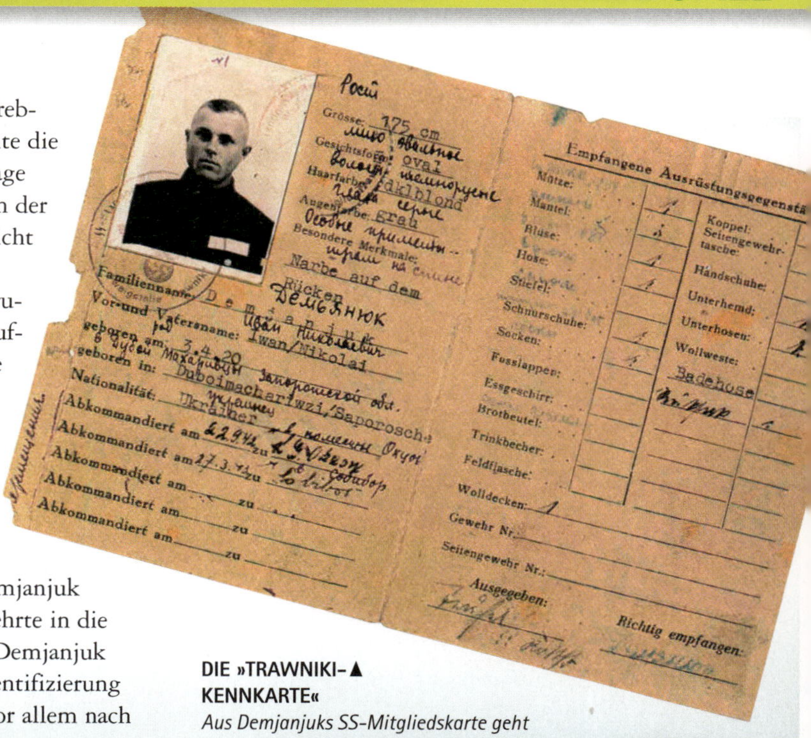
Grösse: 175 cm
Gesichtsform: oval
Haarfarbe: dklblond
Augenfarbe: grau
Besondere Merkmale: Narbe auf dem Rücken
Familienname: Demjanjuk
Vor- und Vatersname: Iwan/Nikolai
geboren am: 3.4.20
geboren in: Duboimachariwzi/Saporosche
Nationalität: Ukrainer
Abkommandiert am 22.9.42 zu L.G. Okzow
Abkommandiert am 27.3.43 zu Sobibor
Abkommandiert am ... zu ...
Abkommandiert am ... zu ...
Abkommandiert am ... zu ...

Empfangene Ausrüstungsgegenstä...
Mütze: | Mantel: | Bluse: | Hose: | Stiefel: | Schnürschuhe: | Socken: | Fusslappen: | Essgeschirr: | Brotbeutel: | Trinkbecher: | Feldflasche: | Wolldecken: 1
Koppel: | Seitengewehrtasche: | Handschuhe: | Unterhemd: | Unterhosen: | Wollweste: | Badehose
Gewehr Nr. | Seitengewehr Nr.:
Ausgegeben: | Richtig empfangen:

DIE »TRAWNIKI-▲ KENNKARTE«
Aus Demjanjuks SS-Mitgliedskarte geht hervor, dass er im Vernichtungs- und SS-Ausbildungslager Trawniki an einem Lehrgang für KZ-Wärter teilgenommen hatte. Seine Anwälte wendeten ein, der KGB (Geheimdienst der Sowjetunion) habe die Karte gefälscht, um ihren Mandanten zu belasten.

VOR GERICHT IN JERUSALEM▶
Während des Prozesses saß Demjanjuk zwischen zwei Bewachern. Oft verstand er gar nicht, was in dem Verfahren vor sich ging – der ukrainische Übersetzer war ein Zeuge der Anklage.

2.5

ANALYSE DER SPUREN

In manchen Comics betrachten kluge Detektive Fußspuren mit einer überdimensionalen Lupe. In der Realität jedoch arbeiten die Ermittler und die forensischen Experten mit zum Teil komplizierten Analyseverfahren und aufwändigen Instrumenten. Manche Methoden sind so hoch entwickelt, dass sie unvorstellbar winzige Spuren aufdecken, die dann tatsächlich den Täter überführen. Die Spurensuche gleicht oft der Suche nach der Nadel im Heuhaufen – wobei die Ermittler viele »Haufen« durchkämmen müssen.

Forensisches Labor

Im kriminaltechnischen Labor enthüllen Beweisstücke ihre Geheimnisse. Ein scheinbar sauberer Kamm nennt seinen Besitzer. Eine Made verrät das Gift, das einen Menschen getötet hat. Fingerabdrücke leuchten im UV-Licht. Mit erstaunlichen Methoden stellen heutige Kriminaltechniker die Verbindung zwischen Verdächtigen und Verbrechen her.

In den großen kriminaltechnischen Labors findet man nahezu alle forensischen Sparten unter einem Dach vereint. Dort arbeiten Techniker, die unterschiedliche Arbeiten erledigen, oder Spezialisten, die sich auf ein kompliziertes Gebiet – wie die DNA – konzentrieren.

Doch unabhängig von der Größe des Labors gelten die gleichen Regeln. Alle Beteiligten müssen sicherstellen, dass ein Beweisstück, das ins Labor gebracht wird, auf keinen Fall mit etwas Verfälschendem in Berührung kommt. Jedes Stück wird sorgfältig gelagert und verzeichnet, damit man seinen Weg durch die Abteilungen des Labors nachvollziehen kann.

Als Erstes unterzieht man die Beweisstücke den einfachsten Tests (»Ist dieser Flecken wirklich Blut?«), bevor man zu den teureren, aber exakteren Methoden (»Wessen Blut ist es?«) übergeht. Analysen, bei denen die Proben zerstört werden, führt man als Letztes aus.

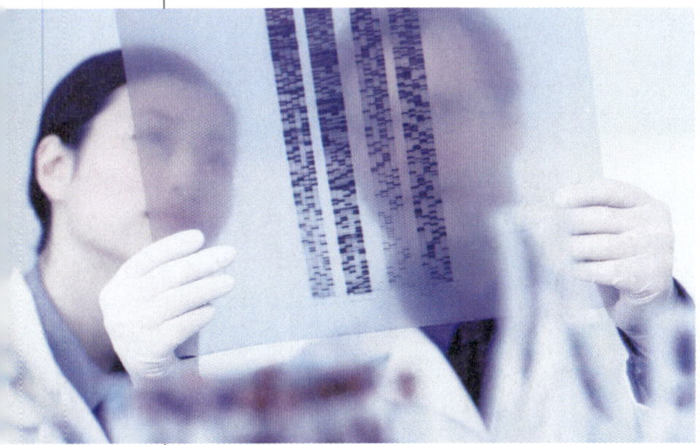

VERGLEICH VON DNA-PROBEN ▲
Für den Vergleich mit den bundesweiten Datenbanken müssen kriminaltechnische Labors eine standardisierte DNA-Analyse verwenden.

Was gehört dazu?

In jedem forensischen Labor können Fingerabdrücke untersucht werden. Das ist nötig, weil am Tatort nicht alle Untersuchungen möglich sind. Behälter, in denen sich die Dämpfe von Sekundenkleber zum Sichtbarmachen von Fingerabdrücken entwickeln, säumen in den meisten Labors die Wände. Auch die speziellen Lichtvorrichtungen zum Sichtbarmachen von Fingerabdrücken fehlen nicht (siehe Seite 46). Reifen- und Schuhabdrücke können ebenfalls untersucht werden.

Zu den meisten Labors gehört auch eine Abteilung, die sich um Haare, Fasern, Stoff und Staub kümmert. Ihr Fachwissen ist mitunter auch bei der Untersuchung von Zahn- und Skelettresten gefragt.

Chemie-Labor

Die Chemie-Abteilung mit Reagenzgläsern und komplizierten Analysegeräten ähnelt jedem anderen Labor. Hier werden Urin- und Blutproben auf Gifte, Drogen und Alkohol untersucht (siehe Seite 82). Man analysiert auch synthetische Proben wie Farben, Beizen und Arzneimittel. Chemielabors arbeiten mit Geräten wie Gaschromatographen, Mikroskopen und Massenspektrometern, die helfen, verräterische Inhaltsstoffe aufzuspüren.

In der Serologie analysiert man Blut und andere Körperflüssigkeiten. Verstärkt gehören auch DNA-Tests zum Programm. Dank moderner Technologien können sogar kleinere Labors den einfachsten DNA-Test, die Polymerase-Kettenreaktion, ausführen. Der kompliziertere Test zu den Mitochondrien der DNA (siehe Seite 63) bleibt größeren Institutionen vorbehalten.

Eine Fotoabteilung gehört zu jedem kriminaltechnischen Labor, weil die Fotografie zum Dokumentieren von Beweisen eingesetzt wird. In dieser Abteilung finden sich Dunkelkammer und Entwicklungsvorrichtungen, die auch anderen Abteilungen zur Verfügung stehen. Sie unterstützt die Spurensicherung am Tatort und untersucht Fotos auf ihre Authentizität.

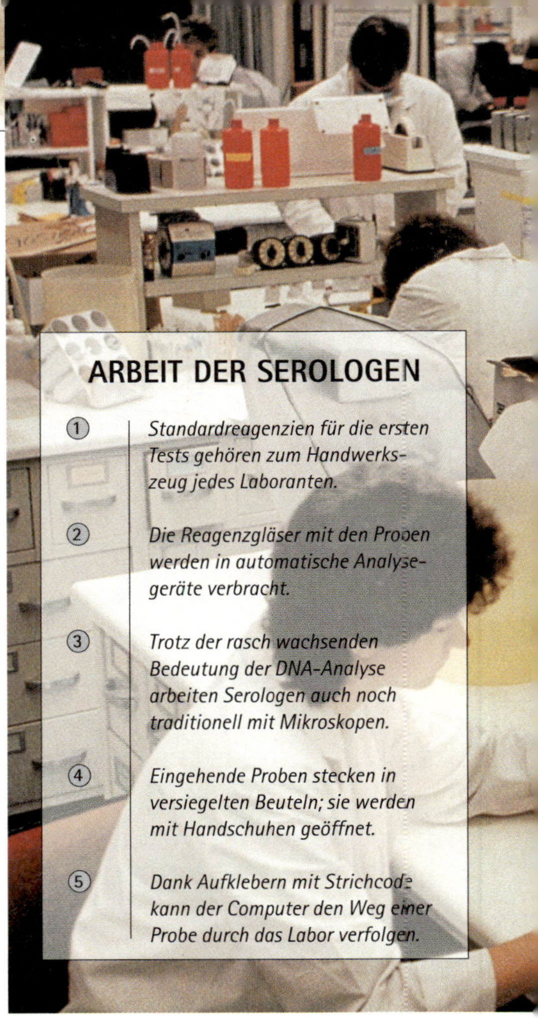

SEROLOGISCHES LABOR DES FBI ▲
Im forensischen Serologie-Labor untersucht man alle Arten von Körperflüssigkeiten, einschließlich Sperma, Urin und Speichel.

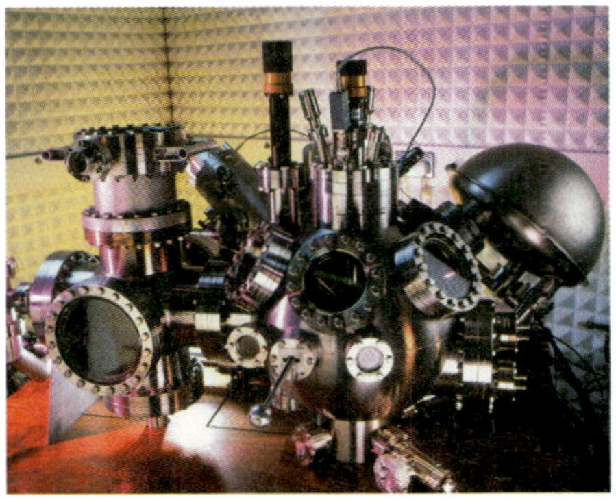

ELEKTRONENMIKROSKOP ▲
Mit Raster-Elektronenmikroskopen vergrößert man Partikel wie Haare, Fasern, Staubmilben und Pilzsporen, die dabei der jeweilige Spezialist untersucht.

FEUERWAFFENTEST

Das Schießen aus der Waffe von Verdächtigen liefert den Ballistikexperten Kugeln, Patronen und deren Hülsen als Material zum Vergleich mit einer entsprechenden Datenbank. Außerdem erhält man nützliche Information, zum Beispiel das Muster des Patronenausstoßes kann zeigen, von wo ein Mörder geschossen hat. Die Art der Schrotverteilung gibt einen groben Hinweis zur Reichweite.

Ein am Tatort gefundenes Geschoss kann man mit einem im Labor abgeschossenen vergleichen.

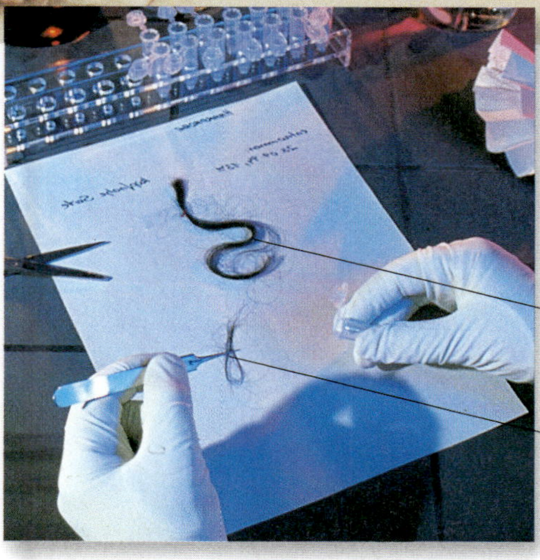

◄HAARANALYSE ZUM DROGENNACHWEIS
Wenn jemand Drogen nimmt, schließt sein Haar Drogenrückstände ein. Bei einer Analyse finden Toxikologen nicht nur diese Bestandteile, sondern sie können auch eine zeitliche Einordnung vornehmen. Das Gleiche gilt für die Fingernägel.

Die Haarprobe liegt auf einem Aufzeichnungsblatt, das der Techniker manchmal mit Wachs versiegelt, um Manipulationen zu verhindern.

Das Haar wird in kurze Stücke geschnitten. Drogenrückstände werden durch Lösungsmittel extrahiert und mittels Gaschromatographen und Massenspektrometer identifiziert.

Materialien, Waffen und Software

Die Materialabteilung analysiert Legierungen, Keramik, Farben, Erde und Holz, um eine Verbindung zwischen dem Verdächtigen und dem Tatort herzustellen. Biologisches Material, wie Pflanzensamen, untersuchen spezielle Wissenschaftler.

In der Waffenabteilung dominiert zeitweise der Lärm der Beschießungsanlage. Waffen testen heißt sie abfeuern, um charakteristische Spuren an Projektil, Hülse oder Ziel zu untersuchen.

In großen Labors gibt es Teams, die auf die Untersuchung von Brandstiftung und Sprengstoff spezialisiert sind sowie andere, die Daten, Dokumente, Fotos, Ton- und Bildaufzeichnungen analysieren. In kleineren Labors erledigen das freie Spezialisten.

Zusammenarbeit

Jedes forensische Labor braucht Wissenschaftler, aber auch Leute, die Beweismaterial protokollieren, vorbereiten und lagern. Sie sorgen für den reibungslosen Ablauf und kalibrieren die Analyse-Instrumente.

Die Zusammenarbeit erfolgt abteilungsübergreifend. Die Ergebnisse eines einzelnen Tests können für die Ermittlungen nützlich sein, doch ihr Wert – ihre Beweiskraft – steigt im Vergleich mit anderen Tests.

Die Analyse eines Projektils vom Tatort kann beweisen, dass es aus der Waffe eines Verdächtigen abgefeuert wurde (nicht, ob er selber geschossen hat). Ein Vergleich mit einer bundesweiten Datenbank bringt jedoch die Waffe vielleicht auch noch mit weiteren ungeklärten Verbrechen (eventuell des Verdächtigen) in Verbindung. Deshalb arbeiten heutzutage die meisten forensischen Spezialisten auch mit dem Computer, der ihnen solche wichtigen Vergleiche ermöglicht.

BLUTPROBEN▼
Bei getrockneten Blutflecken kratzen Laboranten Proben ab oder sie befeuchten sie und nehmen sie mit dem Tupfer ab.

Toxikologische Analyse

Dank feiner Analyseverfahren sind die Toxikologen in der Lage, anhand einiger Haarsträhnen nachzuweisen, dass ein Verdächtiger Wochen zuvor Drogen konsumiert hat. Und sie können verschwindend geringe Mengen Gift in einem Tropfen Blut eines Opfers feststellen. Die Hauptarbeit im toxikologischen Labor betrifft eine legale Droge: Alkohol.

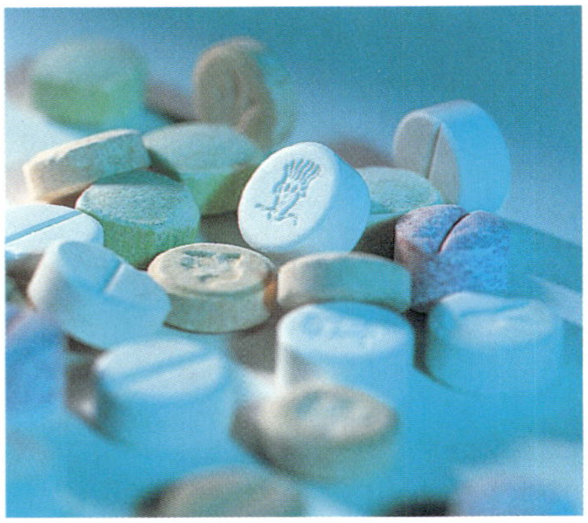

ILLEGALE DROGEN ▲
Ein Immunoassay für Amphetamine ergäbe ein positives Resultat, wenn die getestete Person Ecstasy-Tabletten wie diese genommen hätte.

Die Alkoholtests am Straßenrand messen den Alkohol im Atem eines Fahrers, doch die Ergebnisse sind keinesweg absolut sicher. Im Zweifelsfall werden Blut- oder Urinproben im Labor untersucht. Wegen der Vielzahl der Proben sind die Tests automatisiert, aber dennoch gründlich.

Drogentests

Die Drogentests folgen alle dem gleichen Schema: ein einfacher Test, mit dem man feststellt, ob der vermutete Stoff gefunden wird, und kompliziertere Analysen, die als Beweismittel zugelassen sind und die Mengen messen. Der erste Test ist ein Immunoassay, bei dem die Farbe einer Urinprobe sich ändert, wenn darin enthaltene Drogen sich mit den Antikörpern des Tests verbinden. Geschieht dies, nehmen die Toxikologen weitere Tests vor. Diese Tests werden vorwiegend beim Verdacht auf Drogenabhängigkeit oder als Dopingtests bei Sportlern durchgeführt.

Identifizierung und Menge

Für Drogen- und für Alkoholtests setzt man die Chromatographie ein, ein Verfahren, bei dem chemische Stoffe aufgrund der Geschwindigkeit, mit der sie sich durch Gas oder Flüssigkeit bewegen, separiert werden. Für ein toxikologisches Labor ist ein Gaschromatograph unabdingbar. Sein Kernstück ist eine schmale Röhre, die locker mit speziellem Granulat gefüllt ist. Durch dieses strömt ein nicht reagierendes Gas, wie Stickstoff, als »Trägergas«. Wird eine Probe in Gasform zugeführt, bewegen sich die einzelnen Stoffe unterschiedlich schnell durch

INS RÖHRCHEN BLASEN
Die britische Polizei führt jährlich mehr als 200 000 Alkoholtests durch. Etwa jeder vierte Test fällt positiv aus.

die Röhre. Ein Sensor ermöglicht es, die Bestandteile einer Mischung zu identifizieren. Das Gerät ist mit einem Computer verbunden, der das Resultat in einem Diagramm darstellt. Die Substanzen erscheinen als Spitzen; Spitzen, die einer bekannten Droge entsprechen, bedeuten ein positives Ergebnis (Droge vorhanden).

Es gibt zwei weitere Chromatographieverfahren: Hochleistungschromatographie (HPLC) mit Flüssigkeit als Trägermaterial und Dünnschichtchromatographie.

MASSENSPEKTROMETRIE

Ein Gaschromatograph (GC) ist häufig mit einem Massenspektrometer (MS) verbunden (GC/MS). Die Chemikalien werden in Ionen zerlegt, in einem Magnetfeld beschleunigt und das Verhältnis von Ladung zur Masse gemessen. Dies ergibt einen Wert, der eine Identifizierung der chemischen Zusammensetzung ermöglicht.

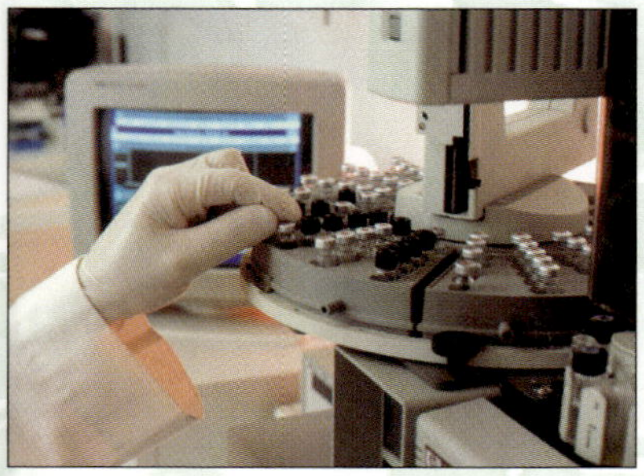

Vergiftung

Chromatographie setzt man auch beim zweiten Arbeitsfeld der forensischen Toxikologie ein: bei Vergiftungen.

Besteht Verdacht auf eine Vergiftung, entnimmt der Pathologe dem Opfer eines Unfalls, Selbstmords oder Mords Proben und lässt sie im Labor untersuchen. Blut und Lebergewebe sind die häufigsten Proben; manchmal schicken Pathologen auch andere Proben ins Labor. In der Galle konzentrieren sich Antidepressiva, Morphine und Heroin. Flüchtige Substanzen, wie Lösungsmittel, zeigen sich in der Lunge. Die Haare speichern verschiedene Gifte. Toxikologen untersuchen diese Proben mit den gleichen Verfahren, mit denen sie Blut- und Urinproben von lebenden Testpersonen analysieren, mit Immunoassay und Chromatographie.

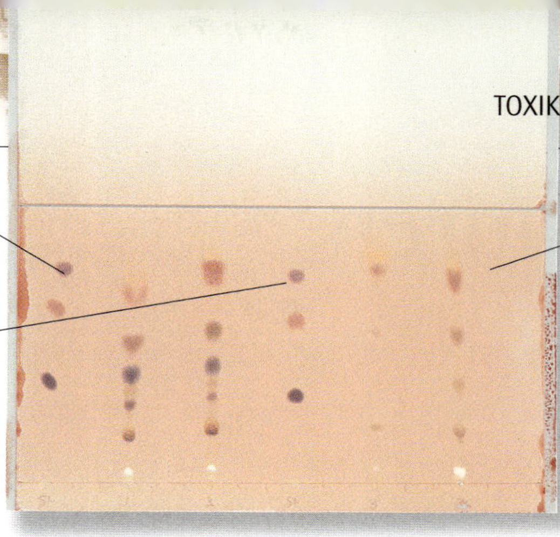

▲DÜNNSCHICHTCHROMATOGRAPHIE
Tröpfchen einer Flüssigkeit werden in einer unteren Ecke einer dünn beschichtetne Trägerplatte aufgebracht. Durch ein Fließmittel bewegen sich die einzelnen Stoffe unterschiedlich schnell nach oben.

Giftsuche

In Romanen löst oft ein eigenbrötlerischer Wissenschaftler einen rätselhaften Giftmord. Die Wirklichkeit ist leider weniger romantisch. Die Spuren der meisten Gifte können Pathologen leicht entdecken.

Angriffe mit biologischen Waffen, wie die Anthrax-Anschläge in den USA im Jahr 2001, machen Schlagzeilen, sind relativ selten, rücken aber die Toxikologen – in diesem Fall auch die Virologen – ins Rampenlicht. Am Tatort werden Proben entnommen und im Labor analysiert. Man untersucht die Auswirkungen auf Pflanzen und Tiere, prüft bei Bedarf, wie eine Ausbreitung zu verhindern ist und überwacht die Behandlung der Opfer.

Manchmal haben es die Toxikologen noch mit einem »klassischen« Giftmord zu tun, der jedoch heutzutage selten vorkommt. Ein Fall passierte 1979 in London: Georgi Markov, ein bulgarischer Dissident, spürte einen Stich im Bein. Er sah einen Mann mit Schirm, der ein Taxi herbeiwinkte. Die kleine Wunde in Markovs Bein infizierte sich rasch, und er starb vier Tage später. Die Pathologen vermuteten Gift, fanden aber keine Spuren, nur ein winziges Kügelchen in der Wunde. Die Ermittler glaubten, dass der Mann, der das Taxi rief, ein bulgarischer Agent war, der mit dem Schirm das vergiftete Kügelchen abgeschossen hatte. Markovs Symptome ließen auf Ricin schließen, ein Gift, das vom Körper rasch abgebaut wird und keine Spuren hinterlässt.

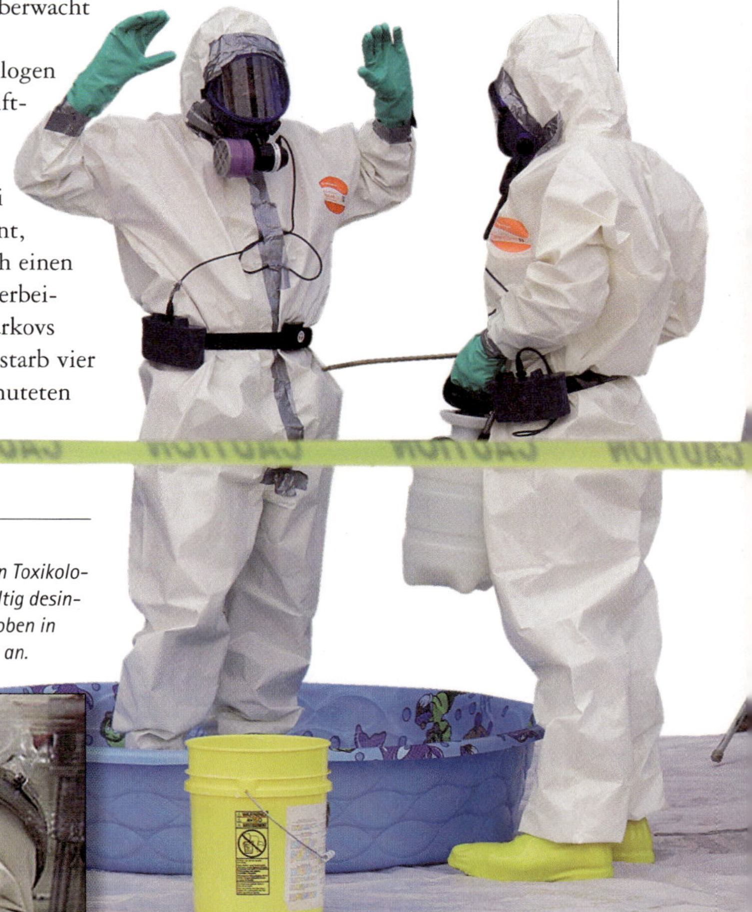

BIOALARM ►
Setzen Terroristen Biowaffen ein, riskieren Toxikologen nichts. Sterile Anzüge werden sorgfältig desinfiziert (rechts). Im Labor fasst man die Proben in versiegelten Boxen nur mit Handschuhen an.

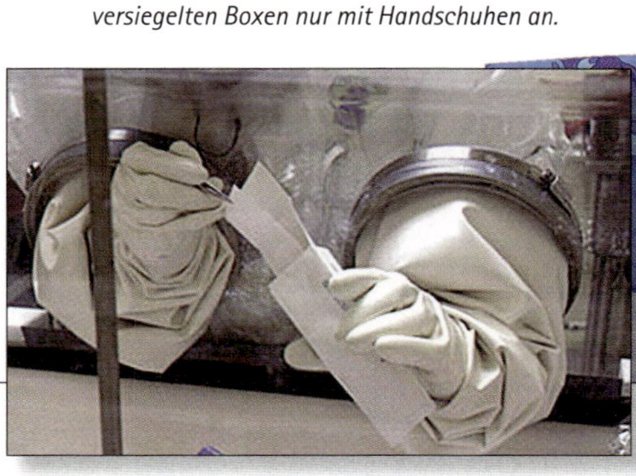

Blutspuren

Blutspuren am Tatort eines Mordes können aussagekräftige Hinweise auf den Täter geben. In manchen Fällen lässt sich anhand von Form, Größe und Lage der Blutstropfen herausfinden, wo der Angreifer stand, wie groß er ist und ob es sich um einen Rechts- oder Linkshänder handelt.

NACH EINER SCHIESSEREI
Geschosse können das Opfer mit solch einer Wucht treffen, dass kleine Blutspritzer in alle Richtungen fliegen. Bei dieser Schießerei zwischen Mitgliedern der Unterwelt spritzte eine große Lache arterielles Blut gegen die Windschutzscheibe.

Bei einem tätlichen Angriff kann Blut an alle möglichen Stellen gelangen. Von den meisten Materialien lässt es sich selbst mit scharfen Reinigungsmitteln nicht restlos entfernen. Die Ermittler ergreifen natürlich diese Chance, um den Tathergang zu rekonstruieren, wenn sich am Tatort Blutspuren finden. Dabei kommt es nicht nur darauf an, mithilfe der DNA-Analyse den Täter zu identifizieren, sondern auch das Blut des Opfers gibt wichtige Hinweise.

So erzählen Form, Größe ebenso wie die Lage und Anordnung der Blutstropfen sehr viel über den Ablauf der Tat.

»Unsichtbare« Blutstropfen

Für die Ermittlungen sind nicht nur klar sichtbare Blutspuren wichtig. Daher sucht die Spurensicherung den Tatort und bei Bedarf seine Umgebung mit einer speziellen, starken UV-Lampe ab, die wie eine dünne Taschenlampe aussieht. Das ultraviolette Licht fördert auch winzige Blutspritzer zutage. Bleibt die Suche ohne Erfolg oder wurde der Tatort gereinigt, setzen sie Substanzen ein, die Blut sichtbar machen. Die am häufigsten verwendeten Reagenzien sind Luminol und Fluorescin, die das Blut sogar in einer Verdünnung von 1:12000 zum Vorschein bringen. Versprüht man Luminol in einem völlig abgedunkelten Raum, fluoresziert es sofort, wenn es mit Blut in Kontakt kommt. Bei Fluorescin muss zusätzlich UV-Licht eingesetzt werden. Beide Stoffe reagieren auf das Eisen im Hämoglobin.

Mit der handlichen UV-Lampe lassen sich auch schwer zugängliche Stellen ausleuchten.

Der Ermittler trägt eine Schutzbrille, die seine Augen vor den UV-Strahlen schützt und den Kontrast erhöht.

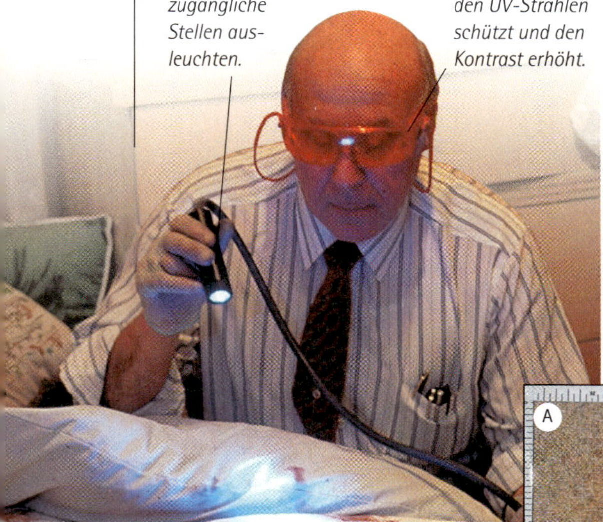

BLUTIGE FINGERABDRÜCKE▼
Mithilfe eines Reagens und von ultraviolettem Licht werden Finger sichtbar, die bei normalem Licht nicht zu sehen sind. Sie kommen so deutlich zum Vorschein, dass man sie fotografieren kann.

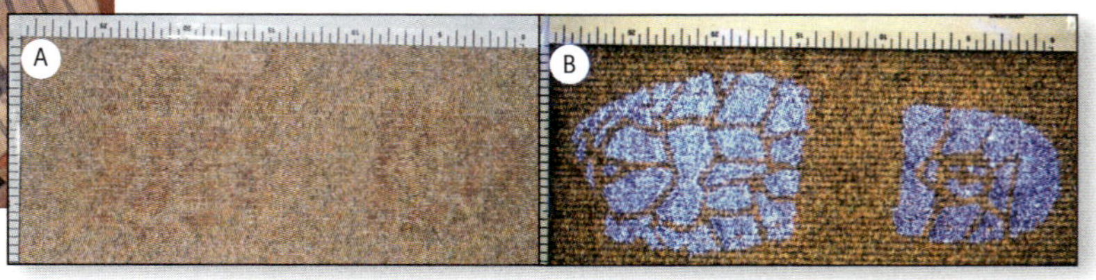

Aussagekräftige Muster

An der Form der Blutstropfen auf einer Oberfläche kann man die Richtung, aus der er kam, sowie seine »Fluggeschwindigkeit« erkennen. Blut, das aus einer kurzen Entfernung herabtropft, bildet einen größeren, kreisförmigen Tropfen. Trifft das Blut dagegen mit großer Wucht irgendwo auf, teilt es sich in kleinere Spritzer. Spritzt es auf eine schräge oder senkrechte Fläche, läuft es herab und bildet eine Spur, die sich in Laufrichtung verjüngt.

Finden die Ermittler nach einem Mord Blut in klaren Mustern auf den Wänden, dem Fußboden oder der Decke vor, können sie feststellen, wo das Opfer und der Täter standen, als ein Schuss fiel oder ein Messerstich ausgeführt wurde.

Früher ging man davon aus, das Blutstropfen in gerader Linie fliegen und man benutzte Maßband und

FORMEN DER BLUTSPUREN

Der schottische Professor für forensische Medizin John Glaister (1892–1971) teilte als Erster Blutspuren in Kategorien ein. Sein System wird bis heute eingesetzt. Hier sind die Grundmuster abgebildet, die man in dieser klaren Form selten am Tatort findet.

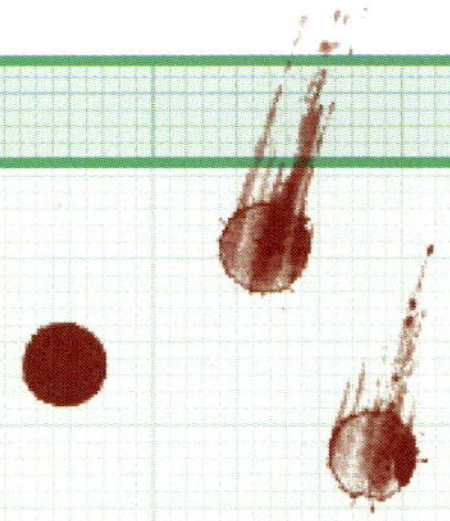

RUNDE TROPFEN *entstehen, wenn das Blut langsam, also mit geringer Kraft, senkrecht herabtropft.*

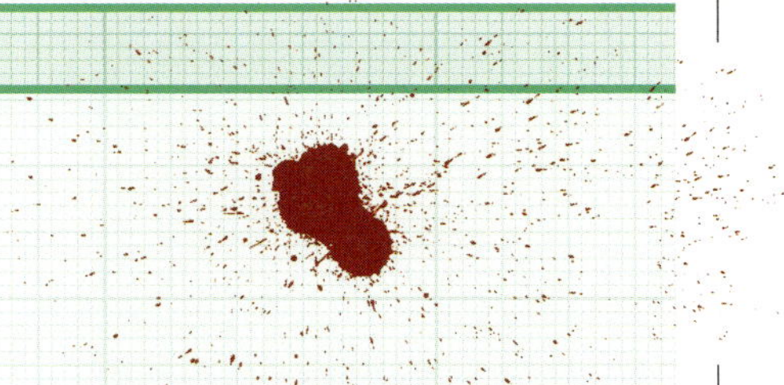

EIN KERN MIT FEINEN SPRITZERN *entsteht, wenn Blut schnell oder aus großer Entfernung herabfällt.*

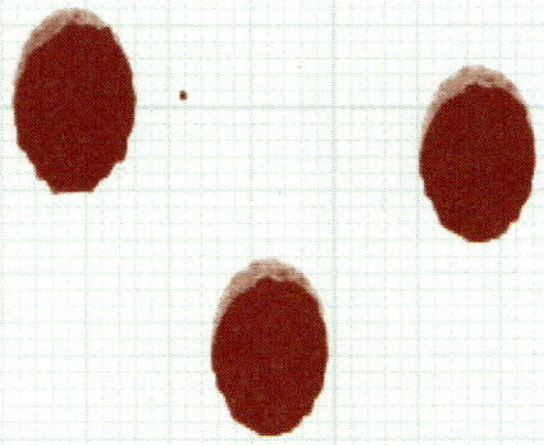

EINE ELLIPSE *entsteht beim Auftreffen auf eine schräge Fläche (eine Formel klärt den Winkel).*

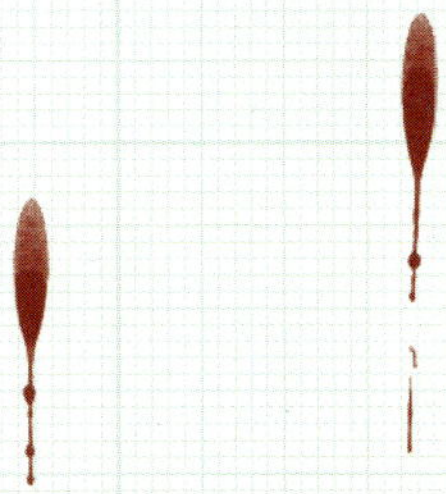

SPRITZER *mit »Nase« besagen, dass das Blut im 30-Grad-Winkel (oder weniger) aufgetroffen ist.*

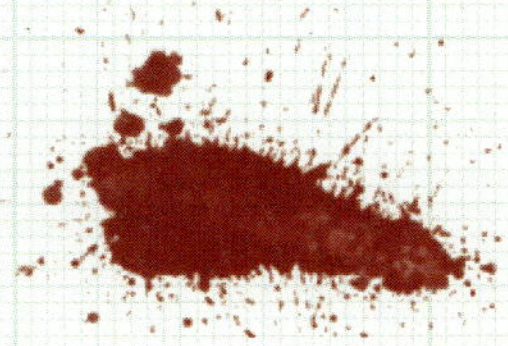

BLUTSTRAHLEN *bilden typische Muster, wenn das Blut aus einer Arterie gespritzt ist.*

BLUTLACHEN *weisen darauf hin, dass das Opfer bewegungslos lag, bevor der Tod eintrat.*

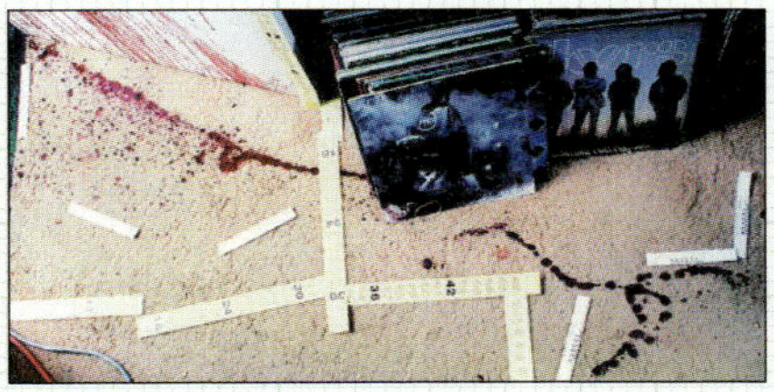

BLUTSPUREN IN FOLGE *zeigen an, in welche Richtung ein verletztes Opfer sich bewegt hat.*

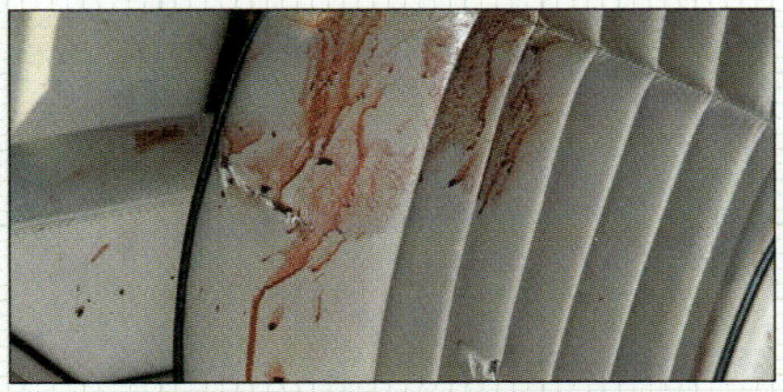

SCHMIERSPUREN *zeigen an, dass etwas Blutbeflecktes gegen eine Fläche gepresst wurde.*

Klebestreifen, um den Abstand zu messen. Inzwischen haben Computerprogramme diese Aufgabe übernommen, die auch die Schwerkraft berücksichtigen, sodass man die keineswegs gradlinige Flugbahn des Blutstropfens wesentlich präziser berechnen kann.

Welche Waffe wurde benutzt?

Blutspuren können Auskunft darüber geben, welche Waffe benutzt wurde, dies gilt vor allem bei Stich- und Schlagwaffen. Blutspuren, die durch Messerstiche zustande kamen, bilden ein anderes Muster als der Schlag mit einem Baseballschläger, bei dem das Blut weiter spritzt. Verlauf und Aufprallwinkel der Spur zeigen, ob der Täter ein Rechts- oder Linkshänder war. An der Menge und Verbreitung des Blutes lässt sich viel über die Wucht des Angriffs ablesen – oder auch, ob die Spur von blutbefleckten Händen beziehungsweise Gegenständen stammt.

Aussagekräftig ist auch das Fehlen von Blutspritzern. Ein blutfreier Bereich, zum Beispiel an einer blutbefleckten Wand, kann signalisieren, dass sich zwischen der Quelle des Blutes (in der Regel das Opfer) und der Spur irgendetwas befand (ein Gegenstand oder vielleicht der Täter). Ist dieses »Zwischenstück«, das logischerweise Blutspritzer tragen muss, am Tatort nicht ersichtlich, ist es häufig genau das fehlende Stück im Ermittlungspuzzle.

ANALYSE VON BLUTSPURMUSTERN►
Um den Weg zum Ausgangspunkt der Blutspuren zurückverfolgen und den Aufprallwinkel berechnen zu können, bringen die Ermittler mithilfe von farbigen Klebestreifen verschiedene Markierungen an der betroffenen Wand an.

Rote, miteinander verbundene Linien zeigen Ausgangs- und Endpunkt der Spur an.

Schmierspur von einer blutigen Matratze, die an die Wand gelehnt wurde.

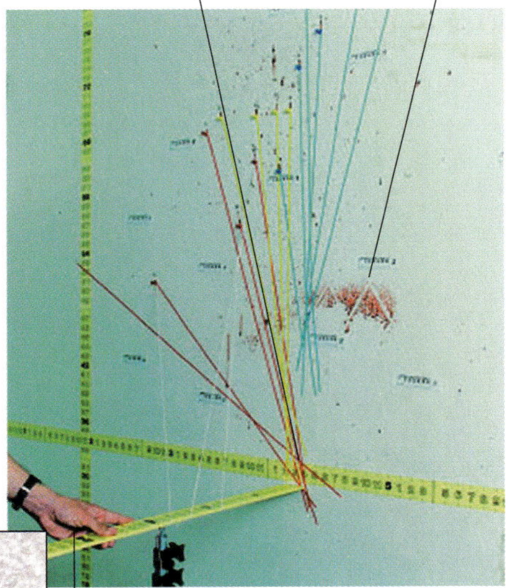

Die Verlängerung der weißen Linie vermittelt den Winkel, in dem das Blut auf die Wand gelangt ist.

Die Ellipsenform des Blutstropfens zeigt die Richtung an, aus der Blut kam.

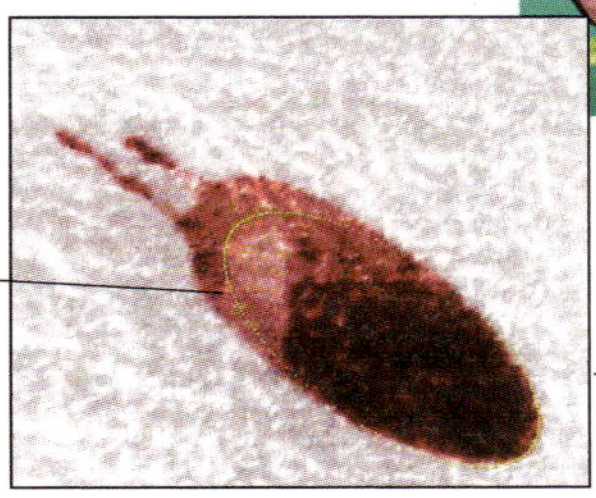

Verräterisches Blut

Um sich gegen eine bösartige Messerattacke zu wehren, schoss ein Farmer zweimal mit seiner Flinte vom Kaliber 12. Es schien, als handele es sich um den schaurigen, tragischen Höhepunkt einer lokalen Hasskampagne. Doch die Ermittler schauten sich die Blutspur auf dem Küchenfußboden näher an – und vertieften sich in den Fall.

Mit losem Kiefer und glasigen Augen steckte der Schafskopf auf dem Zaun der Widden Hill Farm in den Cotswolds. Auf dem daran befestigten Zettel stand: »Du bis der Nächste.« Der Farmer Graham Backhouse empfand das als eindeutige Drohung und brachte das grässliche Corpus delicti direkt zur Polizei. Er schimpfte lauthals über frühere anonyme Briefe und Anrufe und den Rachefeldzug des Dorfes gegen ihn. Die Polizei konnte wenig unternehmen, zumal sie das Ganze als Dorfkrach ansah.

◄**BOMBENOPFER**
Die durch die Bombe ihres Gatten verstümmelte Ehefrau von Backhouse ließ sich scheiden: wegen ungebührlichen Verhaltens.

Doch der »Krach« nahm eine andere Wendung. Zehn Tage später, am 9. April 1984, sprang das Auto von Margaret Backhouse nicht an, deshalb nahm sie für die Fahrt nach Horton (das nächste Dorf) den Volvo ihres Mannes. Als sie den Zündschlüssel drehte, ging unter dem Fahrersitz eine Bombe hoch und riss ihr den halben Schenkel weg.

Rohrbombe

Gemäß den polizeilichen Untersuchungen bestand die Bombe aus einem Rohrstück, Nitroglyzerin und dem Schrot von acht Flintenpatronen. Jemand hatte sie so platziert, dass die Hauptwirkung nach oben ging, und nur durch ein Wunder blieb Mrs Backhouse am Leben.

Augenscheinlich hatte der Anschlag Graham Backhouse gegolten. Die Polizei befragte ihn, wen er für verantwortlich halte. Zunächst bestritt er, irgendwelche Feinde zu haben, doch schließlich fielen ihm zwei Leute ein, die vielleicht einen Groll gegen ihn hegten. Der eine war ein Steinbrucharbeiter, mit dessen Frau Backhouse geflirtet hatte. Bei dem anderen handelte es um einen Nachbarn, den Schreiner Colyn Bedale-Taylor, der mit Backhouse über ein Wegerecht gestritten hatte.

SCHNITTE VERRIETEN DIE SCHULD▲
Graham Backhouse war ein erfolgreicher Friseur, bevor er aufs Land zog. Doch dieser Beruf bereitete ihn nicht auf das harte Leben auf einer Farm vor.

Notwehr

Die Polizei gewährte Backhouse rund um die Uhr Personenschutz. Doch nach einer knappen Woche rief der Farmer sie an und beendete seinen Schutzstatus mit der Begründung, auf sich selbst aufpassen zu können. Aus Sorge um seine Sicherheit installierte die Polizei einen Notrufknopf in seinem Haus, der direkt mit der Wache verbunden war.

DIE TODESFALLE▼
Backhouse hat angeblich die Bombenexplosion und die Schreie seiner Frau nicht bemerkt, weil er in einer etwas abseits gelegenen Scheune Radio hörte.

Als Backhouse am 30. April den Knopf drückte, rasten Polizisten zur Widden Hill Farm. Dort fanden sie Bedale-Taylor, durch zwei Schüsse getötet, mit einem Teppichmesser in der Hand. Backhouse blutete aus Schnitten im Gesicht und der Brust. Unter verängstigtem Schluchzen erzählte er die Geschichte: Bedale-Taylor tauchte auf und wollte einen Stuhl reparieren. Backhouse erklärte ihm, es gäbe nichts zu reparieren. Dann gestand der Schreiner, das er die Autobombe gelegt hatte. Während er schrie, Gott sende ihn, griff er den Farmer mit einem Messer an.

Backhouse behauptete, er sei aus der Küche geflohen, um seine Schrotflinte zu holen, und er habe schließlich zweimal

Der Drohbrief, den Backhouse an sich selber schrieb, war ein Teil seines Plans, eine Schikanierung vorzutäuschen.

aus Notwehr geschossen. Die Durchsuchung von Bedale-Taylors Werkstatt erhärtete die Geschichte von Backhouse: Die Ermittler fanden ein Stück Rohr, das zur improvisierten Bombe im Volvo passte.

Hinweise aus Blut

Die Untersuchungen der Spurensicherung auf der Widden Hill Farm weckten Zweifel an dem Bericht des Farmers. Vor allem die Verteilung des Blutes in der Küche war aufschlussreich. Hätte es, wie Backhouse behauptete, einen heftigen Kampf gegeben, wäre das Blut in typischen länglichen Spuren verspritzt worden. Doch am Küchenfußboden gab es nur kreisförmige Tropfen, die typisch sind, wenn Blut aus einer Wunde tropft. Ein umgestürzter Stuhl bedeckte einige der Spuren, was auf eine nachträgliche Platzierung schließen ließ. Noch verräterischer war, dass keine Blutspur vom Flur in die Küche führte – auf dem Weg, den der verwundete Backhouse angeblich genommen hatte, um seine Flinte zu holen.

Weitere Widersprüche tauchten auf. So hatte der Tote sein Messer in der Hand, der forensische Pathologe, der die Autopsie vornahm, erklärte aber, es müsse beim Sturz herabgefallen sein. Auch die Wunden von Backhouse waren seltsam. An seinen Händen gab es keine Verletzungen und die Schnitte vom Hals zur Taille zeigten, dass er still gestanden und sich nicht gegen seinen Angreifer gewehrt hatte.

Versicherungsbetrug

Die weiteren Ermittlungen ergaben noch mehr verwirrende Fakten. Das Konto von Backhouse war total überzogen. Seine Unfähigkeit als Farmer bescherte ihm in zwei aufeinander folgenden Jahren Missernten. Im März 1984 hatte er die Lebensversicherung für seine Frau verdoppelt. Ihr Tod hätte alle seine Schulden beseitigt.

Graham Backhouse wurde des Mordes an Colyn Bedale-Taylor und des versuchten Mordes an seiner Frau beschuldigt. Beim Prozess zeichnete der Staatsanwalt das Bild eines zynischen, intriganten Killers, der wegen einer Lebensversicherung den Tod seiner Frau in Kauf nahm. Und der nicht zögerte, seinen Nachbarn zu töten und sich selbst zu verletzen, um nicht wegen des Bombenanschlags unter Verdacht zu geraten.

Die Ermittler bewiesen, dass auch der Schafskopf zum Plan gehörte. Die Schrift auf dem Drohbrief war so gut verstellt, dass Experten sie nicht als Handschrift von Backhouse identifizieren konnten. Doch ein auf dem Blatt durchgedrücktes Gekritzel passte perfekt zum Gekritzel auf einem Block auf der Widden Hill Farm.

Backhouse bestritt den Mord. Doch der gnadenlose Killer erhielt am 18. Februar 1985 zweimal lebenslänglich. Neun Jahre später starb er an einem Herzanfall.

DAS SCHILD EINES MÖRDERS▲
Trotz des optimistischen Schildes hatte Backhouse nichts als 70000 Pfund Schulden mit seiner Farm »erwirtschaftet« – und das war sein Mordmotiv.

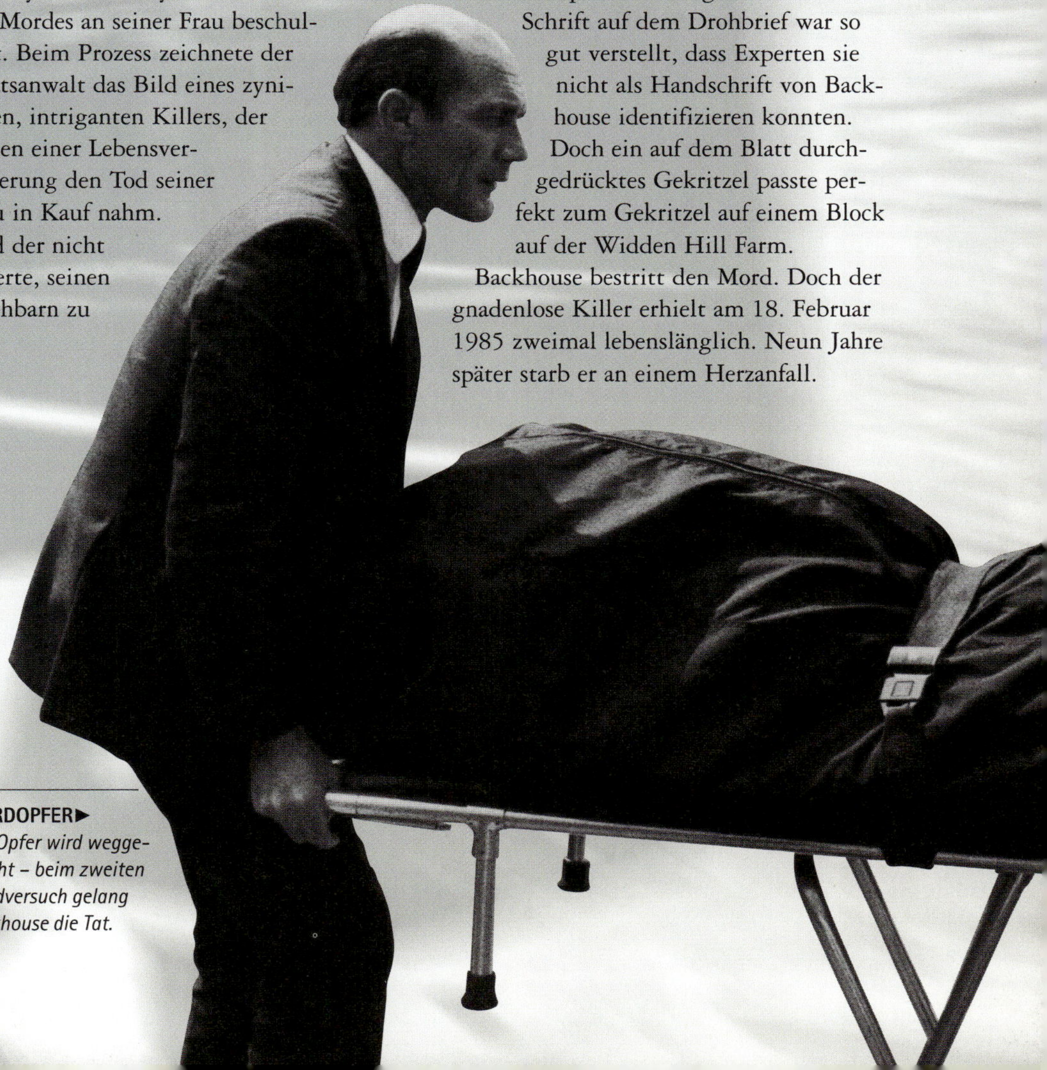

MORDOPFER►
Das Opfer wird weggebracht – beim zweiten Mordversuch gelang Backhouse die Tat.

Verräterische Spuren

Mit seinem Motto »Jeder Kontakt hinterlässt eine Spur« stellte der Forensiker Edmond Locard 1920 einen Grundsatz auf, der auch heute noch bei jeder Ermittlung gilt. Täter können es nicht vermeiden, am Tatort Spuren zu hinterlassen – und sie nehmen auch fast immer Beweise, dass sie dort waren, mit nach Hause.

RASTER-ELEKTRONENMIKROSKOP ▼
Dieses Mikroskop »beschießt« speziell vorbereitete Proben mit Elektronen und zeigt winzige Oberflächendetails – bis zu einem Nanometer, das ist 100 000-mal schmaler als ein Haar (kleines Bild: eine Wollfaser).

Locards Prinzip ist einfach und hat einen tiefen Sinn. Ganz gleich, wie vorsichtig Täter vorgehen, sie schaffen es nicht, einen Tatort genauso zu verlassen, wie sie ihn vorgefunden haben. Immer hinterlassen sie irgendetwas, das zu ihrer Identifizierung führen kann. Ebenso trifft es zu, dass der Schuldige nicht verhindern kann, dass er Spuren forträgt, die ihn mit dem Verbrechen in Verbindung bringen.

Als Locard diese Ideen 1920 zum ersten Mal aussprach, wusste man nichts über die DNA. Er konnte sich nicht vorstellen, dass ein Nanogramm Blut – ein Vierzigmillionstel Tropfen – ausreicht, um einen Täter eindeutig zu identifizieren. Locard dachte an Spuren wie Haare, Farbflecken, Staub, Erde, Fasern und Glaspartikel – die winzigsten Dinge, die meist übersehen wurden.

Locard hatte sein Prinzip längst in der Praxis erprobt, bevor er es formulierte. 1912 löste er den Fall des Emile Gourbin, eines Bankangestellten, der verdächtigt wurde, seine Freundin erwürgt zu haben. Gourbin schien für die Mordzeit über ein wasserdichtes Alibi zu verfügen, doch Locard fand unter seinen Fingernägeln winzige Hautpartikel. Und diese Partikel wiesen Spuren vom rosafarbenen Puder am Hals der toten Frau auf. Mit diesen Beweisen konfrontiert, gestand Gourbin.

Zu Locards »Spurenprogramm« gehörte alles, von Hautpartikeln bis zu Schmauchspuren. Heutzutage bearbeitet man derartige Spuren separat in spezialisierten Bereichen, etwa in der Ballistik.

EDMOND LOCARD
Der geniale französische Forensiker studierte Medizin und Jura, bevor er mit 33 Jahren ein Polizeilabor eröffnete. In seinem der Kriminologie gewidmeten Leben besaß er großen Einfluss, sowohl durch seine praktische Arbeit als auch als Wissenschaftler, Autor und Dozent.

Edmond Locard
1877–1966

Wie findet man manche Spuren?

Charakteristisch für Spuren, wie sie Locard untersuchte – Fasern, Haare, Farben, Lacke, Erde und Pflanzenteile –, ist ihre Unbestimmtheit und Vergänglichkeit. Die Kleider eines Täters nehmen am Tatort Staub und Fasern auf, aber diese fallen innerhalb von Stunden einfach ab. Fast den ganzen Rest entfernt sorgfältiges Abbürsten. Mit dem bloßen Auge ist diese Art von Spuren nicht zu entdecken. Das heißt, die Spurensicherung muss am Tatort etwas finden, was sie nicht sehen kann. Dank ihrer Erfahrung wissen die Ermittler aber, wonach sie suchen und wo sie es finden können. An Kleidung bleiben die belastenden Spuren etwa an den Säumen und Taschen hängen, auch wenn alles andere makellos scheint.

Wie sammelt man winzige Spuren?

Das Einsammeln winziger Spuren erfordert genauso viel Geschick und Geduld wie ihr Auffinden. Größere Teilchen lassen

GENAUER ALS EINE LUPE

Mikroskope sind in der modernen Forensik unverzichtbar. Je nach Art der Beweise benötigt man unterschiedliche Geräte – angefangen von solchen, die Oberflächendetails untersuchen, bis hin zu anderen, die durch die Proben hindurchsehen.

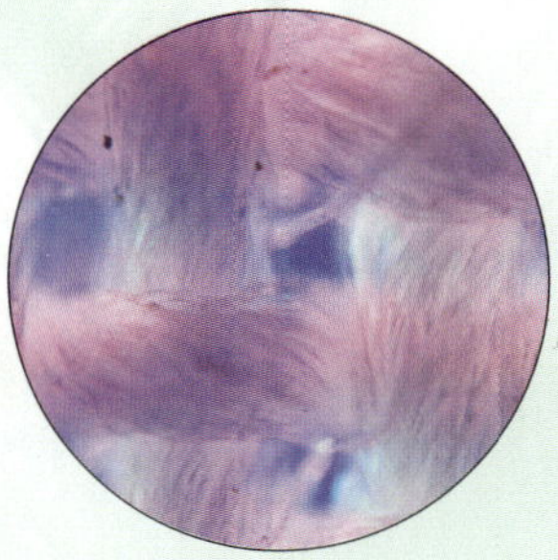

LICHTMIKROSKOPE ▲
Mit Lichtmikroskopen können Ermittler buchstäblich in die Proben hineinschauen. Es gibt Auflicht- und Durchlichtmikroskope.

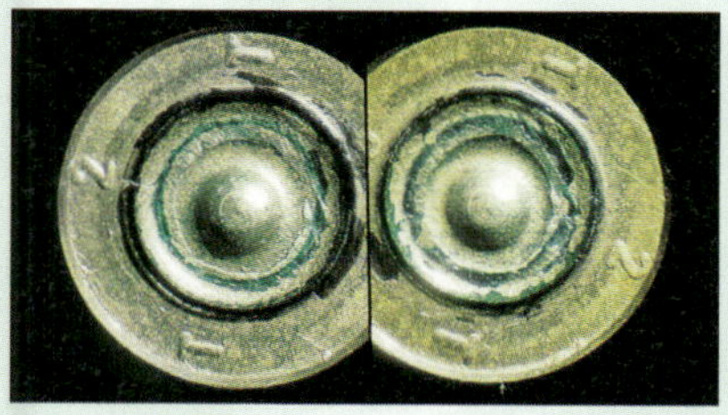

STEREOMIKROSKOPE ▲
Das doppelte optische System dieser Mikroskope projiziert die Bilder von zwei verschiedenen Proben in ein Okular und vereinfacht bzw. ermöglicht so den Vergleich.

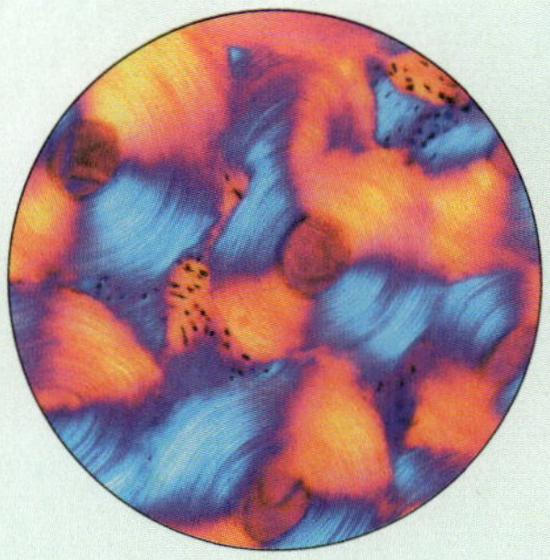

POLARISIERTES LICHT ▲
Ein Filter, der Licht polarisiert, lässt nur Strahlen durch, die in einer Ebene schwingen. Ein Paar gekreuzter Filter blockiert alles Licht. Partikel, die auf dem Mikroskop dazwischenliegen, streuen und färben das Licht und zeigen so deutlich die Struktur.

sich mit der Hand oder Pinzette aufnehmen, wobei eine Lupe in diesem Fall tatsächlich gute Dienste leistet.

Spezielle Staubsauger sammeln kleinere Spuren ein: Sie saugen das Material für eine spätere Analyse in einen Filter, der ausgetauscht und registriert wird, sodass man nachvollziehen kann, wo am Tatort das Material gefunden wurde.

Kleine Bereiche werden mit einem Klebeband systematisch abgetupft, um die Spuren aufzunehmen. Größere Objekte stecken die Ermittler in fest verschließbare Beutel und nehmen sie mit. Im Labor können dann auch die kleinsten Spuren unter kontrollierten Bedingungen entfernt werden. Fachgerechtes Waschen und Schaben zum Beispiel enthüllt Spuren, die man ansonsten übersehen hätte.

Wie die Spuren untersucht werden

Damit winzige Spuren ihre Geheimnisse preisgeben, müssen sie sehr genau untersucht werden. Dabei sind Mikroskope die wichtigsten Hilfsmittel. Sie besitzen einige große Vorteile gegenüber anderen Analysemethoden: Sie zerstören nichts – ein wichtiger Punkt bei winzigen Spuren. Meist müssen die Proben nicht vorbereitet werden. Häufig kann nur das Mikroskop zwischen verschiedenen winzigen Spuren unterscheiden. Kein chemischer Test zeigt, in welcher Reihenfolge Farben auf eine Oberfläche aufgetragen wurden. Doch unter dem Mikroskop kann man die Reihenfolge der einzelnen Schichten in vielen Fällen perfekt erkennen.

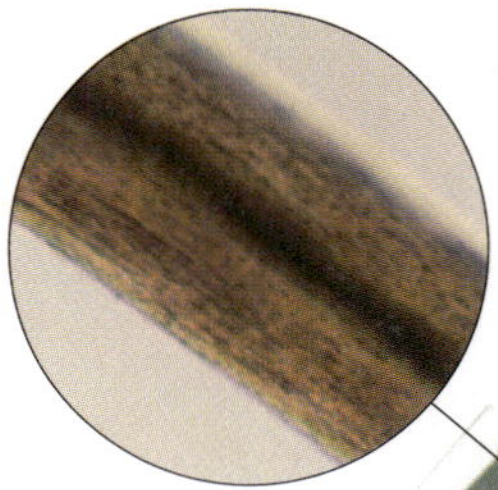

◄ Stündlich fallen uns drei bis vier Haare aus; das Mikroskop zeigt Haarfarbe und -struktur, die einen Verdächtigen dem Tatort zuordnen.

▲ Gewaltsames Eindringen hinterlässt viele Spuren. Ein Farbfleck auf der Kleidung ist durch Farbe, Zusammensetzung und Schichtung leicht zuzuordnen.

▲ Die Fasern von Kleidung sind typisch – sie gehen leicht ab. Aber tausende können an einem Kissen hängen bleiben, wenn man auf einem Stuhl sitzt.

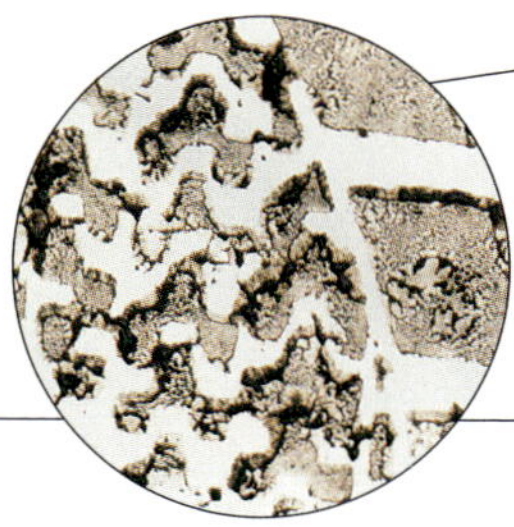

◄ Schuhe hinterlassen nicht nur Spuren, sie nehmen auch Partikel, zum Beispiel von Glas, vom Tatort mit.

▽ NACHLACKIERTE STELLE AN EINEM AUTO

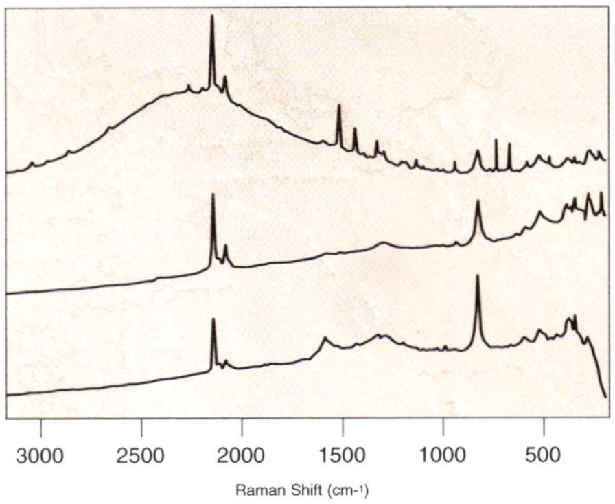

FARBVERGLEICH ▲
Ein Mikrospektrophotometer kann zwei Farbmuster derselben Farbe unterscheiden. Es untersucht die Zusammensetzung beider Farben und stellt sie als Linie mit Spitzen dar. Der Ausdruck oben zeigt drei Proben, die nicht aus derselben Quelle stammen.

Fasern, Splitter & Co.

Forensikern können winzige Partikel von Glas, Fasern und Farbe aufregende Geschichten erzählen. Diese Materialien geben unserer alltäglichen Umgebung Farbe und Glanz. Ihre große Vielfalt ermöglicht es, anhand von winzigen Spuren eine Verbindung zwischen dem Tatort oder dem Opfer und dem Verdächtigen herzustellen.

Eine Farbmusterkarte für Wandfarben vermittelt eine Vorstellung von der Farbvielfalt, die allein ein Hersteller anbietet. Nimmt man die verschiedenen Marken hinzu, wird klar, dass schon ein kleiner Fleck bei einem Verdächtigen, der mit einer Farbe am Tatort übereinstimmt, eine Verbindung zwischen beiden nahe legt – auch wenn die Zuordnung zeitaufwändig ist. Stimmen verschiedene Schichten überein, ist die Verbindung fast zwingend.

Autolacke der einzelnen Hersteller und Modelle unterscheiden sich stark. Wenn ein Muster von einem Unfallort mit einer Probe vom Auto eines Verdächtigen übereinstimmt, stehen die Chancen 1:16 000, dass es sich um das richtige Auto handelt.

Aus der Nähe betrachtet

Selbst bei geringer Vergrößerung ist oft schon jede Schicht in einem Farbfleck deutlich erkennbar. Falls das Auge nicht ausreicht, macht Aufschneiden und Polieren eines Farbmusters die Schichtenfolge deutlicher. Zu den ausgefeilteren Analyseverfahren gehört die Mikrospektrophotometrie – dabei wird elektronisch die Wellenlänge der Energie von aufgenommenem und abgegebenem Licht gemessen.

Gibt es bei Verbrechen bereits Verdächtige, können Farbproben von diesen und vom Tatort abgeglichen werden. Farbe kann auch helfen, wenn man noch keine Spur hat. Die Polizei hat Datenbanken mit der Zusammensetzung von Auto-

SPUREN BEI FAHRERFLUCHT
Verkehrunfälle hinterlassen Spuren vom Opfer und von dem Auto. Splitter von Lack oder Scheinwerfern geben Hinweise ebenso wie Fasern von der Kleidung an der Karrosserie.

FASERARTEN

Ermittler untersuchen nicht nur die Herkunft von Fasern, sondern auch die Drehrichtung versponnener Fäden, die Dicke eines Fadens und die Bindung von Stoff.

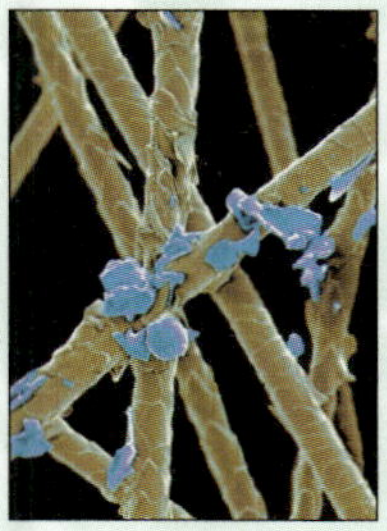

◄**TIERHAAR** *ist meistens feiner als Menschenhaar und unterscheidet sich von Art zu Art. Jedes dieser Katzenhaare ist mit charakteristischen überlappenden Schuppen bedeckt.*

►**SYNTHETISCHE FASERN** *sind unter dem Mikroskop weniger typisch als Naturfasern. Die Struktur kann sich zwar unterscheiden, aber durch die Art der Herstellung sind sie sehr einheitlich.*

◄**PLANZENFASERN** *haben typische Formen. Baumwolle (im Bild verwoben) ist bandförmig und gedreht. Leinenfasern sind knubbelig und laufen am Ende gut sichtbar spitz zu.*

►**WILDPFLANZEN,** *wie diese Brennnessel, sind leicht von den Blattfasern von Nutzpflanzen zu unterscheiden, doch nur Botaniker können die spezielle Art bestimmen.*

◄**GLASFASERN** *können durch die Art der Verarbeitung die Verwendung zeigen. In Mattenform (wie hier) dienen sie zur Verstärkung von Plastikstrukturen, zum Beispiel von einem Schiffsrumpf.*

LICHTBRECHUNG►
Der Brechungsindex kann Glassplitter mit einer zerbrochenen Scheibe am Tatort verbinden. Um die Brechung zu messen, legen Techniker den Splitter in ein Öl, dessen Brechungsindex sich beim Erhitzen ändert. Bei der richtigen Temperatur verschwindet das Glas fast vollkommen.

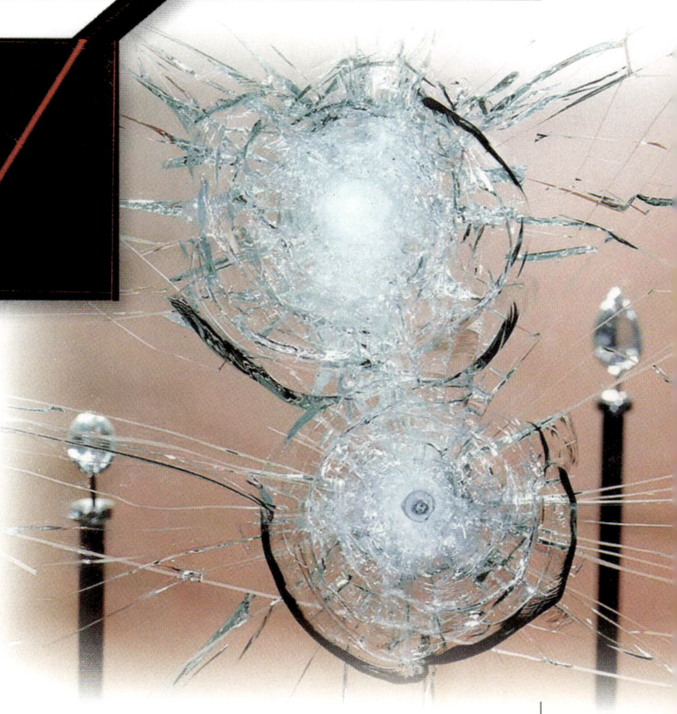

lacken und kann so bei einem Unfall mit Fahrerflucht Automarke, Modell und sogar das Baujahr feststellen. Mitunter lässt sich ein Farbsplitter wieder genau an der Stelle einpassen, wo er abgesprungen ist. Solche Übereinstimmungen sind wichtige Beweise.

Klarer Durchblick

Glassplitter passen oft ähnlich wie Farbstückchen als Teile in ein Puzzle. Wenn das nicht möglich ist, versuchen die Ermittler mithilfe des Brechungsindex und der Dichte der Glasprobe eine Entsprechung zu finden (siehe oben). Verschiedene Glasarten brechen das Licht unterschiedlich stark.

Zur Messung der Dichte vergleicht man das Glas mit zwei Flüssigkeiten von verschiedener Dichte. Glas treibt auf jener mit der größeren Dichte und sinkt in der anderen. Die Techniker mischen daher die Flüssigkeiten so lange, bis das Glas schwimmt. Anschließend berechnen sie die Dichte des Glases aus dem Mischungsverhältnis der beiden Flüssigkeiten.

Wenn beide Verfahren bei mehreren Glasproben zu einer Übereinstimmung führen, suchen die Ermittler in einer umfangreichen Datenbank, wie häufig oder selten dieser Glastyp ist.

Passende Fasern

Für das bloße Auge sehen die meisten Fasern in derselben Farbe gleich aus. Doch unter dem Mikroskop zeigen sich erstaunliche Unterschiede. Naturfasern variieren stark im Querschnitt. Tierische Fasern tragen Schuppen an der Oberfläche und sind verschieden dick.

Es gibt eine Vielzahl synthethischer Fasern, die an ihrer Löslichkeit und ihrem Schmelzpunkt zu unterscheiden sind, ebenso wie an optischen Eigenschaften wie dem Brechungsindex, ihrer Form und ihrer chemischen Zusammensetzung.

Die Farben eines Materials ermöglichen weiterführende Unterscheidungen. Durch eine Analyse der Bestandteile mittels der Dünnschichtchromatographie (siehe Seite 82) oder der Mikrospektrophotometrie können die Ermittler ansonsten identische Fasern unterscheiden.

Häufig oder selten?

Partikel von Glas, Farben und Fasern haben Ermittlern schon in vielen Fällen wichtige Spuren geliefert. Das Einsammeln solcher Partikel ist alltägliche Polizeiarbeit. Man muss jedoch daran denken, dass ihr Wert als Beweismittel davon abhängt, wie häufig sie vorkommen. Eine einzige ungewöhnliche Faser kann ausreichen, um einen Täter zu verurteilen, während ungefärbte Baumwolle so häufig ist, dass sie am Tatort kaum beachtet wird.

◄**MENSCHENHAAR**
Unter dem Mikroskop zeigt der Querschnitt eines menschlichen Haares, wo es wuchs. Achselhaare sind oval, Barthaare dreieckig, Haupthaare rund. Brauen und Wimpern laufen spitz zu.

Rätselhafte Fasern

Im Sommer 1979 fand man in Atlanta mehrere Leichen erwürgter Kinder. Die Polizei dachte zuerst nicht an einen Serienkiller. Nachdem es innerhalb von zehn Monaten 30 Opfer gab, forderten verängstigte Eltern polizeiliche Maßnahmen. Am 22. Mai 1981 sah ein Wachposten einen Mann, der etwas Schweres in den Fluss Chattahoochee warf.

KINDERMÖRDER▼
Die nachsichtigen Eltern von Wayne Williams finanzierten seine Karriere als Musikpromoter. Doch der Sohn war nicht in der Lage, Talente zu erkennen, und er versprach immer viel mehr, als er halten konnte.

Kurz vor der James-Jackson-Brücke wurde Wayne Williams im Auto von der Poizei angehalten und gefragt, wohin er freitagsmorgens um 2 Uhr wollte. Der Musikpromoter erklärte, er suche das Haus einer jungen Frau, die er promoten wolle. Was er in den Fluss geworfen habe? »Abfall«, sagte er. Die Polizei schöpfte weiteren Verdacht, als er eine falsche Adresse und Telefonnummer der Sängerin angab. Die Durchsuchung seines Autos förderte ebenso wenig Belastendes zutage wie die Suche unter der Brücke im Fluss. Doch die Polizei beschattete Williams anschließend, weil sie seine Geschichte nicht glaubte.

Am Sonntag wurde eineinhalb Kilometer flussabwärts die Leiche von Nathaniel Cater angespült. Er war einige Tage zuvor als vermisst gemeldet worden. Man hatte ihn erstickt. Er war nackt, aber in seinem Haar hing ein einzelner Nylonfaden.

Eine Faser als Verbindung

Einige Monate zuvor hatten kriminaltechnische Experten im Georgia State Crime Laboratory entdeckt, dass Faserspuren die Morde verbanden. Die frühesten Opfer waren bekleidet gewesen; eine Untersuchung der Kleidungsstücke hatte ergeben, dass an allen die gleiche Art Faden hing – eine grobe gelblich grüne Faser. Unter dem Mikroskop sah man, dass alle Fasern einen gelappten Querschnitt besaßen, wie er für Möbelstoff oder Teppiche typisch ist.

Zunächst führte das Ganze in eine Sackgasse, weil man die Herkunft der Fasern nicht herausfand. Und als die Presse die Information aufgriff, änderte der Killer von Atlanta seine Gewohnheiten. Zwar erwürgte oder erstickte weiterhin seine Opfer, aber er entkleidete sie und warf sie ins Wasser, um verräterische Textilfasern zu beseitigen.

Der Nylonfaden in Caters Haar war gelbgrün – mit gelapptem Querschnitt.

Übereinstimmungen

Am 3. Juni 1981 durchsuchte die Polizei das Auto von Williams und das Haus, in dem er mit seinen Eltern lebte, und nahm Hunderte von Fasermustern.

Am Abend arbeitete der Ermittler Larry Peterson lange im Labor und verglich die Fasern von den Opfern mit denen, die man bei der Durchsuchung sichergestellt hatte. Dabei machte er aufregende Entdeckungen. Die Tierhaare, die bei einigen Opfern gefunden wurden, stammten von Williams Schäferhund. Außerdem waren die Fasern auf der Kleidung der meisten Opfer identisch mit denen einer Tagesdecke in Williams Elternhaus. Und die gelbgrünen Fasern stimmten mit dem olivfarbenen Teppichboden überein.

In den frühen Morgenstunden telefonierte Larry mit Hal Deadman, einem Spezialisten des FBI für mikroskopische Untersuchungen, der auch an dem Fall arbeitete. »Es gibt Übereinstimmungen, komm besser her«, sagte er.

TOTER IM FLUSS▼
Am 30. März 1981 holte die Polizei von Atlanta die Leiche des 13-jährigen Timothy Hill aus dem Fluss. Er war das letzte Kind, das dem Killer zum Opfer fiel, die weiteren Ermordeten waren junge Männer.

Hal kam, und gemeinsam untersuchten die beiden Männer die Fasern. »Larry und ich waren überzeugt, dass jemand aus dem Umfeld der Familie Williams mit den Morden zu tun hatte«, erzählte er später.

Wahrscheinlichkeitsrechnung

Die Ermittler wussten, dass die Beweiskraft der Fasern davon abhing, wie häufig sie waren. Also suchten sie nach dem Hersteller und fanden die Firma Wellman, die das Nylongarn 181B zwischen 1967 und 1974 produzierte. Mehrere Teppichhersteller hatten es verarbeitet, aber nur einer färbte es gelbgrün. 1970 und 1971 hatte die West Point Pepperell Corporation aus gelbgrünem Garn 181B die Auslegware Luxaire English Olive gefertigt, allerdings nur 13 710 Quadratmeter – das entsprach nicht einmal der Größe von zwei Fußballplätzen. Aus den Verkaufszahlen und der durchschnittlichen Zimmergröße schlossen Larry und Hal: Die Chance, dass sich diese Auslegeware in einem Haus in Atlanta befand, lag bei 1:7792 – eine gute Quote.

Die anderen Fasern brachten ebenfalls beweiskräftige Resultate. Rayonfäden, die zum Teppich in Williams 1970er Chevrolet passten, fand man bei vier Opfern. Nur 680 Autos in Atlanta besaßen einen solchen Teppich. Und die Chance, dass diese Fasern zufällig auf die Kleidung der Opfer geraten waren, lag bei 1:3828. Die beiden zweifelsfreien Glieder der Wahrscheinlichkeitsrechnung sprachen mit 29 Millionen:1 gegen ein zufälliges Zusammentreffen beider Fasern.

An einigen der Opferleichen fanden sich zehn verschiedene Fasern, die alle irgendwo im Haus der Williams eine Entsprechung fanden. So viele Zufälle konnte es einfach nicht geben!

Augenzeugen

Inzwischen beteuerte Wayne Williams vehement seine Unschuld – in einer hochkarätig besetzten Pressekonferenz. Doch genau das war ein folgendschwerer Fehler. Die Publicity führte dazu, dass sich mehrere Zeugen meldeten, die Williams mit manchen der Opfer gesehen hatten. Einige Tontechniker erinnerten sich sehr genau an tiefe Kratzer an Williams Unterarmen – genau solche, wie sie Strangulierungsopfer im Todeskampf ihrem Mörder zufügen.

Anfangs zögerte die Staatsanwaltschaft in Atlanta, einen Fall vorwiegend auf Faserspuren aufzubauen, weil sie befürchtete, die doch sehr komplizierten technischen Beweise würden die Geschworenen verwirren. Dennoch versuchte sie es, denn eine Verurteilung war wünschenswert.

Wayne Williams konnten zwei Morde nachgewiesen werden, für die er zu zweimal lebenslanger Haft verurteilt wurde.

DIE VERHAFTUNG ▼
Die Polizei fand genug Beweise gegen Williams, obwohl er und sein Vater das Haus und das Auto gesäubert und verräterische Fotos in einem Grill im Hof verbrannt hatten.

DER FLUSS CHATTAHOOCHEE ▲
Wayne Williams behauptete, dass der Fluss die Fasern an die Opfer gespült hätte. Doch die verräterischen Fasern fanden sich auch an Opfern, die an Land abgelegt worden waren.

Erde, Staub & Samen

Staub bürsten wir von unseren Schuhen und saugen ihn aus unserer Wohnung. Nach einem Verbrechen bekommen Staub oder Schmutz für Ermittler jedoch eine besondere Bedeutung. Sie können Fasern und andere Partikel enthalten, die Hinweise auf den Beruf, die Hobbys, die Fortbewegung oder das Verhalten eines Verdächtigen liefern.

Von Staub und Schmutz nehmen wir nur Notiz, wenn es gilt, ihn zu entfernen. Ihre Zusammensetzung interessiert uns eigentlich wenig. Aus forensischer Sicht bilden sie nach einem Verbrechen jedoch häufig einen Schwerpunkt der Ermittlungen, weil sie aussagekräftige Spuren wie Fasern oder Hautschuppen enthalten können, die möglicherweise zum Aufspüren des Täters führen. Dies alles trifft auch auf die Erde im Freien zu, in der verräterische Partikel von Textilien oder Baumaterialien stecken können.

Proben sammeln und auswerten

Am Tatort verwendet die Spurensicherung Klebestreifen, um feinen Staub von kleinen Oberflächen aufzunehmen. Für Teppiche oder Autositze kommt ein forensischer Staubsauger zum Einsatz (siehe Foto gegenüberliegende Seite). Partikel von Kleidung werden meistens im Labor unter kontrollierten und sicheren Bedingungen abgenommen.

Eine komplette Analyse von Staub oder Erde ist sehr zeitaufwändig, aber in vielen Fällen auch gar nicht nötig. Meist brauchen die Ermittler die Antwort auf konkrete Fragen, wie »Stammt der Schlamm auf der Jeans eines wegen Vergewaltigung

PROBEN SAMMELN:

1. *Die Erde wird gesiebt, um darin enthaltene Partikel zu finden.*
2. *Grabstellen werden abgesteckt, um den Ursprung der Proben maßstabgerecht in eine Skizze zu übertragen.*
3. *Fähnchen markieren andere Spuren.*
4. *Hier entnehmen die Ermittler große Proben; für die Analyse sind aber meist nur ein paar Löffel voll nötig.*

BEWEISE IN DER ERDE

◄FARBE VON ERDE *vom Tatort und Verdächtigen kann gleich aussehen. Ob Erde identisch ist, lässt sich nur mikroskopisch klären.*

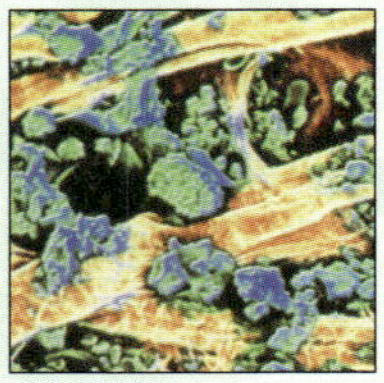

►ERDPARTIKEL *unterscheiden sich in der Größe. Die großen Körnchen sind Sand; die Lehmpartikelchen sind hier nicht sichbar.*

◄SAMEN *oder Pollen, die in der Erde überdauert haben, lassen sich anhand ihrer Form und Größe identifizieren.*

An Schuhsohlen haftet die Erde gut.

EIN GRAB VOLLER BEWEISE ▼
Entdeckt man Überreste eines Menschen, werden Erdproben gesammelt, um sie mit Material (Kleidung, Schuhe, Auto) von Verdächtigen abzugleichen. Die Erde kann Drogenrückstände und anderen Substanzen enthalten, die vom Körper des Opfers stammen.

Um die Erdprobe vor Verfälschungen zu schützen, gibt man sie in einen sauberen Behälter, der versiegelt wird. Die Entnahme von Proben am Tatort und von Verdächtigen erfolgt jeweils in frischer Schutzkleidung.

◄VORAUSSCHAUENDE SPURENSICHERUNG
Ermittler nehmen Proben, auch wenn sie nicht sicher sind, ob die Erde eine verwertbare Spur ergibt. Sobald die Spurensicherung vom Tatort abgezogen ist, wird die Erde durch Veränderungen als Beweis wertlos.

Verdächtigen vom Tatort?« Diese Frage zum Beispiel klären forensische Wissenschaftler durch den direkten Vergleich der beiden vorhandenen Proben. Sie analysieren die Farbe der Erde und vergleichen ihren pH-Gehalt. Mineralische Bestandteile, wie Quarz oder Kalk, geben Hinweise, ob die Erde übereinstimmt. Dies gilt auch für die Größe und Form der Erdpartikel. Die Körnchen von Sand am oder aus dem Meer sind größer als die von Wüstensand und unterscheiden sich deutlich in der Form.

Auch Pflanzenteile, wie Laub, Samen, Pollen oder Pilzsporen, bergen jede Menge Informationen in sich, die Ermittler auf die richtige Spur bringen können. So fand die australische Polizei 1960 in einem Entführungsfall den Schuldigen, weil sich am Körper des Opfers der Samen einer sehr seltenen Zypressenart befand. Genau diese Art wuchs im Garten des Kidnappers.

Pollen von der Kleidung vermutlicher Mörder haben schon geholfen, vergrabene Opfer zu finden. Anhand von Samen und Pollen lassen sich auch zeitliche Abläufe ablesen, weil sie von den Pflanzen nur zu bestimmten Zeiten abgegeben werden. So lässt sich im Idealfall nachweisen, ob und wann ein Täter an einem Tatort war.

HAUSSTAUB►
Die Vergrößerungen zeigen, wie verschieden der Staub in einzelnen Haushalten ist. Staubproben können daher gute Beweise sein. Diese Proben enthalten Tierhaare, Hautschuppen sowie Fasern von Kleidung und Teppichen.

Unter dem Mikroskop

Die erste Analyse von Staub und Erde erfolgt unter dem klassischen Polarisationsmikroskop. Sind mehr Details gefordert, verwendet man ein Raster-Elektronenmikroskop. Angesichts der Menge an unterschiedlichen Partikeln solcher Proben würde der mikroskopierende Laborant ein enzyklopädisches Gedächtnis benötigen, gäbe es nicht die Referenzwerke, die ihm zumindest bei den Standardauswertungen zur Seite stehen. Manche Labors bauen solche Werke im Lauf der Zeit selber auf.

Müssen die Ermittler noch stärker in die Tiefe gehen, kommen mikrochemische Verfahren und die Röntgenspektroskopie zum Einsatz.

Staubproben von drinnen

In den von draußen stammenden Erd- oder Staubproben lenken Mineralien, Samen, Pollen und Laub die Ermittler auf eine heiße Spur. Das gleiche kann mit Staubproben, die in Innenräumen entnommen wurden, geschehen.

Der Staub unterscheidet sich von Haushalt zu Haushalt und innerhalb eines Gebäudes von Raum zu Raum. Stammt er aus einem Badezimmer, enthält er Rückstände von Körperpflegemittel oder Kosmetikartikeln. In der Küche sind es Mehl und Gewürze. In Arbeitsräumen finden sich ebenfalls charakteristische Staubkombinationen, die sogar an den Menschen haften. Hefesporen lassen auf einen Brauer oder Bäcker schließen, Papierfasern und bestimmte Farben auf einen Drucker.

In den 1960er-Jahren überführte die Londoner Polizei einen Verdächtigen als Mörder einer Prostituierten. Man hatte herausgefunden, dass der Mann sich häufig in einer Autolackiererei aufhielt, wo Partikel der versprühten Farbe sich auf jedem Stäubchen ablagerten. Und diese Farbpartikel fand man an seiner Kleidung – und am Körper des Opfers.

FORENSISCHER STAUBSAUGER►
In einem Filter im Auffangbehälter wird der Staub für die spätere mikroskopische Untersuchung gesammelt.

Der Festina-Prozess

Radrennfahrer von Top-Teams wie Festina scheinen übermenschliche Energie und Ausdauer zu besitzen und ihre Dopingtests fielen nur selten positiv aus. Das schien alles zu schön, um wahr zu sein, und das war es auch. Die Geschichte begann aufzufliegen, als 1998 Zollbeamte einen Teammasseur auf dem Weg zur Tour de France anhielten.

WILLY VOET ▲
Willy Voet, der beim Prozess 54 Jahre alt war, galt einst als viel versprechender Radamateur, bis ihm das rasante Trainingstempo zu viel wurde.

Für die Zuschauer eines Radrennens wirkt das Feld der Führenden wie Farbblitze aus Lycra und Speichen. Die Fahrer sausen vorbei, stoppen nur sekundenlang, um ein Getränk von einem Betreuer entgegenzunehmen, bevor sie wieder entschwinden. Wer sie näher betrachten will, muss an der Ziellinie warten. Dort erscheinen die erschöpften Rennfahrer, die Übermenschliches geleistet haben, wie jeder andere Mensch. Aber wenn sie absteigen, beginnt für sie eine andere Art von Sport.

Die Superhelden des Radsports gehen zum Caravan der Doping-Tester, wo sie erfahren, wessen Urin gefragt ist. Die UCI (Union Cycliste Internationale) ist sehr wachsam in Bezug auf Dopingmittel wie Amphetamine, Schmerzmittel, Wachstumshormone und EPO (siehe rechts). So gehen die Ausgewählten einer nach dem anderen in den Wohnwagen und ziehen sich für den Test aus.

Die UCI überlässt nichts dem Zufall: Die Fahrer werden ständig beobachtet und sie tragen keine Kleidung, in der sie falsche Urinproben verstecken können. Und doch gibt es »Vorstellungen«, für die sich ein erstklassiger Zauberer nicht schämen müsste. Ein Fahrer, der etwas zu verbergen hatte, trug ein Kondom mit »sicherem« Urin in seinem After; der Minischlauch zwischen seinen Beinen war mit blondem Flaum besetzt, damit er weniger auffiel. Der Fahrer musste nur einen Stöpsel ziehen und seine Pobacken zusammenkneifen, um die »Zauberei« zu vollenden. Die Probe wurde sogar mit Körpertemperatur abgegeben – die Tester fanden nie etwas.

Es gab auch Tricks für Fahrer, die zu viel EPO genommen hatten. Um sie für den Test vorzubereiten, legten ihnen ihre Betreuer eine Infusion mit Salzlösung. In 20 Minuten war der Hämatokrit-Wert (Anteil der Erythrozythen im Blut) wieder unterhalb der entscheidenden 50 Prozent.

Die Teams behielten diese Machenschaften für sich. Für die Fans und die UCI war der Radsport sauber. Und die Betroffenen redeten sich das Doping auf allerlei Arten schön, wie Willy Voet, der Betreuer des Festina-Teams, der im Brustton der Überzeugung erklärte: »Dopingmittel machen niemanden zum Champion.« Solange einige Fahrer Dopingmittel nahmen, hieß es, müssten es alle tun – wegen des fairen Wettbewerbs. Welch ein Argument!

Die Fahrer bekamen ihre Spritzen zusammen mit der Massage am Abend vor dem Rennen. Mittel, die geschluckt werden mussten, vesteckte man in den Wasserflaschen oder der Kleidung.

Gefasst

Willy Voet erhielt Lieferungen mit »der allerneuesten Technik« aus Spanien und Portugal. Er transportierte sie in seinem Auto. An einem Mittwochmorgen im Juli 1998 hatte er einige Kühlboxen

FESTINA-MANAGER ▼
Festina-Manager Bruno Roussel bekam die härteste Strafe, weil er eine zentrale Rolle beim Kauf der Drogen und deren Verteilung an das Team spielte.

WILLY UND RICHARD ▶
Fahrer und Betreuer sind eng miteinander verbunden, so auch Voet und Virenque. Hier präsentiert Voet ein Foto, das Virenque signiert hat.

 FALLBEISPIEL FALLBEISPIEL FALLBEISPIEL FALLBEISPIEL

EPO

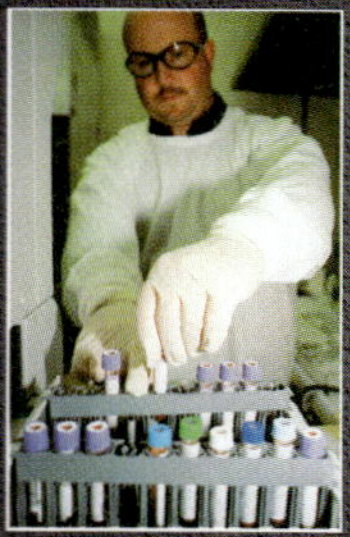

Im Festina-Prozess ging es vor allem um Erythropoietin, kurz EPO genannt. Es ist ein körpereigenes Hormon, das in der Leber produziert wird und die Bildung der roten – Sauerstoff transportierenden – Blutkörperchen im Knochenmark anregt. Zusätzliche rote Blutkörperchen sind im Ausdauersport wie dem Radfahren nützlich, weil sie mehr Sauerstoff in angestrengte Beinmuskeln befördern. Das Spritzen von synthetischem EPO gibt Radfahrern diesen wichtigen Kick. Der Vorteil ist, dass man die Einnahme dieses Mittels nicht nachweisen kann. Doch die Sache ist nicht harmlos: Ein hoher Anteil roter Blutkörperchen dickt das Blut ein und erhöht das Thromboserisiko. Da es keinen Test auf EPO gibt, führte die UCI 1997 Tests zum Hämatokrit-Wert ein, dem Anteil der roten Blutkörperchen im Blut – als Obergrenze gelten 50 Prozent.

mit Dopingmitteln im Festina-Teamfahrzeug, als er die belgisch-französische Grenze überqueren wollte. Da er auf einer ruhigen Nebenstraße fuhr, war er überrascht, als ein Uniformierter ihn herauswinkte. Im Anhalten sah er den geparkten weißen Lieferwagen und die Überraschung verwandelte sich in Panik. Zollbeamte umringten sein Auto. »Etwas zu verzollen?« Zitternd antwortete Voet: »Eigentlich nicht, nur Vitamine für die Fahrer.« Einer der Beamten griff nach der Kühlbox hinter dem Vordersitz. »Und das?« Voet war unruhig: »Ich weiß nicht. Zeug, damit die Fahrer sich erholen, denke ich.«

Sie fuhren zur Zollstelle und dort stellte man ihm die gleiche Frage noch einmal. Dieses Mal reihte man dabei die Flaschen, Fläschchen und Päckchen vor ihm auf. Voets Antwort lautete wie zuvor, doch die Beamten schickten das Ganze zur Analyse an ein Labor in Lille. Freitags kamen die Ergebnisse: menschliche Wachstumshormone, EPO und Testosteron.

Das Geständnis

Willy Voet versuchte anfangs, Freunde und Kollegen bei Festina zu schützen und behauptete, die Mittel seien für seinen persönlichen Gebrauch. Als ihm klar wurde, wie lächerlich das war, sprudelte die Wahrheit aus ihm heraus. Ja, er hatte Dopingmittel geliefert, aber er war nicht der Einzige. Jeder wusste, was los war – Ärzte, Manager und natürlich die Fahrer, auch der Topfahrer Richard Virenque. Voets Geständnis war eine Sensation – vor allem, weil es kurz vor Beginn der Tour de France kam.

Die Folgen waren für Festina verheerend: Das Team wurde von der Tour ausgeschlossen. Es kam aber noch schlimmer. Als Voet wegen der Bereitstellung von Dopingmitteln vor Gericht stand, war er nicht mehr allein. Auch der Festina-Manager Bruno Roussel, der Arzt Erik Rijkaert, der Fahrer Richard Virenque und sechs weitere Personen mussten sich verantworten.

Bis zum Beginn des Prozesses stritt Virenque rundheraus ab, dass er Dopingmittel nahm. Doch nachdem die erdrückenden Beweise gegen ihn auf den Tisch kamen, gestand er. »Es war kein Betrug«, erklärte er. »Es war wie ein Zug, der von mir wegfuhr. Wäre ich nicht aufgesprungen, wäre ich zurückgeblieben.«

Karriereknick

Virenques »Zug« stoppte mit dem Ende des Prozesses, kurz vor Weihnachten 2000. Der Fahrer wurde zwar nicht verurteilt, aber die UCI sperrte ihn für ein Jahr.

Die anderen Angeklagten traf es härter; gegen sie wurden Geld- und Bewährungsstrafen verhängt.

Die Festina-Affäre erschütterte die heile Welt des Radsports, doch es ist mehr als fraglich, ob sie irgendetwas verändert hat. Jedes Jahr, wenn die Tour der France durch die französische Landschaft zieht, fliegen die Fahrer immer noch so blitzschnell vorbei, dass man kaum glauben kann, dass dies nur mit reiner – natürlicher – Muskelkraft geschieht.

RADRENNSTAR ▶
Der Fall schadete dem Ruf von Virenque zwar, doch dank seiner Popularität konnte er 2001 als Profi in den Radrennsport zurückkehren.

DAS »DROGENAUTO« ▶
Voet vermutet, dass der Zoll einen Hinweis bekam; sein unübersehbar als »Festina-Auto« identifizierbarer Wagen machte ihn zu einem verdächtigen Ziel.

TÖDLICHE WAFFEN

Voller Wut greifen manche Mörder zur nächstbesten Waffe, sei es eine Pistole, ein Messer, die eigene Hand. Oder sie drücken aufs Gaspedal eines Autos – einer Waffe, die von vielen Menschen unterschätzt wird. Mord, Totschlag, Körperverletzung sind nicht immer spontane Aktionen. Viele Täter planen minutiös ihre Tat. Und sie töten nicht nur mit scharfen Waffen, sondern auch mit Gift, Bomben und durch Brandstiftung. Mordabsichten können durchaus auch hinter Unfällen, wie Flugzeugabstürzen, stecken.

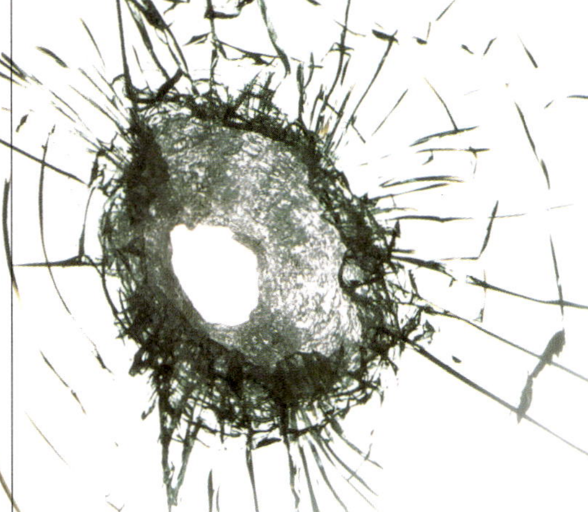

Schusswaffen

Schusswaffen trägt man in der kriminellen Szene zum großen Teil als Statussymbol. Sie stellen eine tödliche Bedrohung dar und flößen Freunden wie Feinden Respekt oder Furcht ein. Mitunter setzt man sie aber auch ein – mit fatalen Folgen. Doch eine Kugel legt Spuren, die zum Opfer, zur Waffe und zum Schützen führen.

Wenn Verbrecher eine Waffe abfeuern, fliegen Beweise in alle Richtungen. Das wichtigste Indiz ist das Tod bringende Geschoss selbst. Große Bedeutung haben auch die Patronenhülse, die bei den meisten Waffen ausgeworfen wird, außerdem das teilweise verbrannte Pulver, das aus dem Lauf und aus den Fugen der Waffe spritzt. Und schließlich der Knall des Schusses, den Zeugen hören können.

Arten von Schusswaffen

Alle Schusswaffen funktionieren gleich. Beim Ziehen des Abzugs schlägt der Hahn gegen die Rückseite der Patrone und löst damit einen druckempfindlichen Mechanismus aus, den Schlagbolzen. Dieser bringt das Pulver in der Patrone zum explodieren und treibt so das Geschoss (oder in einer Flinte die Schrotkugeln) den Lauf entlang in Richtung Ziel.

Die einfachen Schusswaffen muss man nach ein oder zwei Schüssen nachladen. Die meisten Schusswaffen verfügen jedoch über ein Magazin, das fünf oder mehr Patronen enthält. Bei halbautomatischen Waffen wirft die Wucht der Explosion auch die leere Patronenhülse aus, lädt ein neues Geschoss und setzt den Hahn für den nächsten Schuss in die richtige Position. Eine automatische Waffe schießt. solange man den Abzug hält, bis das Magazin leer ist.

Wo sind die Geschosse?

Profikiller töten ihr Opfer selten mit nur einer Patrone. Meistens fallen mehrere Schüsse. Für die Rekonstruktion des Verbrechens ist es wichtig zu entscheiden, wohin jedes Geschoss geflogen ist und wie es dorthin kam.

Am Tatort einer Schießerei müssen die Ermittler als Erstes feststellen, wie viele Schüsse abgegeben wurden. Zeugen haben sie vielleicht gehört oder der Angreifer

VERRÄTERISCHE SPUREN
Das Laden und Abfeuern einer halbautomatischen Pistole hinterlässt Spuren, die beim Identifizieren eines Verdächtigen helfen.

NACH EINER SCHIESSEREI:

1. *Schmauchspurentest bei Verdächtigen.*
2. *Lage der Patronenhülsen markieren.*
3. *Zahl der Schüsse feststellen.*
4. *Den Tatort nach Geschossen absuchen und ihre Lage markieren.*
5. *Die Schussbahn rekonstruieren.*
6. *Die Tatortsituation auf Foto und/oder Video festhalten.*
7. *Waffen und andere Beweise einsammeln; den Tatort wieder freigeben.*

LEERE PATRONENHÜLSEN ▼
Die Lage einer Patronenhülse am Tatort kann anzeigen, wo der Schütze gestanden hat.

Schusswaffentypen

REVOLVER
Das Drücken des Abzugs dreht den Zylinder und platziert die Patrone vor dem Lauf, dann löst es den Schlagbolzen.

HALBAUTOMATIK
Sie können schneller abgeschossen und wieder geladen werden als Revolver. Im Magazin sind bis zu 30 Patronen.

MASCHINENPISTOLE
Maschinengewehre sind von automatisch auf halbautomatisch umstellbar. Die Munition der Gewehre hat ein größeres Kaliber.

JAGDGEWEHR
Bei ihnen wird der Hebel für den Auswurf der Kugel von Hand bedient, auch das Nachladen erfolgt von Hand.

SCHROTFLINTE
Eine Schrotflinte schießt eine Ladung kleiner Bleikügelchen ab, die sich verteilen. Sie erfordert weniger genaues Zielen.

ließ seine Waffe fallen. Zudem kann man aus der Anzahl der verbleibenden Patronen auf die Anzahl der Schüsse schließen.

Als Nächstes muss man die Geschosse finden. Erschossene Oper werden routinemäßig geröntgt. Dabei zeigt sich das Blei der Kugeln in ihrem Körper als Schatten. Die Spurensicherung sucht am Tatort gründlich, um die eventuell vorhandenen restlichen Geschosse zu finden.

Ein Geschoss, das in weichem Material ruht, ist für die spätere Beweisführung besonders wertvoll, weil die gut erkennbaren Rillenmuster helfen, die Waffe zu identifizieren. Wurde eine Waffe gefunden, können die Rillen beweisen, dass das Geschoss aus dieser Waffe stammt (siehe Seite 103).

Selbst wenn das Geschoss auf einer harten Fläche verformt wurde und man es nicht mehr untersuchen kann, ist es wichtig, alle Einschlagstellen zu finden. Nur so können die Ermittler den Weg vom Lauf der Waffe zum Einschlag – die Schussbahn – verfolgen. Das geschieht meist mit Latten und Schnüren oder per Augenschein mit einem Blick durch eine Reihe von Löchern, die das Geschoss geschlagen hat. Bei bestimmten Lichtverhältnissen kann man einen Laserstrahl einsetzen.

VERLAUF DER SCHUSSBAHNEN ▲
Für die Rekonstruktion der Schussbahnen am Tatort einer Schießerei verwendet man deutlich sichtbare farbige Schnüre. Diese werden dann fotografiert.

Patronenhülsen

Die am Tatort verstreuten Patronenhülsen lassen nicht nur Rückschlüsse auf die Waffe zu, sondern auch auf den Standort des Schützen. Die meisten Waffen werfen die Patronenhülsen nach rechts aus. Tests mit einer ähnlichen Waffe auf dem Schießstand der Polizei zeigen, wie weit und in welche Richtung die Hülsen fliegen. Auch die Körperhaltung des Schützen kann einen Einfluss darauf haben.

Spuren auf den Patronenhülsen können wichtige Hinweise auf die Waffe geben. Der Verschluss prägt ein unverwechselbares Muster auf den Boden und der Auswurfmechanismus kratzt typische Spuren ins Metall.

Schmauchspuren

Die Ermittler suchen beim Opfer kreisförmig um die Wunde und beim Verdächtigen an den Händen und der Kleidung nach Schmauchspuren. Bei Opfern, die aus nächster Nähe erschossen wurden, gibt es rund um die Einschussstelle ein typisches Muster, weil dort teilweise verbranntes Pulver in die Haut eingedrungen ist. Aus dem Aussehen dieses Musters kann man auf die Entfernung schließen.

Schmauchspuren an den Händen eines Verdächtigen weisen darauf hin, dass er geschossen hat; doch ihr Fehlen beweist keineswegs seine Unschuld. Nicht bei allen Waffen entstehen Schmauchspuren – und gründliches Waschen entfernt sie. Daher untersuchen die Ermittler mitunter auch Gesicht und Kleidung eines Verdächtigen. An dessen Händen können sich auch Öl und Metallteilchen vom Laden des Magazins finden.

ABNAHME VON SCHMAUCHSPURPROBEN ▼
Man nimmt Proben von verschiedenen Stellen an der Hand eines Verdächtigen, um zu erfahren, ob er die Waffe nur in der Hand hatte oder damit auch geschossen hat. Unten: Vergrößertes Bild von Schmauchspuren.

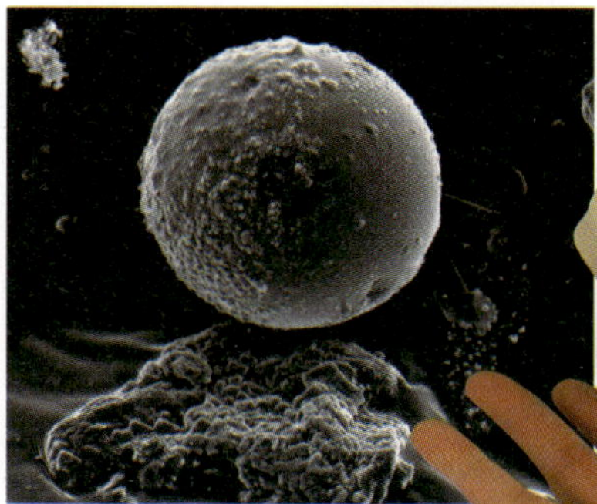

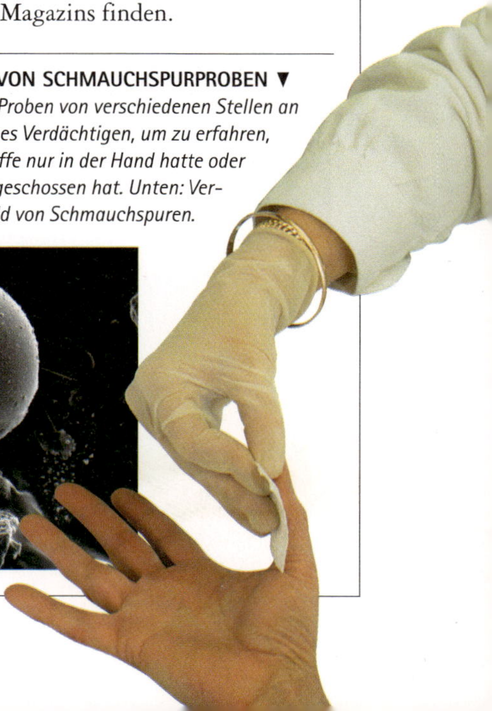

Die Ballistik

In der Ballistikabteilung eines kriminaltechnischen Labors riecht es nach Waffenöl und Pulver. Andauernd sind Schüsse zu hören. Wer Schusswaffen testet, muss Schnüffler und Schütze zugleich sein; er braucht ein ausgeprägtes Gespür für Waffen und Munition – und das lässt sich nur auf dem Schießstand erwerben.

PROJEKTILDATENBANK ▲
Zusätzlich zu Datenbanken verfügen die meisten Ballistikabteilungen auch über eine Sammlung von Munition, zum Vergleichen und zum »Beschießen«.

Man spricht zwar meist von der Ballistikabteilung, doch genau genommen müsste man von der Abteilung für die Identifizierung von Schusswaffen sprechen. Ballistik (wörtlich: die Flugbahn von Projektilen) spielt keine so große Rolle. Die Waffenexperten verbringen die meiste Zeit mit dem Untersuchen und Abgleichen von feinen Kratzern und Spuren auf Munition (siehe rechts). Das Abschießen von verdächtigen Waffen, um Vergleichsspuren zu erstellen, gehört ebenfalls zur Arbeit.

Munitionsvergleich

Die Spuren auf einem gefundenen Projektil können zeigen, welche Art von Waffe verwendet wurde. Doch wenn erst einmal eine verdächtige Waffe aufgetaucht ist, gibt es noch ganz andere Möglichkeiten. Die Waffe wird mit der entsprechenden Munition geladen und in einen Wassertank oder eine Kiste mit Gel abgeschossen. Dabei entstehen die Spuren am Projektil, die so kennzeichnend sind wie ein Fingerabdruck. Um diese Kugel mit der vom Tatort oder aus dem Körper des Opfers zu vergleichen, verwendet der Waffenexperte ein Stereomikroskop (siehe Seite 89). Übereinstimmung heißt, dass beide Geschosse aus derselben Waffe abgefeuert wurden.

Die mikroskopische Untersuchung von Patronenhülsen kann zumindest erst einmal klären, aus welcher Art von Waffe der Schuss abgegeben wurde. Und falls dann eine verdächtige Waffe gefunden wird, kann der Vergleich von Patronenhülsen mit hoher Sicherheit aussagen, ob die Waffe zur Tat verwendet wurde.

◄ DEN RILLEN NACH
Dieses Gerät verwendet eine Art Griffel, um die Rillen auf einem abgeschossenen Projektil für einen Vergleich zu messen.

Vergleich per Computer

Projektile vom Tatort lassen sich auch mit Beweisstücken aus früheren Fällen vergleichen. Bei den Hunderttausenden von vorliegenden Beispielen lässt sich ein solcher Abgleich nur mit einer Computer-Datenbank bewältigen. Über eine derartige – sehr umfangreiche – Datenbank verfügt das FBI. Sie funktioniert wie jede andere Datenbank aus anderen Bereichen.

Der Waffenexperte legt ein Projektil oder eine Patronenhülse vom Tatort unter das Mikroskop, gibt verschiedene Daten – wie die Kennziffer des Falls – in den mit dem Mikroskop verbundenen Computer ein und startet die Suche. Ein hoch auflösender Scanner erstellt ein Bild des Beweisstücks und das Computerprogramm sucht nach Übereinstimmungen.

Wie beim Abgleich von Fingerabdrücken (siehe Seite 46) spart der Computer auch hier den Ermittlern eine Menge Zeit. Manchmal entdecken die Waffenexperten Verbindungen zu Fällen, die auf den ersten Bick nichts mit dem aktuellen Fall zu tun haben.

Waffentests

Waffenexperten testen auch, ob eine Waffe versehentlich losgehen konnte, vor allem wenn der Anwalt des Verdächtigen die Möglichkeit eines Unfalls ins Feld führt. Außerdem zerlegen sie Waffen, um herauszufinden, ob eine halbautomatische zu einer automatischen umgebaut wurde.

Schrotflinten werden auf dem Schießstand abgefeuert, um die Streuung der Munition festzustellen. Die Verteilung

SPUREN AUF PATRONEN UND KUGELN

Das Laden und Abfeuern einer Waffe führt zu einer Vielzahl von Spuren auf der Munition. Verschiedene Bestandteile der Waffe hinterlassen sichtbare Markierungen auf der Geschosshülse. Das Magazin kratzt an der Hülse. Der Aufprall des Schlagbolzens schlägt eine Kerbe in den Boden des Zündhütchens. Bei der darauf folgenden Explosion erzeugt der Verschluss typische Spuren an der Hülse. Und schließlich kratzt auch noch der Mechanismus, der die Geschosshülse auswirft, genau an dieser Hülse.

Die Spuren auf dem Projektil kommen von den spiraligen Rillen im Inneren des Laufs, die der Stabilisierung des Geschosses dienen. Die Kratzer entsprechen in Entfernung, Größe, Richtung (im Uhrzeigersinn oder entgegengesetzt) und Winkel den Rillen. Diese Informationen, dazu das Kaliber, ermöglichen dem Waffenexperten, den Waffentyp zu identifizieren oder das Projektil einer verdächtigen Waffe zuzuordnen.

◄RILLEN
Waffen werden mithilfe einer Datenbank anhand der Rillen, die sie auf dem Projektil hinterlassen, zugeordnet.

◄SCHLAGBOLZEN
Das Stereomikroskop zeigt zwei Patronenhülsen im geteilten Bild. So kann man leicht sehen, ob derselbe Schlagbolzen die Kerbe in den Boden des Zündhütchens geschlagen hat.

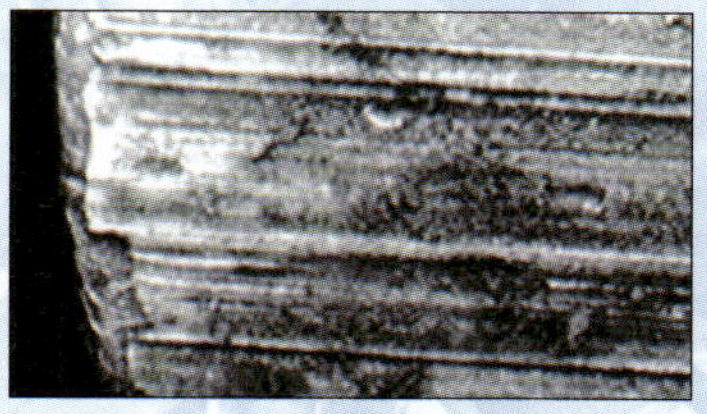

◄FURCHEN
Furchen auf dem Projektil entstehen durch Unregelmäßigkeiten im Lauf der Waffe. Sie sind typisch für jede Waffe und ermöglichen eine sichere Zuordnung.

von Schrotkugeln kann von einem Klumpen bei kurzer Entfernung bis zu einer ganzen Wolke reichen. Früher verwendeten die Ermittler eine Faustregel für das Streuungsschema von Schrot, doch die Forschung hat gezeigt, dass dieses je nach Waffe unterschiedlich sein kann. Nicht nur die Munition, sondern auch Umgebungstemperatur und Feuchtigkeit können einen Einfluss darauf haben.

Das Abschießen von Waffen auf dem Schießstand ist auch wichtig, um festzulegen, wie sich die Schmauchspuren an der Schusswunde verteilen. Wenn jemand aus großer Nähe erschossen wird, war es vielleicht eine »Hinrichtung« im Bereich des organisierten Verbrechens. Bei etwas größerer Entfernung handelte der Schütze vielleicht aus Notwehr – und aus einer Mordanklage wird ein Freispruch.

TEST DES ABZUGS ▼
Der zum Abfeuern einer Waffe nötige Druck ist ganz besonders wichtig, wenn ein Verdächtiger behauptet, dass ein Schuss sich versehentlich gelöst hat.

Wer drückte ab?

Oft ist es nicht das Muster der Schmauchspuren, sondern ihre An- bzw. Abwesenheit, die von Bedeutung sind. Wenn ein Opfer, das sich angeblich selbst erschossen hat, keine Schmauchspuren an den Händen hat, lässt das eher auf Mord schließen.

Schmauchspuren werden meist mit dem Atomabsorptions-Spektrophotometer untersucht. Es erkennt Spuren von Barium und Antimon, die in Zündhütchen enthalten sind. Unter dem Raster-Elektronenmikroskop erkennt man Partikel aus dem Zündhütchen an ihrer typischen Form. Eine Röntgenmikroanalyse bestätigt die Zusammensetzung.

WAFFENSAMMLUNG ►
Revolver aller Art sind ein Teil der umfangreichen Waffensammlung der Ballistikabteilung des FBI.

»Stille Gewalt«

Stumpfe und scharfe Gewalt oder mechanisches Ersticken sind die Fachbegriffe für bestimmte Todesursachen. Doch die Fachsprache überdeckt nicht die Tragik der brutalen Morde, bei denen Knüppel, Messer oder Stricke ein Leben beendete. Bei diesen Waffen sind die Tod bringenden Wunden schwieriger zu interpretieren als bei denen von Schusswaffen.

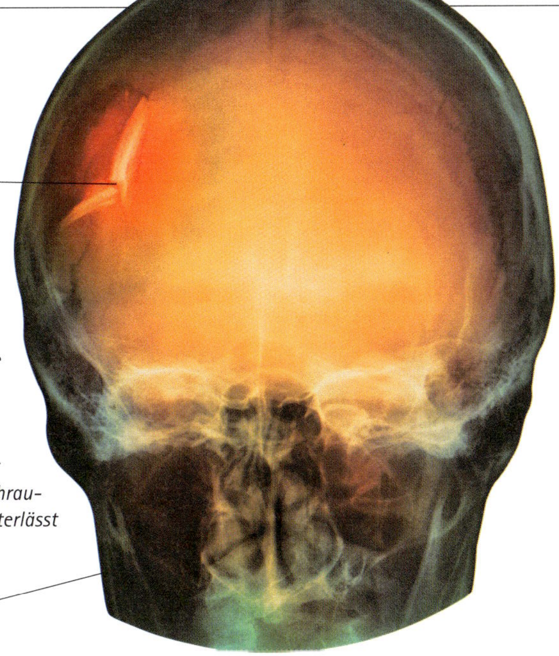

Röntgenaufnahmen zeigen die von außen nicht sichtbare Fraktur, die für einen Schlag mit einem kleinen, stumpfen Gegenstand typisch ist.

SCHÄDELFRAKTUR ▶
Schläge auf den Kopf mit einem breiten, stumpfen Gegenstand bewirken eine Schädelfraktur, an der sich die Art der Waffe selten erkennen lässt. Kleine, schmale Gegenstände können die Gerichtsmediziner leichter anhand der Wunde identifizieren – ein Schraubenschlüssel zum Beispiel hinterlässt eine typische Wundform.

KÖRPERMODELL
In dem hier abgebildeten Modell eines menschlichen Körpers markieren Farbpunkte die Stellen, auf die sich die Detailbilder beziehen. Den Gerichtsmedizinern helfen die Spuren, die Waffen hinterlassen, das Tod bringende Werkzeug herauszufinden. Nicht jede Gewaltanwendung erzeugt charakteristische Merkmale, und nicht alle Spuren sind äußerlich sichtbar. In manchen Fällen sind Röntgen- oder computertomographische Aufnahmen nötig, um die Verletzung zu entdecken und ihre Ursache zu klären.

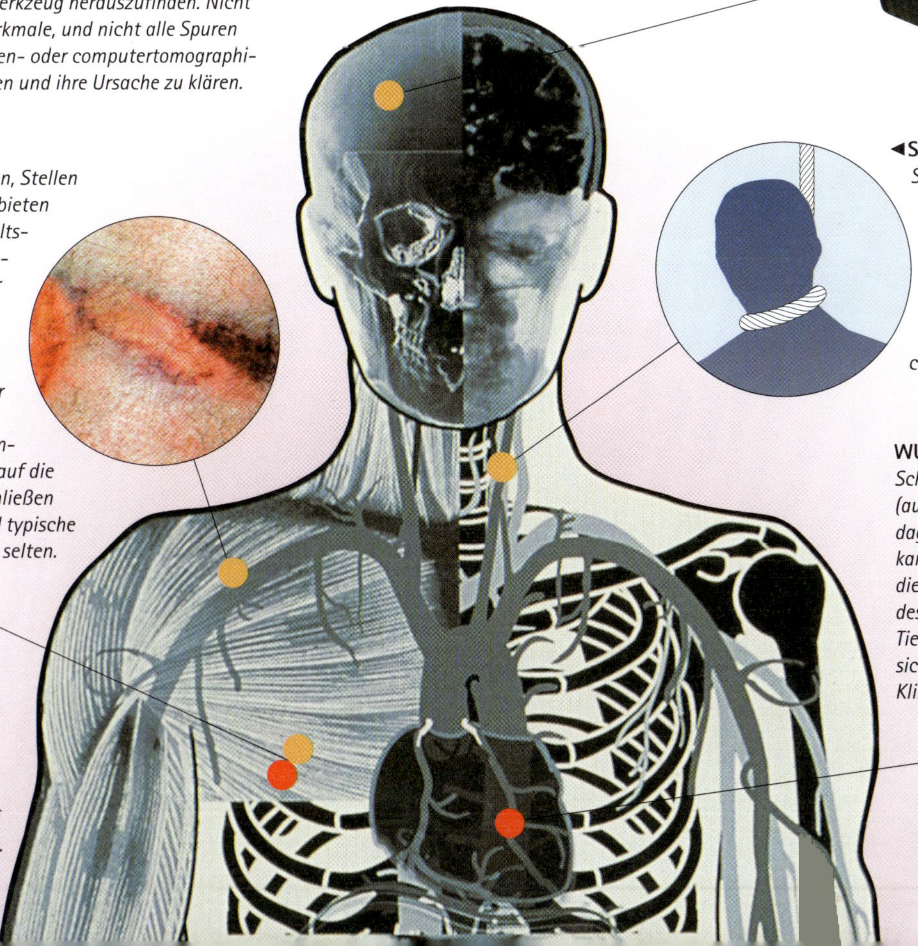

HAUTVERLETZUNGEN ▼
Die Form von Blutergüssen, Stellen und Hautabschürfungen bieten Gerichtsmedizinern Anhaltspunkte, um der verursachenden Waffe auf die Spur zu kommen. Schuhsohlen hinterlassen auf der Haut manchmal die gleiche Spur wie auf feuchter Erde. Schläge mit einer Stange erzeugen striemenförmige Blutergüsse, die auf die Richtung des Angriffs schließen lassen. So eindeutige und typische Spuren auf der Haut sind selten.

◀ STRANGWERKZEUGE
Strangmarken am Hals des Opfers ermöglichen Rückschlüsse auf das Strangulationswerkzeug. Blutergüsse und Hautabschürfungen geben Hinweise auf das Material (grober Strick oder weicher Schal). Manche weichen Materialien, wie Nylongewebe, oder das Erwürgen mit den bloßen Händen hinterlassen kaum oder keine charakteristischen äußerlichen Spuren.

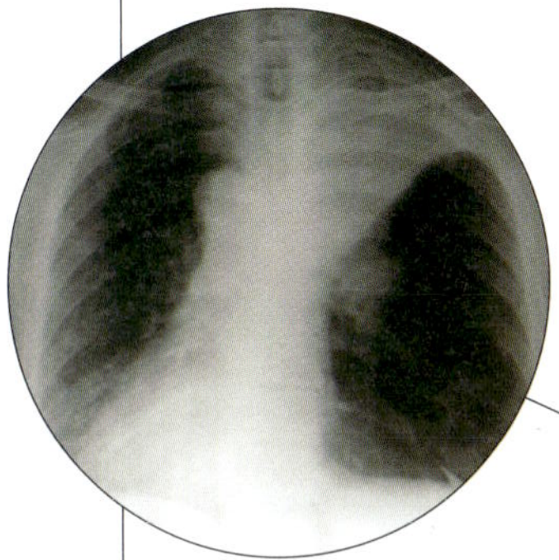

KOLLABIERTE LUNGENFLÜGEL ▲
Zusammengefallene Lungenflügel sind im Hinblick auf die verwendete Waffe in der Regel nur in Verbindung mit einer Wunde aufschlussreich. Ein tief hineingestoßenes Messer durchbohrt die Lunge, und ein Schlag mit einem stumpfen Gegenstand wirkt, als ob eine gebrochene Rippe in sie eingedrungen ist. Auf dem obigen Bild ist der rechte Lungenflügel kollabiert.

WUNDEN DURCH MESSER ▼
Schnittwunden verraten weinig über die Waffe (außer bei Klingen mit Wellenschliff). Stichwunden dagegen geben wesentlich mehr Auskunft. Man kann die Art der Klinge erkennen (siehe unten) und die Wucht sowie die Richtung des Stichs. Anhand der Tiefe der Wunde lässt sich die Länge der Klinge schätzen.

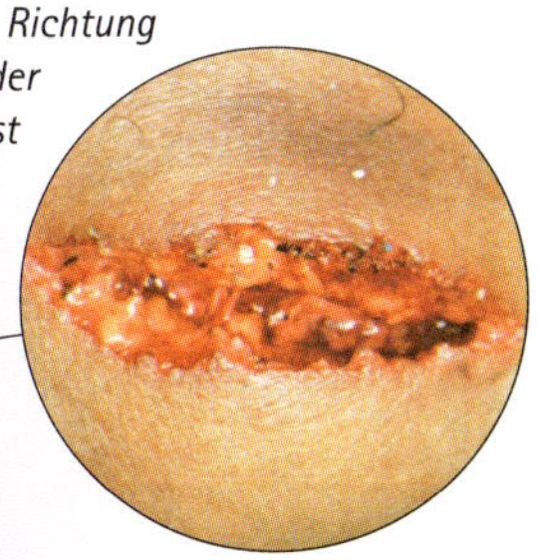

ABWEHRWUNDEN ▼
Wenn ein Opfer eine scharfe Waffe, wie ein Messer, oder einen stumpfen Gegenstand, wie einen Baseballschläger, abwehrt, entstehen an seinen Händen und Unterarmen Verletzungen. Am häufigsten kommen diese so genannten Abwehrverletzungen am linken Arm vor, da das Opfer versucht, den (meistens) rechtshändigen Angreifer mit der direkt gegenüberliegenden Hand, also der linken, abzuwehren (und umgekehrt). Wie generell verraten Schnittwunden auch hier wenig über die Waffe.

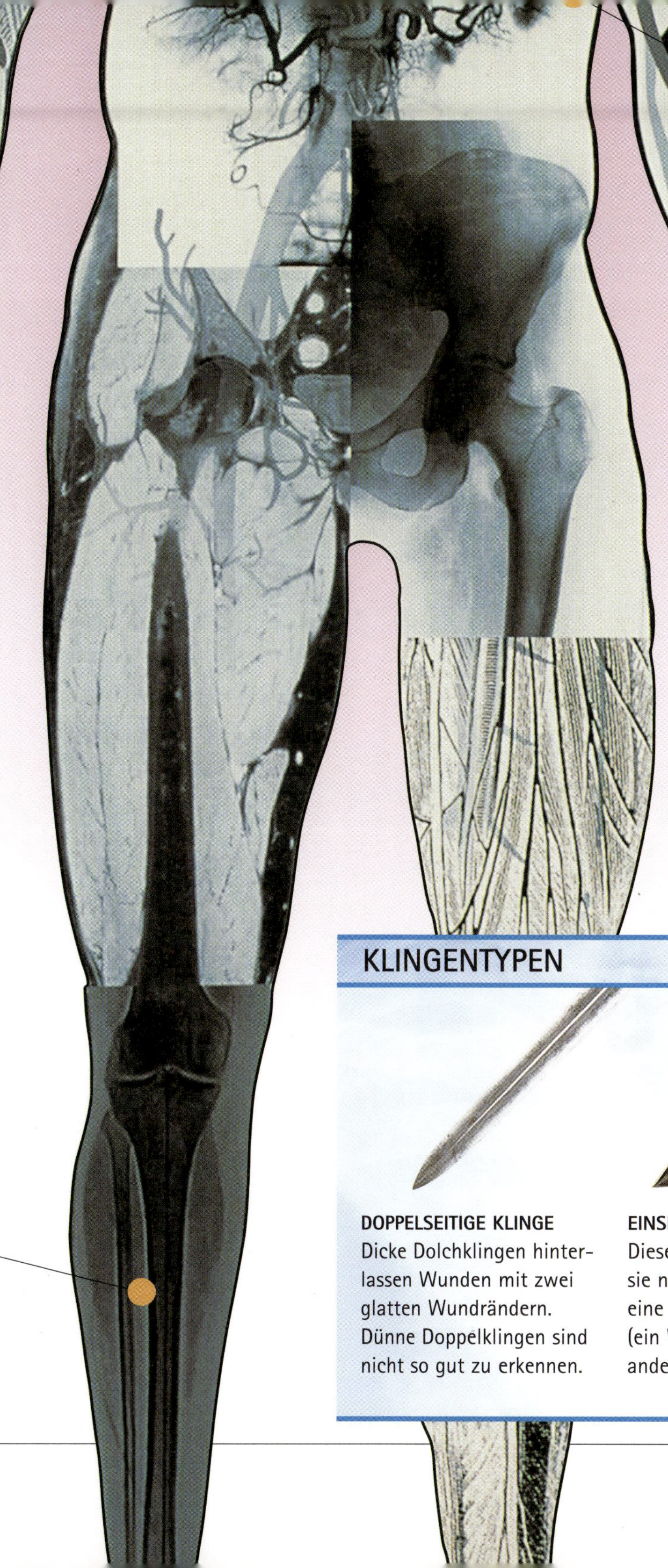

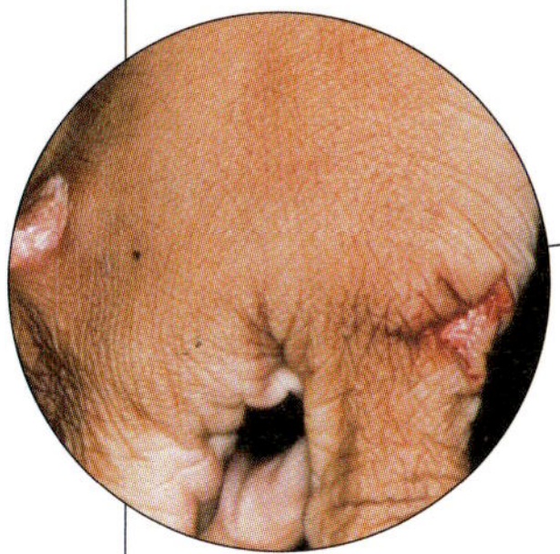

KNOCHENBRÜCHE ▼
Um die starken Knochen der Beine zu brechen, sind sehr massive Hiebe und Schlagwerkzeuge nötig. Kinn, Nase und Rippen brechen jedoch relativ leicht, sodass diese Brüche häufig vorkommen. An der Schwere der Brüche lässt sich die Wucht des Angriffs ablesen, und die sichtbaren Blutergüsse ermöglichen Rückschlüsse auf die Waffe.

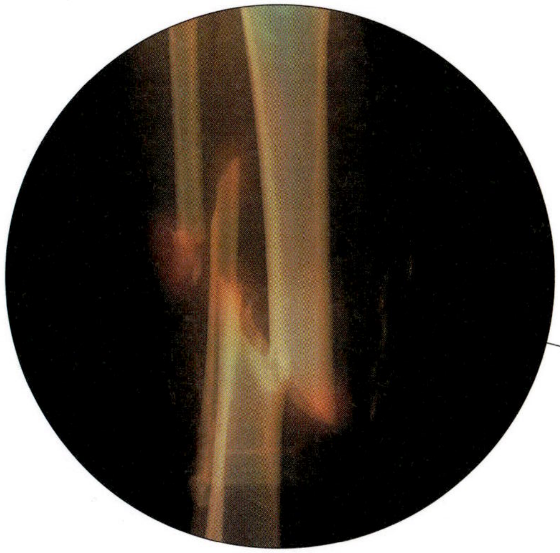

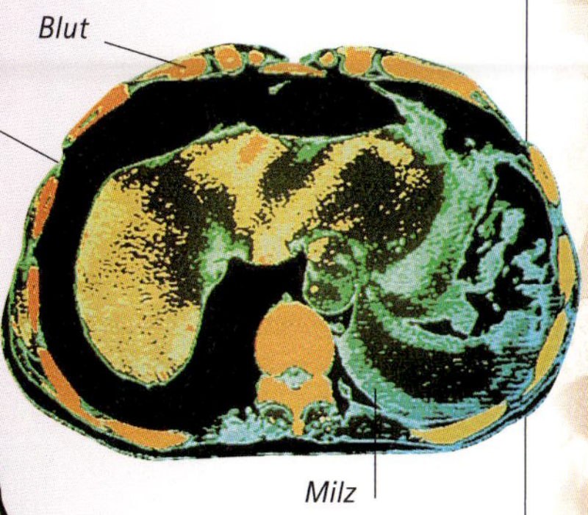

▲ ORGANVERLETZUNGEN
Gewaltanwendungen, die innere Organe verletzten, erzeugen nicht zwangsläufig äußere Spuren wie Blutergüsse oder Hautabschürfungen. Schläge in den Unterleib verursachen zum Beispiel Milz- und Leberrisse, die starke Blutungen hervorrufen, sodass das Opfer relativ schnell verblutet.

ERLÄUERUNG:
Scharfe Gewalt bedeutet: Angriffe mit Messer, Degen, Nadeln usw.
Stumpfe Gewalt bedeutet: Angriffe mit stumpfen Gegenständen wie Baseballschläger, Steinen usw.

● SCHARFE GEWALT
● STUMPFE GEWALT

KLINGENTYPEN

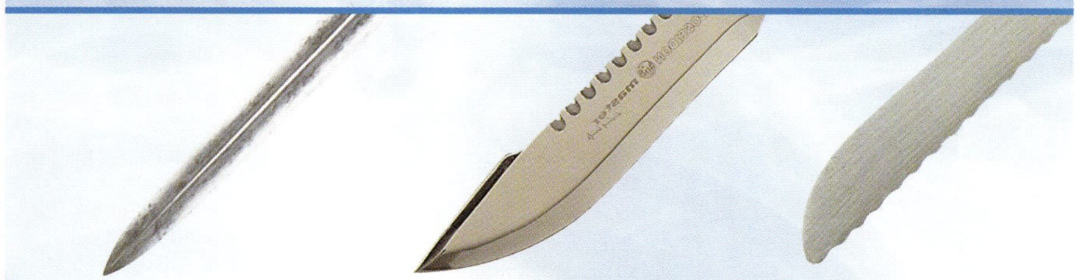

DOPPELSEITIGE KLINGE
Dicke Dolchklingen hinterlassen Wunden mit zwei glatten Wundrändern. Dünne Doppelklingen sind nicht so gut zu erkennen.

EINSEITIGE KLINGE
Diese Klinge erzeugt (wenn sie nicht sehr dünn ist) oft eine »bootförmige« Wunde (ein Wundwinkel spitz, der andere rechteckig).

WELLENSCHLIFF
»Ausgefranste« Wundränder (Scharten) weisen darauf hin, dass ein Messer mit Wellenschliff oder Sägezähnen benutzt wurde.

Gifte

Dank der Fortschritte in der forensischen Toxikologie und Pathologie ist Gift nicht mehr die »bequeme« Mordwaffe, als die es einmal galt. Heutige Giftmörder sind weit entfernt von ungeduldigen Erben aus den Kriminalromanen, sondern eher heimtückische Leute, die Angst verbreiten wollen, oder auch mitunter Ärzte voller Mordlust.

TOD IN EINER FLASCHE
Symbole auf diesen Flaschen aus dem 19. Jahrhundert warnen vor ihrem gefährlichen Inhalt. Da die Abgabe von Giften nicht geregelt war, konnte man sogar garantiert tödliche Substanzen sehr leicht erwerben.

In dem Zimmer eines Nobelhotels in Luxor, Ägypten, ließ der britische Chemiker ein weißes Pulver in das Gin-Tonic-Glas seiner Freundin gleiten. Den leichten Mandelgeschmack ihres Drinks bemerkte sie nicht, als sie das Glas leerte. Ihr Herz raste, und in ihrem Kopf schienen tausend Nadeln zu stechen, während ihr Freund den qualvollen Todeskampf zehn Minuten lang beobachtete, bevor er Hilfe holte. Ein Hotelangestellter schöpfte Verdacht, als Allan sich weigerte, Mund-zu-Mund-Beatmung durchzuführen – eine Autopsie entdeckte Zyanid im Magen der Toten.

Es war ein klassischer Giftmord: Ein Jahr zuvor hatte das Opfer sein Testament zugunsten von Allan geändert. Doch seine Verurteilung machte im Jahr 2000 weltweit »Tod auf dem Nil«-Schlagzeilen, weil der Mord so stark an einen Roman von Agatha Christie erinnerte und weil der Mörder naiv genug war zu glauben, er bliebe unentdeckt.

Ungewöhnliche Waffen

Dieser bosärtige Mord weicht von der Verbrechensnorm ab: Gift ist heute als Mordwaffe so selten, dass es in den Mordstatistiken fast nicht vorkommt. Das ist einer verschärften Kontrolle über die Abgabe von giftigen Substanzen zu verdanken, aber auch den verbesserten Möglichkeiten, Gift bei einer Autopsie zu entdecken.

Vor einem Jahrhundert konnten Giftmörder noch leicht dem Henker entgehen. Sie verwendeten giftige Pflanzen, Metalle und Chemikalien, um unbequeme Geliebte oder Geschäftspartner aus dem Weg zu räumen. Dazu gehörte weder Kraft noch Mut. Wer einige Kenntnis über Gifte besaß und die Dosis richtig wählte, war in der Lage, einen natürlichen Tod vorzutäuschen. Ohne forensische Untersuchungen konnten die Gerichte nur die Sorglosen verurteilen. Heute arbeiten die meisten Mörder mit anderen Methoden.

Ärzte als Mörder

Ärzte tun nur sehr selten ihren Patienten etwas an, doch wenn sie es vorhaben, können sie ihnen leicht und meist ohne Verdacht zu erregen, Gift geben. Die Schuldi-

GIFTANSCHLAG IN TOKIO

1. *Fast 5000 Menschen spürten die Auswirkungen des Nervengases Sarin in der Tokioter U-Bahn.*
2. *Zufällig hatte die Polizei von Tokio in der Woche zuvor neue, chemieresistente Schutzanzüge bekommen.*
3. *Sanitäter ohne ausreichenden Schutz mussten selbst wegen Vergiftungserscheinungen behandelt werden.*

GROSSES BILD
Pendler, von den Sarindämpfen überwältigt, warten im März 1995 vor einer U-Bahn-Station in Tokio auf die Ambulanz.

gen haben Zugang zu Gift und von Berufs wegen die nötigen Kenntnisse. Man vertraut ihnen zahllose Leben an – doch sie stehen auch mit dem Tod auf Du und Du.

Als Giftmörder bevorzugen Ärzte eine große Dosis von Drogen, die auch als Medikament verabreicht werden. Ihre Motive sind unterschiedlich. Einigen gibt es einen Kick zu töten, andere »genießen« die Macht über Leben und Tod. Manche ziehen Vorteile aus ihrem Verbrechen, zum Beispiel durch ein Testament. Und einige meinen, sie handelten aus Mitleid.

Von einer Idee getrieben

Terroristische Giftmörder glauben fanatisch an eine Sache, die sie für so wichtig halten, dass sie jedes Mittel rechtfertigt – sogar einen Massenmord. Manche haben dem traditionellen Attentäter etwas voraus: Sie sind bereit, ihr Leben zu opfern.

Terroristen konzentrieren sich nicht auf ein einziges Opfer, sondern bemühen sich, möglichst viele zu treffen. Heimlichkeit dient nur dazu, damit das Gift Zeit hat, sich auszubreiten oder zu wirken.

Terroristen wählen unterschiedliche Gifte, doch mit Vorliebe biologische und chemische Waffen aus den Abgründen des militärischen Arsenals. Einige dieser Gifte sind erstaunlich leicht zu produzieren. Ein Chemiestudent besitzt die Kenntnisse, um das Nervengas Sarin herzustellen, das die Aum-Shinrikyo-Sekte 1995 in Tokio in der U-Bahn ausströmen ließ. Zum Glück ist die wirksame Verbreitung von chemischen und biologischen Waffen schwierig. Die Attacke in Tokio forderte zum Glück »nur« zwölf Menschenleben. Noch weniger Menschen starben bei den Anthrax-Anschlägen im Jahr 2001 in den USA.

Reaktion auf den Terrorismus

Um die Auswirkung ähnlicher Anschläge in der Zukunft einzuschränken, reagierten die forensischen Toxikologen. Sie nutzen nun tragbare Geräte, mit denen sie am Tatort chemische und biologische Waffen identifizieren können. Seit den Anthrax-Anschlägen in USA identifizieren sie mit DNA-Tests die Virenstämme der biologischen Waffen, um so ihre Quelle zu finden.

FALLSTUDIE

Für die Leute in Hyde bei Manchester war Harold Shipman der freundliche Hausarzt. Doch seine gütige Art verbarg eine tödliche Leidenschaft. Kaum ein Giftmörder hat je mehr Menschen getötet als Shipman: 200 ältere Frauen und eine Hand voll Männer, denen er Morphium oder Diamorphin spritzte. Er stellte den Totenschein selbst aus und nannte verschiedene natürliche Ursachen. 15 Jahre lang schöpfte niemand genügend Verdacht, um eine polizeiliche Ermittlung auszulösen. Zu seinen Motiven zählte Habgier – man erwischte ihn im Jahr 2000, als er das Testament eines Opfers fälschte. Aber er genoss es auch, zu töten und »Gott« zu spielen, der Leben schenkt und nimmt.

FALLSTUDIE

DIE FAVORITEN UNTER DEN GIFTEN

Bis man Gifte durch chemische Analysen einfach in Leichen nachweisen konnte, verwendeten Giftmörder verschiedene giftige Chemikalien, Metalle und Pflanzen. Viele waren leicht erhältlich, wirkten rasch und riefen unverdächtige Symptome hervor.

ARSEN ►
Fast geschmackloses weißes Pulver, in der viktorianischen Ära sehr beliebt.
SYMPTOME
Erbrechen, schwacher Puls, blaugrüne Gliedmaßen u. a.
WIRKT AUF
Magen und Darm.

◄ZYANID (BLAUSÄURE)
Kommt in Kirschlorbeer vor, ein auf bestimmte Art hergestellter Extrakt ist tödlich.
SYMPTOME
Schwindel, Bewusstlosigkeit, Krämpfe, Ersticken.
WIRKT AUF
Blut: Sauerstofftransport wird eingestellt.

◄ANTIMON
Starker Metallgeschmack, unauffällig nur in kleinen Dosen.
SYMPTOME
Erbrechen, Krämpfe, Schweißausbrüche, schwacher Puls, Depression.
WIRKT AUF
Herz: verursacht Herzversagen.

BLEI ►
In Form von Bleiacetat, einem weißen wasserlöslichen Pulver; wirkt schon in geringen Mengen tödlich.
SYMPTOME
Magenschmerzen, Erbrechen, Durchfall, Koma.
WIRKT AUF
Gehirn, Blutkreislauf und Leber.

◄THALLIUM
In einer Verbindung ist es wasserlöslich und geschmacklos.
SYMPTOME
Erkältungserscheinungen; verursacht Haarausfall
WIRKT AUF
Nerven und Zellen.

◄KNOLLENBLÄTTERPILZ
Mit ihm wurde der römische Kaiser Claudius vergiftet.
SYMPTOME
Magenkrämpfe, Erbrechen, Durchfall, Delirium, Koma; Symptome klingen ab, kehren tödlich zurück.
WIRKT AUF
Darm, verursacht Leberversagen.

TOLLKIRSCHE ►
Ihr Gift bevorzugten die Mitglieder der Familie Borgia im Italien der Renaissance.
SYMPTOME
Mundtrockenheit, Fieber, erweiterte Pupillen, Halluzinationen, Koma.
WIRKT AUF
Lunge, Herz: lähmt schließlich.

◄STRYCHNIN
Intensiver bitterer Geschmack.
SYMPTOME
Unruhe, dann Krämpfe, bei denen die Muskeln von den Sehnen reißen; die Opfer erleiden dies bei vollem Bewusstsein.
WIRKT AUF
Atmung: Lungenlähmung.

Brandstiftung

Wenn die Flammen infernalisch aus den Fenstern eines Gebäudes lodern, scheinen sie nichts mehr übrig zu lassen. Doch erfahrene Ermittler wissen, dass immer noch irgendetwas zu finden ist. So können sie einem Brandstifter auf die Spur kommen, der durchaus schnell zum Mörder werden kann, wenn Menschenleben zu beklagen sind.

»KULTFEUER«▲
Schweizer Ermittler suchen in den Trümmern, nachdem die Mitglieder des Sonnentemplerordens 1994 bei einem Massensuizid ihre Zentrale angezündeten.

Wenn die Ermittler an einer Brandstelle ankommen, befragen sie als Erstes die Augenzeugen. Wer den Alarm ausgelöst hat oder schon vor Eintreffen der Feuerwehr da war, kann vielleicht Informationen geben, wo und wie das Feuer begann. Eventuell hat sogar jemand die Entwicklung des Brandes fotografiert.

Sobald das Feuer unter Kontrolle ist und die Temperatur sich normalisiert hat, wird das Gebäude gesichert, denn den Ermittlern drohen verschiedene Gefahren: Das Gebäude kann einstürzen; zudem gibt es unsichtbare Gefahren, wie Asbest, giftiges Berylliumoxid (Kabelisolierung) und Krebs erregende Verbrennungsprodukte.

Versicherungsbetrug

Eines der häufigsten Brandstiftungsmotive ist Versicherungsbetrug. Ein typischer Fall ist, dass Geschäftsleute, bevor sie ihren Laden oder ihre Fabrik in Brand stecken, die Ware wegschaffen. Sie wird anderswo verkauft, aber gleichzeitig der Versicherung als Schaden gemeldet. Die Ermittler suchen daher in der Asche nach Überresten, denn Metall (Knöpfe, Schnallen) zum Beispiel übersteht in irgendeiner Form die Flammen. Fehlen jegliche Spuren von den Waren bzw. Produkten, ist dies verdächtig.

Brandherde

Die Ermittler versuchen zuerst herauszufinden, wo und wie der Brand begann. Brandstifter versuchen, ihre Tat zu vertuschen und legen oft an mehreren Stellen Feuer. Wenn ein Feuer als Unfall beginnt, gibt es dagegen nur einen Brandherd und der Ursprung ist klar ersichtlich.

Laien scheint es unmöglich, in verkohlten, noch rauchenden Ruinen den Brandherd zu finden, doch die Ermittler sind erfahren im »Lesen« von Tatorten. Feuer entwickelt sich aufwärts, deshalb beginnen sie auf der untersten Ebene. Zu den Hinweisen auf den Brandherd gehören Resthitze, Rußtiefe, Absplittern oder Abblättern von Baumaterialien wie Gips und Zement, Rauchschemata, Verformung von Plastik, Glas und Metall, Schäden an den Decken und die Struktur des Einsturzes.

Fest schließende Schraubdeckelgläser, um flüchtige Bestandteile der Beweismittel zu konservieren.

Haben die Ermittler den Brandherd gefunden, durchkämmen sie die Trümmer nach der Ursache des Feuers. Brandstifter verwenden meistens Brandbeschleuniger, wie Benzin, und einen Brandsatz. Dabei kann es sich um so komplizierte Dinge wie einen elektronischen Timer handeln oder um so einfache wie eine glimmende Zigarette in einem Streichholzbriefchen. Erstaunlicherweise bleiben von Brandbeschleunigern und Brandsätzen selbst nach dem heftigen Feuer, das sie auslösen, noch Spuren übrig.

Nicht verbranntes Benzin, Lösungsmittel oder Farbverdünner haben alle einen typischen Geruch. Flüssige Beschleuniger hinterlassen sichtbare Spuren, wie etwa klar zu erkennende Ränder auf dem Boden. Es kann auch die typische Brandstruktur an den Rändern der Dielenbretter geben, die zeigt, dass brennende Flüssigkeit in die Ritzen geflossen ist.

Wenn es keines dieser Anzeichen gibt, verwenden die Ermittler Kohlenwasserstoff-Detektoren, um Konzentrationen von Brandbeschleunigern zu finden. Wenn sie etwas Verdächtiges entdecken, bringen sie das fragliche Objekt ins Labor. Die Objekte müssen mit großer Sorgfalt behandelt werden, denn

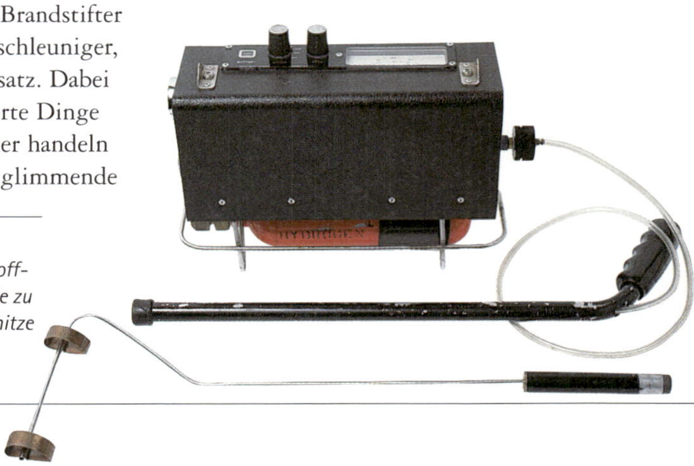

BRENNSTOFFSPÜRGERÄT ▶
Der Detektor nimmt Kohlenwasserstoffdämpfe aus der Luft auf und leitet sie zu einer Gasflamme. Die Verbrennungshitze verrät Brandbeschleuniger.

Brandbeschleuniger entwickeln Dämpfe, die sich ohne entsprechende Aufbewahrung buchstäblich in Luft auflösen. Daher müssen die Gefäße gut verschließbar sein, wie etwa Schraubgläser (siehe Foto links) oder fest verschließbare Plastikbeutel.

Routinemäßiges Vorgehen

Eine allgemeine Untersuchung des Tatorts erhärtet oder widerlegt den Verdacht der Brandstiftung. Vor allem untersuchen die Ermittler, ob Alarm- oder Sprinklersysteme vorsätzlich abgeschaltet wurden. Sie suchen auch außerhalb des Gebäudes nach Spuren sowie nach Hinweisen für gewaltsames Eindringen.

Die Ermittler arbeiten wie an jedem anderen Tatort mit Notizen, Skizzen, Messungen, Fotos und Videos. Sie achten besonders auf die Platzierung und Ausrichtung teilweise verbrannter Gegenstände, wie Möbel, weil das so genannte Brandschema zeigt, welche Seite zum Brandherd hin ausgerichtet war.

Mittel zur Aufklärung

Im Labor setzen die Kriminaltechniker Gas-Chromatographie/Massenspektrometrie (GC/MS, siehe Seite 82) ein, um die Brandbeschleuniger zu identifizieren. Sie arbeiten dabei meist nicht mit dem Beweisstück selbst, sondern mit dem Dampf, den es beim Erhitzen abgibt und der sich im versiegelten Behälter über dem Objekt sammelt.

Flüchtige Bestandteile des Dampfs zeichnet der Schreiber als typische Spitzen (Peaks) auf; sie werden von der Datenbank identifiziert. Ähnlich wird auch die Spektroskopie eingesetzt, vor allem um verbrannte Plastik- und Synthetikmaterialien zu identifizieren. Zur Laborarbeit gehört oft die mikroskopische Untersuchung von Spuren auf einem Brandsatz.

Kam jemand beim Brand ums Leben, ist der Obduktionsbericht Teil der Ermittlung (siehe Seite 38). Wurde kein Rauch eingeatmet, ist das ein sicheres Zeichen, dass die Person bereits vor Ausbruch des Feuers tot war – und damit ein Hinweis auf ein Tötungsdelikt.

WERKZEUGE

KETTENSÄGE ►
Ermittler schneiden mit schwerem Gerät, wie einer Benzin-Kettensäge, Stücke aus Flächen, die mit Brandbeschleuniger getränkt sind. Dabei müssen sie Vorsicht walten lassen, damit ein Beweisstück nicht mit Benzinspritzern von der Säge kontaminiert wird.

TASCHENLAMPE ►
Eine starke Taschenlampe kann in stockdunklen Gebäuden, in denen der Strom ausgefallen ist und die Fußböden unsicher sind, lebensrettend sein.

AXT ►
Mit der Ast werden kleinere Beweisstücke abgetrennt, ohne sie zu kontaminieren.

ANALYSESTAB ►
Die Kristalle in der Röhre verfärben sich, wenn man Luft, in der sich Dämpfe von Brandbeschleuniger befinden, hineinzieht.

FLAMMENINFERNO
Ein Molotowcocktail, wie ihn dieser Demonstrant in Seoul in der Hand hält, ist eine Art selbst gebastelte Brandbombe: eine Flasche, die mit einer brennbaren Flüssigkeit, wie Brandbeschleuniger, gefüllt ist.

BRANDSTIFTUNGSMOTIVE:

1. *Vertuschen eines Tötungsdelikts, indem es als Brandunfall getarnt wird.*
2. *Begehen eines Versicherungsbetrugs mit »glaubwürdigen Grundlagen«.*
3. *Beiseiteschaffen von Beweisen für Verbrechen, wie Betrug, durch Verbrennen der Geschäftsunterlagen.*
4. *Um Mitbewerber »auszuschalten«.*
5. *Rache.*
6. *Pyromanie, krankhafter Zwang, Feuer zu legen und zu beobachten.*

Explosives

Nachrichten über Bombenanschläge erfüllen uns immer wieder mit Entsetzen, egal, ob es sich um große terroristische Aktionen oder die Tat eines Einzelnen handelt. Forensische Techniken können zwar nicht verhindern, dass jemand Bomben bastelt, aber doch viel dazu beitragen, Bombenleger zu fassen – häufig sogar, bevor sie zuschlagen.

Das Prinzip einer Bombe ist letztlich einfach. Neben Sprengstoff und Zünder ist eine Zeitzünder oder eine Fernsteuerung nötig, um die Explosion der Sprengladung auszulösen, deren Druckwelle verheerende Schäden anrichtet.

Am Ort eines Bombenanschlags

Erstaunlicherweise lässt die Explosion nicht die Bestandteile der Bombe vollkommen verschwinden. Zwar zerfetzt die Druckwelle die Bombe und verstreut die Einzelteile, doch werden erfahrungsgemäß weniger als 20 Prozent des Gehäuses und des Mechnismus zerstört. Daher bietet der Tatort den Ermittlern eine reiche Beute für forensische Untersuchungen – sofern sie die Miniteile in den Trümmern finden.

Das Vorgehen bei der Suche nach Überresten einer Bombe unterscheidet sich nur im Detail von der Spurensuche und Beweismittelsicherung an anderen Tatorten. Als Erstes suchen die Ermittler das vermutliche Zentrum der Explosion und schätzen ab, wie weit die Trümmer geflogen sind, um dann eine gut 50 Prozent größere Fläche abzusperren. Messungen und Skizzierungen folgen, wobei man das Gebiet wie ein Schachbrett in Felder aufteilt, damit man die Fundstellen von Spuren oder Beweismittel zuverlässig aufzeichnen kann.

Tatortbegehung

Systematisch und langsam durchkämmt das Team der Spurensicherung den Tatort Stück für Stück, Mann an Mann in einer Linie, damit ihnen keine Spur entgeht. Die winzigen Fragmente, die sie suchen, können unter Staub und Dreck verborgen sein. Alles Verdächtige wird in sterile Beutel oder Behälter gepackt, um jede Kontamination zu vermeiden, und sorgfältig beschriftet.

Häufig lässt sich das Explosionszentrum erst nach Aufräumungsarbeiten klar erkennen bzw. begehen. In diesem Bereich, sei es ein Bombenkrater oder ein Fahrzeug, geht die Spurensicherung im wahrsten Sinn des Wortes mit spitzen Fingern vor. Man entnimmt Proben, um sie unter sicheren Bedingungen zu untersuchen.

BESTANDTEILE EINER BOMBE

▲IRA-BOMBE
Die Autobombe, die 1993 in Londons Geschäftsviertel hochging, tötete einen Menschen und verletzte 44; sie verusachte Schäden in Höhe von mehreren Millionen Pfund.

Analyse der Bombe

Die Suche nach dem verwendeten Sprengstoff beginnt am Tatort mit Testreagenzien, die auf Rückstände explosiver Substanzen mit einem Farbwechsel reagieren. Auch verschiedene Detektoren (siehe Seite 108) finden Verwendung.

Die Hauptarbeit wird im forensischen Labor geleistet. Bei Partikeln, die Emissionsspuren von unverbranntem Sprengstoff tragen, kommen häufig erst die Gaschromatographie/Massenspektrometrie (siehe Seite 83) zum Einsatz. Anschließend erfolgt eine mikroskopische Untersuchung, um die Form der Partikel zu sehen. Mithilfe verschiedener Verfahren,

VORGEHEN AM TATORT:

1. *Umgehend Verletzte versorgen, Feuer löschen und den Tatort absichern.*
2. *Tote bergen hat Vorrang vor der Spurensicherung.*
3. *Tatort segmentieren und skizzieren.*
4. *Größere Beweisstücke suchen.*
5. *Schutt sieben, um Überreste der Bombe zu finden.*
6. *Im Explosionszentrum Sprengstoffspuren suchen und Proben nehmen.*
7. *Feinsuche mit den Fingerspitzen.*

BOMBENANSCHLAG IN OKLAHOMA
Die forensischen Techniker, die den Tatort in Oklahoma untersuchten, konnten anhand der Struktur der Schäden die Größe der Dünger-Diesel-Bombe einschätzen.

Sprengstofftypen

Es gibt zahlreiche Sprengstoffe für professionelle Zwecke – benutzt von Leuten, die dazu befugt sind. Es gibt aber auch welche, die man zu Hause in der Küche herstellen kann – für den illegalen Gebrauch.

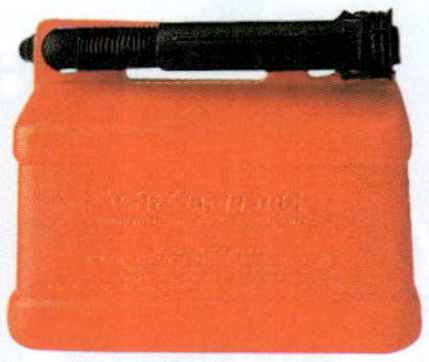

»HAUSGEMACHT« ►
Benzin in Kombination mit einem Oxidationsmittel verbrennt explosionsartig: Es sind große Mengen nötig.

◄ HOCH EXPLOSIV
Oxidationsmittel in molekularer Verbindung mit Kraftstoffen führen selbst in kleinen Mengen zu einer gewaltigen Detonation. PETN (Nitropenta) zum Beispiel explodiert schnell und erzeugt eine verheerende Druckwelle.

◄ MILITÄR
Vom Militär genutzte Sprengkörper, wie Handgranaten, unterliegen den gleichen strengen Gesetzen wie gewerblich genutzte Sprengstoffe.

GEWERBLICH ►
Sprengstoffe werden zum Beispiel im Steinbruch oder beim Tunnelbau genutzt. Manche gewerblich genutzten Sprengstoffe sind wasserfest.

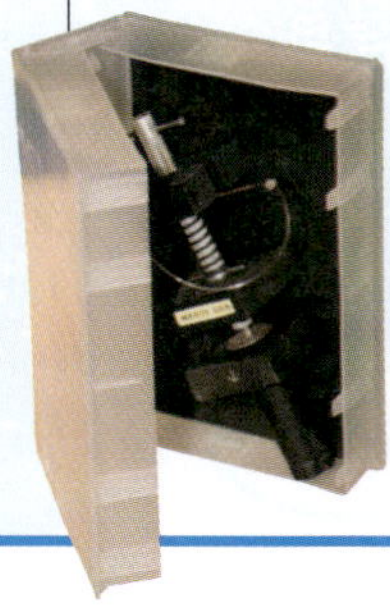

◄ SCHIESSPULVER
Schießpulver in Patronen »verpackt«, erzeugt nur eine geringe Detonation. Der »Mardi Gra«-Erpresser hat mit dem Pulver diese gefährliche Bombe gebastelt.

zum Beispiel das Waschen mit Wasser und Aceton, werden die Beweisstücke gereinigt, um sie testfähig zu machen.

Die Sprengstoffspezialisten setzen eine ganze Reihe von Tests und Techniken ein, um den Hersteller der Bombe, die Art des Sprengstoffs und natürlich den Bombenleger herauszufinden.

Gibt es Verdächtige, untersucht man deren Hände, Kleidung und Gegenstände aus ihrem Besitz auf Rückstände von unverbrannten Spregnstoffen.

Andere Spuren

Obwohl von Gehäusen und Zündmechaniken oft nur Partikel übrig bleiben, können die winzigsten Teile zum Hersteller der Bombe führen. Mit etwas Glück findet man Fingerabdrücke. Häufig bringt das Zurückverfolgen zur Quelle der verwendeten Materialien die heißeste Spur. Im Fall Lockerbie (siehe Seite 116) half zum Beispiel der winzige Chip einer Platine, den Bombenleger zu fassen.

Um die Sucharbeit zu erleichtern, hat das FBI eine Sammlung von bekannten Bombenbestandteilen. Zudem sind in einer Datenbank die Teile, die man nach Bombenanschlägen fand, erfasst. Das ermöglicht den Ermittlern, Verbindungen zwischen Anschlägen zu erkennen.

Gegenmaßnahmen können die Sicherheitskräfte ergreifen, wenn man die Zündmethode kennt. Als die IRA die Funksteuerung von Modellflugzeugen für die Bombenzündung nutzte, störte man ihre Funkfrequenz. Die Terroristen wichen daraufhin auf Radar aus und zündeten ihre Bomben mit einer Radarfalle, wie sie die Polizei benutzt. Auch dieses »Verfahren« ließ sich unterbinden. Doch den Bombenlegern fiel mit einer drahtlosen Blitzlichtsteuerung, wie sie Fotografen verwenden, wieder etwas Neues ein. In diesem tödlichen Spiel finden die Täterjagd und das Katz-und-Maus-Spiel bei der Prävention wohl erst ein Ende, wenn friedliche Lösungen das Bombenlegen beenden.

◄ SUCHE MIT DEN FINGERSPITZEN
Um die winzigen Überreste eine Bombe zu finden, müssen die Ermittler häufig mühsam auf allen Vieren danach suchen – wie hier in einem Einkaufszentrum, wo eine Bombe in einem Abfalleimer explodiert ist.

Mordwaffe Auto

Kaum jemand hält ein Auto für eine tödliche Waffe – bis ein rücksichtsloser, betrunkener, unter Drogen stehender Fahrer brutal daran erinnert. Autos sind so gefährlich wie geladene Waffen, doch dem Verursacher eines tödlichen Unfalls die Tötungsabsicht nachzuweisen, führt oft zu komplizierten Rechtsstreits.

Weil uns das Auto so vertraut ist, sehen wir es als »Familienkutsche« und bequemes, sicheres Transportmittel. Wie die folgenden drei Fälle zeigen, können sie aber auch die Waffe in Mordfällen sein.

In London raubte ein Drogenabhängiger einer Frau die Handtasche und rannte zu einem Auto. Als die Frau ihm folgte, fuhr der Fahrer sie einfach um und tötete sie.

In Hasama in Japan griff ein Schreiner nach einem kleinen Unfall eine unbeteiligte Autofahrerin wutentbrannt mit einem Brecheisen an und überfuhr sie dann.

In Chicago überfuhr ein Mann einen Radfahrer, weil dieser ihm in die Flanke seines Wagens gekracht war.

Viele Länder haben Gesetze geschaffen, um solchen Angriffen vorzubeugen. Diese Gesetze ermöglichen es, die vorsätzliche Tötung eines Menschen mit einem Auto als Mord einzustufen und nicht als tödlichen Verkehrsunfall.

Einen Fall ermitteln

In den oben genannten Fällen war die Tötungsabsicht des Fahrers offensichtlich, doch führt das nicht automatisch zu einer Verurteilung wegen Mordes. Staatsanwälte vertrauen auf forensische Spezialisten, um sichere Beweismittel zu erhalten. Bei zweifelhaften Fällen spielen sorgfältige und detaillierte Untersuchungen eine besonders große Rolle für die Rekonstruktion. Die Ermittler untersuchen am Tatort Geschwindigkeit und Fahrtrichtung des Fahrzeugs, die Sicht und ob der Fahrer gebremst hat. Beweise, die im Usprungsstadium übersehen werden, sind für immer verloren. Bei einer viel befahrenen Straße als Tatort stehen die Ermittler unter Zeitdruck, weil der Verkehr möglichst rasch wieder ungehindert fließen muss.

ZEUGENBEFRAGUNG ▲
Die Wahrnehmungen von Augenzeugen ist nützlich, aber subjektiv. Vor allem beim Einschätzen des Tempos liegen sie häufig falsch.

Skizzen der Straße mit den präzisen Maßen und der Lage der Reifenspuren sind sehr wichtig. Ein Stück weit füllen Fotos Informationslücken. So kann eine spezielle Software später die Entfernung aus den Abstandsschildern anhand von Fotos, die aus einem schrägen Winkel aufgenommen wurden, berechnen. Auch Fahrzeugtyp und -gewicht zeichnet man für eine spätere Unfallsrekonstruktion auf.

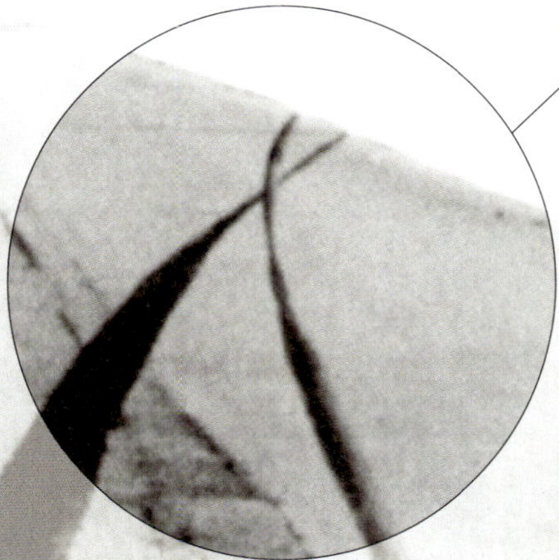

SPUREN AUF DER STRASSE ▲
Länge und Verlauf von Bremsspuren geben Auskunft über die Geschwindigkeit des bremsenden Autos. Ein Auto, das mit hohem Tempo eine Kurve nimmt, hinterlässt typische Spuren beim Seitwärtsausbrechen.

Bei einem tödlichen Unfall werden die beteiligten Autos nach der Räumung der Unfallstelle genauso sorgfältig behandelt wie jedes andere strafrechtlich relevante Beweisstück. Ein Experte untersucht zum Beispiel, ob Verdacht auf technisches Versagen oder Sabotage (zerschnittene Bremsschläuche) besteht.

Wer fuhr?

Nicht immer ist klar, wer fuhr. Fahrzeuginsassen werden manchmal aus den Sitzen geschleudert, und überlebende Fahrer versuchen, die Schuld einem Mitfahrer zu

VORGEHEN AM UNFALLORT:

1 *Versorgung der Überlebenden.*
2 *Blutentnahme für Drogen-/Alkoholtest.*
3 *Aufzeichnung der Spuren.*
4 *Dokumentation der Unfallschäden.*
5 *Befragung von Augenzeugen.*
6 *Personenschäden dokumentieren.*
7 *Sicherstellung des Unfallautos.*

VERDACHT AUF EIN TÖTUNGSDELIKT ▲
Sorgfältiges Vorgehen am Unfallort ist äußerst wichtig. Wer Fahrzeugteile einfach in den Kofferraum wirft, zerstört wertvolles Beweismaterial.

geben, der beim Unfall verstarb. Kleinste Spuren können zusammen mit medizinischen und Obduktionsberichten helfen festzustellen, wer hinter dem Steuer saß. An Airbags finden sich Spuren von Haut, Haaren und Make-up; auch gibt es typische Airbag-Verletzungen im Gesicht. Die Pedale hinterlassen Spuren auf den Sohlen des Fahrers und umgekehrt. Hatten die Insassen den Gurt angelegt, lassen die Blutergüsse auf den Schultern erkennen, auf welcher Seite die Person gesessen hat.

Rekonstruktion des Unfalls

Die Absicht eines Fahrers und dessen Verantwortung für einen tödlichen Unfall festzulegen, ist einfacher, wenn man den Hergang nachstellt, sobald Blickwinkel und Reaktionszeiten feststehen. Der Benutzer einer Software zur Rekonstruktion eines Unfalls, wie PC-Crash, gibt die Informationen vom Unfallort ein, wie die Lage der Fahrzeuge, ihr Gewicht und ihre Bauart sowie die Länge und Form der Reifenspuren. Die Software berechnet verhältnismäßig genau die Geschwindigkeit und die Fahrtrichtung aller Beteiligten vor dem Aufprall. Das Endergebnis ist eine anschauliche 3D-Animation, die beim Prozess vorgeführt werden kann.

VERLETZTE ▶
Die medizinische Versorgung der Verletzten geht vor. Doch sobald die Sanitäter sicher sind, dass keine unmittelbare Gefahr mehr besteht, müssen die Ermittler zu den Überlebenden. Spuren an ihrer Kleidung und Haut sowie Fotos von den Verletzungen helfen bei einer Strafverfolgung.

FAHRZEUGSCHÄDEN ▲
Fahrzeuge gleicher Größe haben ähnliche Sicherheitsvorrichtungen, sodass die Schäden beim Aufprall relativ zuverlässig die gefahrene Geschwindigkeit beider Unfallgegner anzeigen. Das Tempo eines einzelnen Autos herauszufinden, ist schwieriger.

UNFALLSIMULATION ▲
Simulationssoftware rekonstruiert Unfälle anhand von Messungen am Unfallort, Reifenspuren, Positionen der Fahrzeuge und Fußgänger, Straßenbelag und Reifenzustand. Die Software verfügt über Informationen zum Aussehen des Autos und dessen Fahrverhalten.

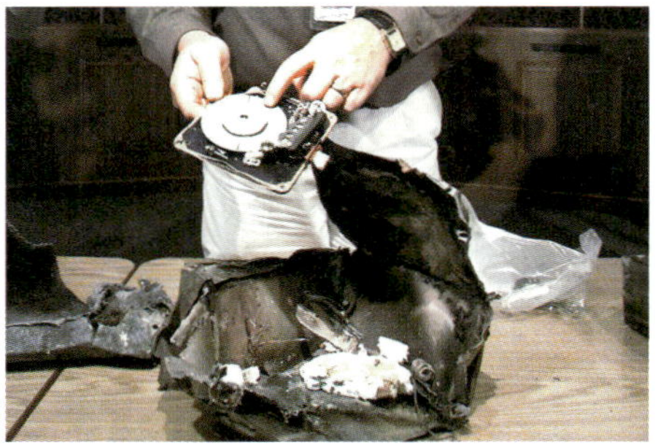

AUFZEICHNUNG DES UNGLÜCKS IN DER LUFT▲
Die Blackbox von Flug 587 zeichnete auf, dass die Unglücksmaschine, die im Jahr 2001 auf das New Yorker Wohnviertel Queens stürzte, in Turbulenzen geraten war und dadurch in mehrere Teile zerbrach.

VORGEHEN BEI UNGLÜCKEN

1. *Eingeschlossene Überlebende retten.*
2. *Die Unglücksstelle so schnell wie möglich absperren und sichern.*
3. *Leichen bergen und zur Identifizierung ins Leichenschauhaus bringen.*
4. *Spurensicherung und Dokumentation der Unglücksstelle (Fotos, Protokolle).*
5. *Augenzeugen befragen.*
6. *Teile des verunglückten Fahrzeuges für die forensische Analyse sammeln.*

Katastrophen

Wenn Schiffe sinken, Züge entgleisen oder Flugzeuge abstürzen, ermitteln forensische Experten, um die Ursache des Unglücks herauszufinden. Die Untersuchungsergebnisse können vielleicht eine Wiederholung derartiger Katastrophen verhindern und zur Klärung der Frage beitragen, ob es sich um einen Unfall oder um Sabotage gehandelt hat.

Ein Flugzeug-, Schiffs- oder Zugunglück bringt Tod und Zerstörung in unvorstellbarem Ausmaß mit sich. Nach einem Flugzeugabsturz zum Beispiel werden die Ermittler oft mit Hunderten von Leichen konfrontiert, die häufig über ein großes Gebiet verteilt sind. Identifizierung und Ursachenermittlung stellt alle Beteiligten vor schwierige Aufgaben.

Zusammenarbeit

An den Ermittlungen nach einem katastrophalen Unglück sind viele Menschen beteilt, angefangen von der örtlichen Polizei, der Kripo und der Feuerwehr über Ärzte, Leichenbeschauer bis hin zu verschiedenen forensischen Experten. Je nach Art des Unglücks übernimmt eine dieser Gruppen die Leitung der Ermittlungen. Bei Verdacht auf ein Verbrechen ist es die Kriminalpolizei.

Unabhängig davon, ob später eine strafrechtliche Verfolgung anliegt, arbeiten die Ermittler an der Unglücksstelle wie an einem »normalen« Tatort. Die Spurensicherung sucht und sammelt Beweise, die Auskunft geben, ob die Unglücksursache auf menschlichem oder technischem Versagen beruht. Es wird geprüft, ob Signal- oder Warnanlagen ausgefallen sind und ob Sabotage mit im Spiel war. Spuren werden auf die gewohnte Weise gesichert.

ZUGKATASTROPHE IN ESCHEDE
1998 entgleiste bei Eschede ein ICE und raste gegen eine Autobrücke. Ursache: Mängel an Radreifen. 101 Menschen fanden den Tod.

Einsatz von Spezialisten

Verunglücken Fahrzeuge, spielen technisch versierte und hochspezialisierte Experten die Hauptrolle. Bei einem Flugzeugabsturz zum Beispiel ist eine ganze Reihe von Experten gefordert. Dazu gehören Flugzeughersteller mit ihren Spezialisten für Triebwerke und Fluginstrumente sowie Flugsicherungsexperten, aber auch Meteorologen und viele andere Sachverständige für spezielle Bereiche.

HERALD OF FREE ENTERPRISE ▲
Fast 200 Menschen starben, als 1987 diese Fähre in dem belgischen Hafen Zeebrugge beim Auslaufen voll Wasser lief und kenterte. Die übermüdete Mannschaft hatte vergessen, das Bugtor zu schließen.

Beweise sammeln

Sobald alle Überlebenden medizinisch oder psychologisch versorgt sind, müssen die Ermittler sich auf Beweise konzentrieren, die nicht lange überprüfbar sind, wie die Temperatur von Maschinenteilen.

Mit Fotos und Videoaufnahmen wird so viel wie möglich von der Unglücksstelle dokumentiert. Ein Schwerpunkt liegt dabei auf allem, was innerhalb kurzer Zeit verändert werden muss, etwa durch Aufräumungsarbeiten, wenn zum Beispiel zerstörte Schienen rasch repariert werden müssen, um die Bahnstrecke wieder in Betrieb nehmen zu können. Nach Möglichkeit transportiert man Teile, die für die späteren detaillierten Ermittlungen besonders wichtig sind, in einem Stück ab, wie etwa die Lok des verunglückten Zuges. Nach einem Flugzeugabsturz werden alle Einzelteile eingesammelt, da man in den meisten Fällen das Flugzeug in einem Hangar Stück für Stück zusammensetzt, um die Unglücksursache herauszufinden.

»Stumme Zeugen«

Nach Flugzeugabstürzen gibt es oft keine Überlebenden, sodass nur Geräte als Zeugen fungieren können. Einer der aussagekräftigsten »stummen Zeugen« ist der Flugschreiber – auch Blackbox genannt, obwohl das Gerät seit 1960 in einem leuchtenden Orange lackiert ist und nicht in dem namensgebenden Schwarz. Zu der Blackbox, die so stabil und so gut geschützt ist, dass sie auch einen Absturz übersteht, gehören zwei Geräte: Der Flugdatenschreiber zeichnet pro Sekunde mindestens 88 Flugparameter auf, wie Kurs, Geschwindigkeit, Höhe und technische Details über Triebwerke usw. Das zweite Gerät ist der Stimmenrecorder, der mit einer Aufzeichnungskapazität von zwei Stunden alle Stimmen und Geräusche im Cockpit aufnimmt und speichert.

Datenschreiber gibt es heute nicht nur in Flugzeugen, sondern auch auf modernen Schiffen und in Zügen wie in dem bei Eschede verunglückten ICE.

FALLSTUDIE

Für die mit den Ostseestürmen vertraute Mannschaft der *MS Estonia* waren die sechs Meter hohen Wellen in der Nacht zum 28. September 1994 kein Grund zur Beunruhigung. Doch um 1.15 Uhr hatte die RoRo-Fähre starke Schlagseite – binnen zwei Stunden war die RoRo-Fähre gesunken. Etwa 850 Menschen erfroren in dem eiskalten Wasser, nur 137 konnten gerettet werden. Die Unglücksursache ließ sich nicht zweifelsfrei klären. Vermutlich wurde das Fahrzeugdeck geflutet, weil die Wellen das Bugtor eindrückten. Verantwortlich dafür waren Wartungsmängel und zu hohe Geschwindigkeit.

FALLSTUDIE

FLUG 1141 NACH SALT LAKE CITY ▶
Das Flugzeug stürzte 1988 in Dallas beim Abheben von der Startbahn ab, weil der Pilot einen Fehler bei den Landeklappen machte und das entsprechende Warnsignal nicht funktionierte.

 FALLBEISPIEL FALLBEISPIEL FALLBEISPIEL FALLBEISPIEL

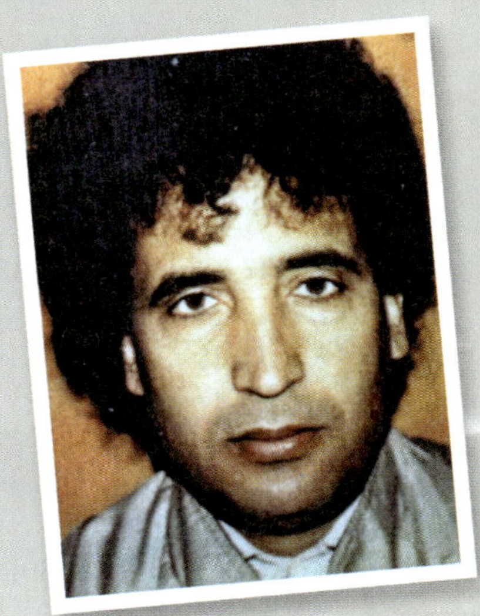

DER »LOCKERBIE-BOMBER« ▲
Der für den Bombenanschlag verurteilte libysche Nachrichtenoffizier war Mitarbeiter der Libyan Arab Airlines. Sein Insider-Wissen ermöglichte es ihm, die Bombe als Gepäck in das Flugzeug zu schmuggeln.

Der Fall Lockerbie

Für Alan Topps war Flug 103 ein ganz gewöhnlicher Pan-Am-Flieger, der in den Luftraum einflog, den er am 21. Dezember 1988 kontrollierte. Doch kurz nach 19 Uhr sah er etwas Unfassbares. Der leuchtende Punkt auf seinem Radarschirm, der die Position des Flugzeugs über der schottischen Stadt Lockerbie anzeigte, zersprang in fünf Teile.

Alan Topps versuchte verzweifelt, Flug 103 über Funk zu erreichen – vergeblich. Minuten später meldete der Pilot eines anderen Flugzeugs, dass er am Boden Feuer sah, »... als ob ein Benzinlager in die Luft geflogen wäre«. Dort lag die kerosingefüllte Tragfläche von Flug 103, die aus großer Höhe herabgestürzt und mit immenser Gewalt explodiert war. Der vordere Teil des Flugzeugs ging in einem Stück zu Boden, die Piloten waren noch am Sitz angegurtet. Der Rest verteilte sich über ein Gebiet von rund 1600 Quadratkilometern.

Die Suche nach dem Wrack

Am Tag nach dem Absturz begann die Suche nach den Toten; Freiwillige durchkämmten die Gegend nach Trümmern. Einiges, das in einem schwer zugänglichen Waldgebiet gelandet war, ließ sich nur mit Satelliten und Hubschraubern mit Infrarotkameras orten. Jedes Wrackteil wurde eingesammelt, für eine Rekonstruktion nummeriert und in einzelne Beutel verpackt. Man brachte alles ins Rathaus von Lockerbie, wo Ermittler jedes Detail in eine Datenbank eingaben. Es kamen 200000 Teile zusammen, manche kleiner als ein Fingernagel.

Bei der Rekonstruktion der zerstörten Boeing 747 aus gefundenen Teilen stellte

WIE EIN SCHLACHTFELD ▶
Erstaunlicherweise zerbrachen einige Teile des Flugzeugs nicht, obwohl es aus zehn Kilometern Höhe abstürzte.

FALLBEISPIEL FALLBEISPIEL FALLBEISPIEL FALLBEISPIEL

sich bald heraus, dass eine Explosion ein Loch in den Rumpf gerissen hatte und das Flugzeug durch die Druckwelle zerbarst. Die Explosion erfolgte offensichtlich im Laderaum 14 L. Das erklärte, watum von Flug 103 kein Notruf kam, denn dieser Laderaum lag neben der Stromversorgung, sodass die Stromzufuhr zu Funk, Blackbox und Voicerecorder sofort ausfiel.

Spuren einer Bombe

Da der Laderaum keine Verbindung zum Treibstoffsystem besaß, vermutete man eine Bombe. Alle Gegenstände, die eventuell aus diesem Bereich stammten, wurden mit einem GC-Massenspektrometer auf Spuren von Sprengstoff untersucht und zudem durchleuchtete, um nach einem Zeitzünder zu fahnden. Tatsächlich fand man Teile eines raffinierten Zünders, der auf Höhe reagierte und so geschickt konstruiert war, dass er bei allen Sicherheitskontrollen unentdeckt blieb.

Trotz der sorgfältigen Untersuchungen der Ermittler führte erst ein glücklicher Zufall zu den Bombenlegern. Mehr als ein Jahr nach dem Absturz entdeckte ein Spaziergänger, der mit seinem Hund unterwegs war, das Stück eines grauen T-Shirts, das die Suchtrupps übersehen hatten. Die Ermittler fanden den Hersteller auf Malta (siehe »Beweis«, rechts). Eine minutiöse Untersuchung brachte ein winziges Stück einer Platine mit der Ziffer »1« zum Vorschein. Dieser Hinweis und andere Beweisstücke ermöglichten die Identifikation des Zeitzünders als Schweizer Fabrikat MST-13.

Arabische Verbindungen

Einige dieser Zeitzünder hatte der Hersteller an die libysche Regierung geliefert. Und das gleiche Modell war zwei Jahre zuvor im Senegal an einer Semtex-Bombe bei zwei libyschen Agenten aufgetaucht.

Auch andere Objekte aus dem Wrack legten eine Verbindung zum arabischen Raum nahe. Der Sprengstoff befand sich in einem Kassettenrecorder. Wie sich anhand der kaum versengten Gebrauchsanleitung herausstellte, handelte es sich um das Modell »Bombeat«, das nur in Nordafrika und Nahost verkauft wurde. Aufgrund der Beweisstücke identifizierten die Ermittler 1999 zwei Libyer als Verdächtige. Nach diplomatischem Druck lieferte die libysche Regierung sie für eine Verhandlung vor einem speziell zusammengetretenen Gericht in Den Haag aus.

Mit dem Ende des Prozesses im Januar 2001 ging auch eine der längsten, aufwändigsten und teuersten kriminaltechnischen Untersuchungen zu Ende. Das Gericht befand nur den einen Angeklagten – Abdelbaser Ali Mohmed Al Megrahi – schuldig des Mordes an 259 Passagieren und Besatzungsmitgliedern sowie an 11 Menschen, die an der Absturzstelle den Tod fanden.

BEWEIS

Die Bombe von Lockerbie zerfetzte ein graues T-Shirt, das die Bombe umhüllt hatte. Das Etikett blieb erhalten und führte zum Hersteller: der Yorkie Clothing Company auf Malta. Ermittler fanden heraus, dass es an das Kleidergeschäft »Mary's House« verkauft worden war. Erstaunlicherweise konnte sich dessen Besitzer, Tony Gauchi, an den Käufer erinnern. Er war ihm aufgefallen, weil er mehrere Kleidungsstücke gekauft hatte, ohne auf Stil oder Größe zu achten. Dank dieser Aussage ermittelte die Polizei zwei libysche Agenten, die am Flughafen von Malta arbeiteten. Mit gestohlenen Gepäckaufklebern hatten sie den braunen Koffer mit der Bombe nach Frankfurt gesandt, wo er in ein Flugzeug umgeladen wurde, das Passagiere nach London zum Anschlussflug 103 nach New York brachte.

TRÜMMERPUZZLE ▼
1000 Freiwillige halfen, die Trümmer des abgestürzten Flugzeuges zu suchen und einzusammeln. Die Anweisung war einfach: »Nimm alles mit, was nicht angewachsen ist oder festsitzt.«

VERBRECHEN OHNE LEICHE

Morde machen zwar Schlagzeilen, aber die Verbrechen ohne Leiche kommen weitaus häufiger vor. An vorderster Front stehen dabei Diebstahl und Raub in allen Varianten. Doch die strafrechtliche Verfolgung von Dieben oder auch kleinen Betrügern ist für Polizei und Kripo gewissermaßen Routinearbeit. Andere – kompliziertere und teilweise geradezu geniale – Straftaten dagegen stellen hohe, spezielle Anforderungen an die Ermittler, wie die Fälschung von Geld, Dokumenten und Kunst oder die Computer- und Umweltkriminalität.

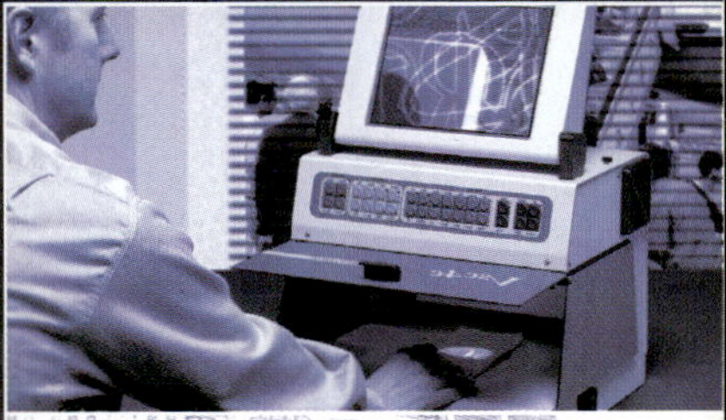

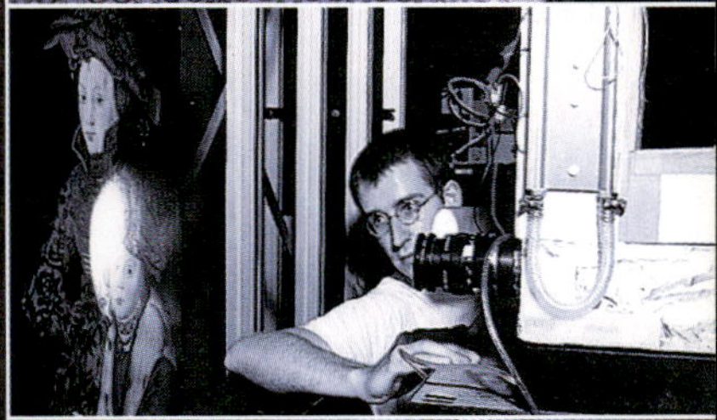

Dokumentenfälschung

Von der schönsten Kalligraphie bis hin zum Gekritzel mit Kugelschreiber ist unsere Handschrift einzigartig und persönlich – und schwieriger zu verstellen, als man denkt. Doch die Schriftanalyse ist nicht das Wichtigste, um gefälschte Briefe, Formulare oder Pässe zu entdecken. Hinweise geben auch Papier, Tinte und die Art des Druckes.

FÄLSCHUNG

ORIGINAL

ÜBERLISTETE NAZIS▲
Im Zweiten Weltkrieg fälschte der britische Geheimdienst diese Briefmarke für die Résistance in Frankreich. Der absichtlich eingebaute Fehler (Pfeil) zeigte den Widerstandskämpfern die Echtheit eines Briefes und schützte sie so vor Fallen der Nazis.

In der Schule gelernte Schreibgewohnheiten legen wir nur schwer ab. Wir halten den Stift und formen die Buchstaben auf eine charakteristische Art, lassen einen gewissen Abstand zwischen Wörtern und Zeilen. Solche Merkmale bekommen beim Entdecken gefälschter Dokumente eine besondere Bedeutung.

Bei der Ermittlung befassen sich verschiedene Experten mit Erpresserbriefen, gefälschten Schecks, Verträgen, und Testamenten, falschen Ausweispapieren und vielen anderen handgeschriebenen oder gedruckten Fälschungen.

Handschriftenanalyse

Die Experten konzentrieren sich bei der Analyse einer Handschrift auf vier Bereiche: Form der einzelnen Buchstaben (Neigung, Größe und Anbindung an den nächsten) Schreibfluss (Ausrichtung), Anordnung und Inhalt des Dokuments. Auch Eigenarten – wie die Verwendung des Plus- oder Et-Zeichens anstelle von »und« – finden Beachtung.

Beim Prüfen des Inhalts eines geschriebenen (oder gedruckten) Dokuments gilt das Augenmerk der Experten dem Wortschatz sowie Ähnlichkeiten in der Rechtschreibung, Grammatik, Satzbildung und Interpunktion. Die am Computer ausgeführte Analyse von umfangreichen Dokumenten ergibt Trefferquoten für die Häufigkeit von bestimmten Begriffen oder Wörtern mit Bindestrich, die eine Feststellung der Herkunft des Dokuments ermöglichen. Diese Merkmale ändern sich zwar im Lauf der Jahre, innerhalb eines kurzen Zeitraums bleiben sie jedoch in der Regel konstant.

Um zu verhindern, dass Harrisons Grab zur Pilgerstätte für Fans wird, gab die Familie des Schauspielers eine falsche Adresse an.

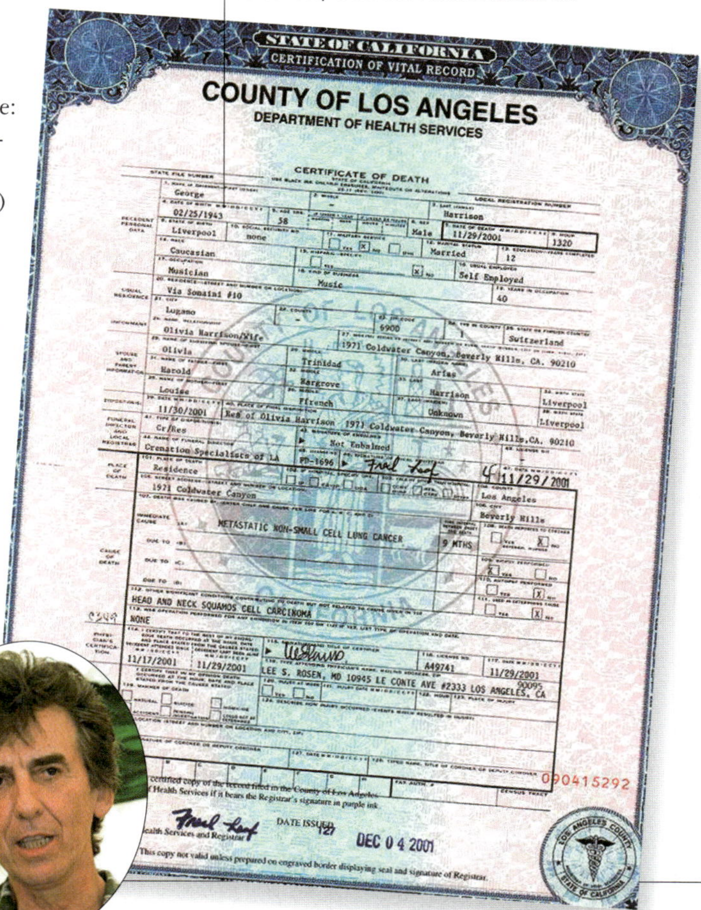

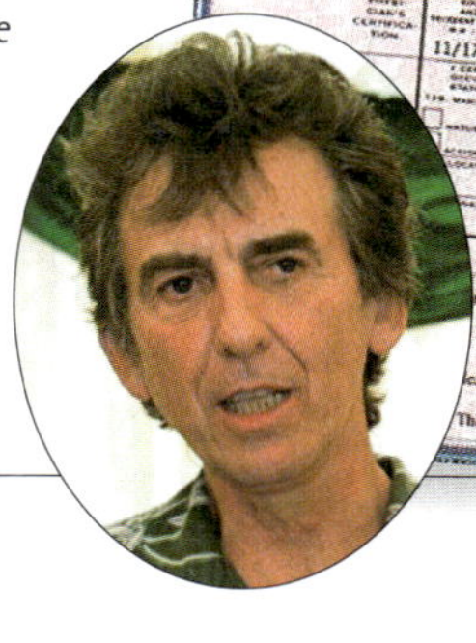

GEORGE IST TOT►
Selbst echte Dokumente sind nicht zweifelsfrei. Als George Harrison 2001 in Los Angeles starb, verdrehten seine Angehörigen die Wahrheit auf dem Totenschein.

FALLSTUDIE

Eine der dreistesten amerikanischen Täterinnen fälschte 1992 Kreditkarten und Ausweispapiere, um in Manhattans feinster Gegend ein Vermögen zusammenzustehlen. Bei ihrem frechsten Coup bezahlte Lilly Schmidt ein impressionistisches Gemälde mit einem Scheck über 70 000 US-Dollar. Da Feiertag war, ließ sich der Scheck nicht prüfen – man gab sich mit Lillys Ausweis und Kreditkarte zufrieden. Der Scheck platzte. Als die Polizei Lilly verhaftete, stellte sie neun Ausweise mit verschiedenen Namen (Beispiel siehe oben) sicher. Alle waren mithilfe eines Laserdruckers und einer Prägemaschine gefertigt. Lilly kam nach einer Woche gegen eine Kaution von 30 000 US-Dollar frei – die ihr Anwalt mit einem gefälschten Scheck bezahlte.

FALLSTUDIE

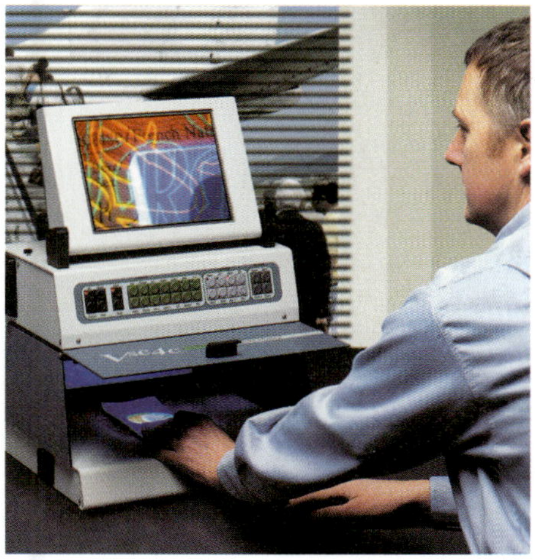

PASSKONTROLLE ▲
Spezielle Lesegeräte helfen dem Zoll, Pässe und vergleichbare Ausweispapiere zu überprüfen. Eine starke Vergrößerung und UV-Licht bringen Manipulationen zum Vorschein und lassen Fälschungen erkennen.

Vergleiche ziehen

Zum Alltag der Schriftexperten zählt der Vergleich von unbekannten Dokumenten, etwa eines Erpresserbriefes, mit der Handschrift verdächtiger Personen. Unter Aufsicht muss der Verdächtige eine Schriftprobe anfertigen. Im Idealfall stammt der zu schreibende Text aus dem fraglichen Schriftstück, denn nur so ist ein genauer Vergleich möglich. Ein Risiko dabei ist, dass die Person ihre Handschrift geschickt verstellt. Bereits vorhandene Schriftproben sind zufällige Beispiele für die Handschrift von Verdächtigen. Hierbei können die Experten lediglich gleiche Wörter oder Buchstabe für Buchstabe vergleichen.

Die Experten prüfen die Schriftstücke mit dem bloßen Auge, einer Lupe oder einem schwachen Mikroskop. Spezielles Licht verhilft zu Hinweisen über Entstehung und Änderung des Dokuments. So macht schräg einfallendes Licht Abdrücke sichtbar, die zum Beispiel entstehen, wenn eine Unterschrift durch Nachzeichnen angefertigt wurde. Es zeigt auch aufgeraute Stellen, die beispielsweise durch Radieren entstanden sind. Licht von hinten lässt radierte Stellen hell und Korrekturflüssigkeit dunkel erscheinen.

Spektroskopische Untersuchungen enthüllen, ob es sich bei gleichfarbiger Tinte wirklich um ein und dieselbe handelt. Für derartige Analysen verwenden die Experten spezielle Infrarot-Mikroskope.

Andere Hinweise

Nicht nur handgeschriebene Schriftstücke, sondern auch maschinengeschriebene, gedruckte, fotokopierte und sogar gefaxte Dokumente weisen verwertbare Spuren auf. Abgenutzte Schreibmaschinentypen, die den Erpresser verraten, gehören weitgehend der Geschichte an. Doch das Prinzip, individuelle Geräte zu identifizieren, kommt auch in unserem technologischen Zeitalter zum Tragen. Ein Laserdrucker sammelt zum Beispiel »Schmutzpartikel« auf seiner lichtempfindlichen Trommel, die als winzige schwarze Flecken auf jeder gedruckten Seite auftauchen. Auch Fotokopierer, die auf die gleiche Weise arbeiten, hinterlassen solche und zusätzliche Schmutzspuren vom Glas. Faxe zeigen im Kopf Details des sendenden und des empfangenden Gerätes. Selbst wenn diese Informationen gefälscht sind, kann die Schrift mit anderen Kopfzeilen verglichen und der Gerätetyp bestimmt werden.

Papier und Tinte

Die Prüfung von Papier, Tinte, Leim und Bindung kann die Unterschiede zwischen verdächtigen und echten Dokumenten zeigen und bei manchen eine Datierung ermöglichen. Das Pigment Titandioxid, das erst ab dem 20. Jahrhundert in Papier verwendet wird, entdeckte man beispielsweise in einem angeblich aus dem Mittelalter stammenden Dokument.

Verräterische Schnörkel

Bei der Dokumentenanalyse suchen Experten nach typischen Buchstabenformen, die auf fraglichen und gesicherten Dokumenten auftauchen. Sie prüfen Abfolge und Richtung der Buchstaben und achten auf Abweichungen von üblichen Buchstaben und Wortbildungen. Der erste Fall, bei dem die Handschriftenanalyse eine wichtige Rolle spielte, war 1932 die Entführung des Lindbergh-Babys. Der Kidnapper hinterließ eine Lösegeldforderung über 50 000 US-Dollar – 30 Monate später fasste man Bruno Hauptmann beim Ausgeben des Geldes. Ähnlichkeiten zwischen seiner Unterschrift und dem Erpresserbrief halfen, ihn zu überführen. Der Vergleich zeigt seine echte Unterschrift und die aus dem Erpresserbrief zusammengesetzte (unten).

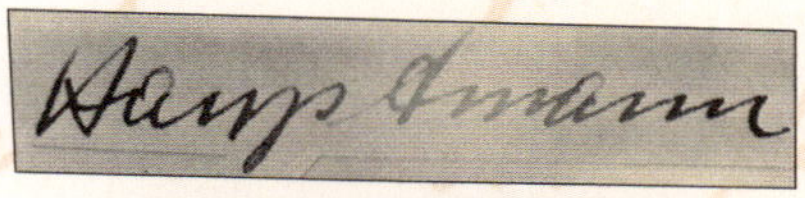

HAUPTMANNS UNTERSCHRIFT

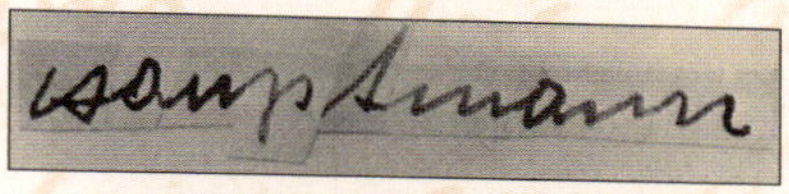

ZUSAMMENGESETZTE UNTERSCHRIFT

Eingedrückte Schrift ist bei schräg einfallendem Licht kaum zu sehen …

… doch ESDA macht sie gut lesbar, selbst wenn gedruckter Text auf der Seite ist.

Das Dokument wird durch das Aufbringen von Toner auf die Plastikhülle »entwickelt«.

ELEKTROSTATISCHE ANALYSE
Beim Schreiben drückt sich die Schrift auf das zweite Blatt durch. Das Gerät zur elektrostatischen Untersuchung (ESDA) macht sie sichtbar. Die statische Aufladung des plastikbedeckten Blattes saugt Tonerpartikel in die Vertiefungen.

Geldfälscher & Co.

Geldfälschung gibt es, seit das Geld existiert. Obwohl man versucht, Banknoten durch ausgeklügelte Vorkehrungen fälschungssicher zu machen, wird weiter gefälscht. Wegen der verbesserten Sicherungs- und Aufdeckungsmethoden suchen sich Fälscher heute verstärkt einfachere Aufgaben wie Kreditkartenbetrug und Fälschung von Markenartikeln.

Bestenfalls ist Geldfälschung ein Ärgernis für die Zentralbanken; schlimmstenfalls bringt sie die Wirtschaft ins Wanken. Die Banken unterscheiden zwei Arten von Fälschern: Gelegenheitsfälscher, die ihre Blüten meist zu Hause auf ihrem PC herstellen, und »Wirtschaftsschädlinge«. Die erste Gruppe ist für etwa fünf Prozent der gefälschten Banknoten verantwortlich. Geldfälschung zur Schädigung der Wirtschaft kommt in Friedenszeiten selten vor. Der größte Teil der Fälschungen stammt aus einem Zwischenbereich: vom organisierten Verbrechen, das millionenteure Maschinen zum Drucken überzeugender Banknoten verwendet.

Gefährdete Währungen

International verbreitete Währungen werden bevorzugt, weil die Noten leichter im Ausland abzusetzen sind. Deshalb ist der US-Dollar die am häufigsten gefälschte Währung. Einfach zu fälschende Währungen ziehen ebenfalls Gauner an, so war die D-Mark 1991 und 1992 ein sehr beliebtes Ziel, bis die Bundesbank Noten mit besseren Sicherheitsmerkmalen herausgab.

Gefälschter mexikanischer Silberdollar, China, 1930er-Jahre.

Vergoldete Kupferkopie einer griechischen Münze.

Fälschung aus dem 16. Jahrhundert einer Sesterz des Claudius.

ALTE MÜNZEN ▲
Auch nach Einführung der Banknoten wurden und werden noch Münzen gefälscht – für Sammler.

Fälschungsschutz

Traditionell druckt man Banknoten mit komplizierten Mustern, schwer nachzuahmenden Wasserzeichen, Seriennummern und Metallfäden. In den späten 1980er-Jahren machten die neuen Farbkopierer weitere Maßnahmen erforderlich. Einige der heutigen Scheine tragen Buchstaben, die nur sichtbar werden, wenn sie das Licht eines Kopierers trifft. Weitere Merkmale sind changierende Farbe, die beim Drehen des Scheins von Grün nach Schwarz wechselt; Mikrodruck, der nur unter der Lupe zu sehen ist; maschinenlesbare Strichcodes; fluoreszierende Farbe und Hologramme (siehe Foto ganz rechts).

LUKRATIVER FILM ▼
Diesen Druckfilm für Steuermarken fand die italienische Polizei bei einem Fälscherring, der sich mit der Einführung des Euro auf Euro-Noten spezialisierte, weil diese den Leuten noch nicht so vertraut waren.

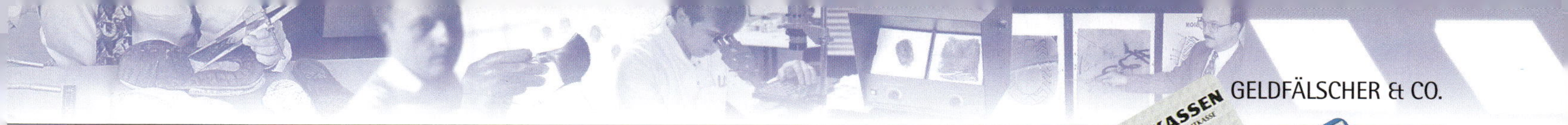

Der Krieg gegen die Geldfälscher findet vor allem an der Kasse statt. Aussehen, Oberfläche, Wasserzeichen und Sicherheitsfaden sind die zuverlässigsten Merkmale einer echten Banknote. Beliebte – nicht absolut sichere – Methoden sind UV- oder Infrarot-Licht. Diese entdecken fluoreszierende Aufheller und Stärke, die echtes Banknotenpapier nicht enthält.

Suche nach dem Fälscher

Für Fälschungsexperten liegen die Hinweise auf den Fälscher in Papier, Druck und Farbe. Banknoten werden auf Papier gedruckt, das – streng kontrolliert – nur Befugten zur Verfügung steht. Falsches Papier lässt sich mit optischer Mikroskopie, die mit verschiedenem Licht arbeitet, erkennen. UV-Licht macht gefälschte und echte Sicherheitsfäden sichtbar. Röntgenstrahlen zeigen Wasserzeichen deutlicher. Mitunter ist das Papier tatsächlich echt, weil Fälscher die Farbe von geringwertigen Banknoten entfernen und sie mit einem höheren Wert bedrucken.

Das Druckverfahren gibt ebenfalls Hinweise auf die Täter. Groß angelegte »Profi-Fälschungen« werden im Offsetverfahren gedruckt. Manche Blüten entstehen auch mit Laser- oder sogar Tintenstrahldruckern. Doch selbst die besten Blüten kann man von den im Stichtiefdruck entstandenen echten Noten unterscheiden.

Die chemische Analyse der Farbe mittels Chromatographie (siehe Seite 83) hilft den Ermittlern, Verbindungen zwischen gefälschten Banknoten herzustellen, vor allem wenn sich die Charakteristika der Farbe in der Datenbank finden.

Betrug in Plastik

Bei Kreditkartendelikten geht es meist um Betrug, nicht um Fälschung – die Karten werden gestohlen, nicht kopiert. Die Herstellung einer falschen Karte ist nicht besonders schwierig, wenn der Täter Zugang zu den echten Kontodaten für den Magnetstreifen hat. Das Fälschen von Karten ist sogar einfacher als das Fälschen von Banknoten, weil es rund 10 000 verschiedene Kartenarten gibt. Ein Fälscher muss nicht einmal eine Originalvorlage verwenden. Solange die Daten im Magnetstreifen stimmen und die Karte authentisch aussieht, wird kaum jemand Verdacht schöpfen.

Die Ermittlungen bei Kreditkartenfälschungen stützen sich auf gemeinsame Eigenarten, zum Beispiel Fehler beim Prägen der Zahlen und Details des Unterschriftenstreifens, des Hologramms und der PVC-Beschichtung.

KREDITKARTEN ▲
Die Chips dieser modernen Karten sind wesentlich schwieriger zu kopieren als der Magnetstreifen älterer Karten, der sogar zu Hause mit einem PC nachgemacht werden kann.

COPYRIGHT & TRADEMARKS

Gefälschte Produkte machen unglaubliche zehn Prozent des Welthandels aus. Die Erlöse aus diesen Fälschungen fließen meist ins organisierte Verbrechen.

◄ COMPUTERSPIELE
Die meisten Spiele sind heute auf CD, sodass Hacker den Kopierschutz knacken und Raubkopien verkaufen können – wenn auch manchmal ohne Sound.

ARMBANDUHREN ►
Teuere Marken wie Rolex werden häufig nachgemacht, vor allem in Fernost. Oft werden sie offen als Kopien verkauft; ihnen fehlt die Seriennummer und sie halten selten länger als drei Jahre.

◄ PARFÜM
Imitierte Düfte werden im Internet zu einem Bruchteil des Originalpreises angeboten. Häufig riechen sie anders. Manche Fälschungen lösen allergische Reaktionen aus.

MUSIK ►
Raubkopien sind ein Riesenproblem für Plattenfirmen. Russland ist ein Fälscherparadies – dort ist nur jede zehnte verkaufte CD echt.

SICHERHEITSFADEN ▲
Die Nachahmung von Metallfäden im Banknotenpapier ist sehr schwierig. Inzwischen tragen vielen Noten gedruckte Fäden als zusätzliche Sicherheit.

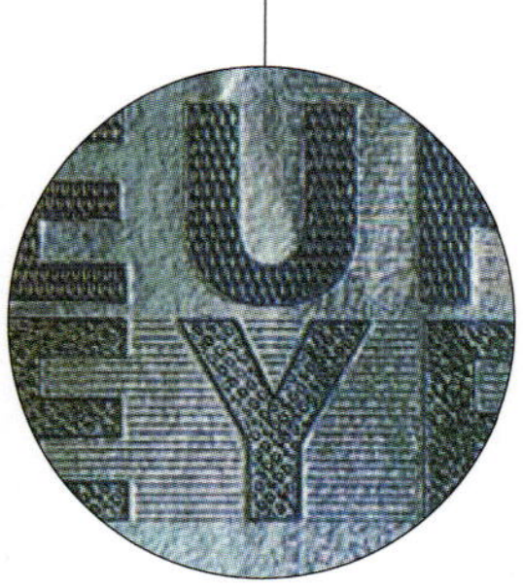

STICHTIEFDRUCK ►
Spezielle Druckplatten für das kostenintensive Stichtiefdruckverfahren ergeben erhabene Linien, die mit anderen Druckverfahren nicht nachzuahmen sind.

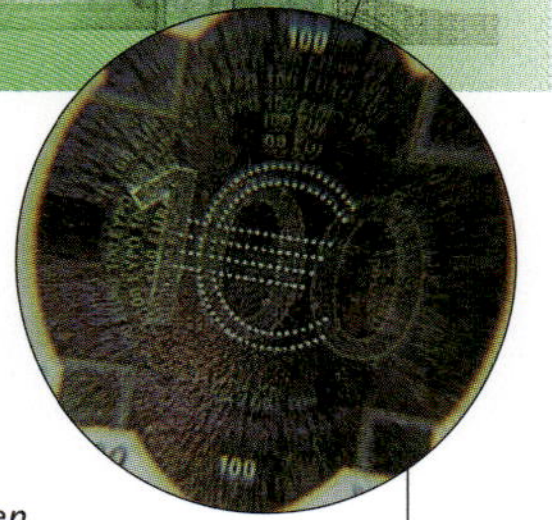

HOLOGRAMM ►
Nicht alle glänzenden Stellen auf Banknoten sind ein Hologramm, aber alle zeigen beim Drehen des Scheines Veränderungen der Farbe oder Darstellung und sind schwer zu fälschen.

Kunstfälschung

Sammler und Kuratoren erkennen die großen Meister der Malerei am Pinselstrich. Wirklich? Immerhin konnten raffinierte Fälscher zahllose Kunstexperten mit Gemälden, Keramiken und Metallobjekten von unschätzbarem Wert hinters Licht führen. Ein Kennerblick reicht eben nicht aus, um eine Fälschung vom Original zu unterscheiden.

Plumpe Fälschungen sind bereits an Stilmerkmalen leicht zu erkennen. Geschickte Fälscher täuschen jedoch selbst erfahrene Kenner, vor allem bei Werken, die dem aktuellen Geschmack entsprechen. Einige Fälscher des 19. Jahrhunderts gaben ihren Kopien einen romantischeren Touch, als das Original besaß, weil »Romantik« gerade in Mode war. Manche Kunstwerke kann man aufgrund ihrer belegten – oder fehlenden – Vergangenheit entlarven. Der »Kunst-Stammbaum« ermöglicht, die Geschichte eines Kunstwerks durch Auktionshäuser, Museen und private Sammlungen zurückzuverfolgen – theoretisch, auch ein Stammbaum lässt sich fälschen.

Wissenschaftliche Analysen sind meist genauer und die objektivste Methode, um die Echtheit von Kunstwerken festzustellen. Bei diesen Analysen vergleicht man das Material eines zweifelhaften Kunstwerks mit echten Werken des gleichen Künstlers oder der gleichen Epoche. Und Laboruntersuchungen ergeben eine präzise Altersbestimmung des fraglichen Werkes.

Blick durch den Firnis

Bei einem Ölgemälde gibt das Mikroskop schnell Antworten. In der Vergrößerung lässt sich echte Alterung von vorgetäuschter Alterung der Oberfläche unterscheiden. Um Risse auf der Oberfläche hervorzurufen, rollen Fälscher die Leinwand, erhitzen sie und kühlen sie rasch wieder ab oder sie tragen Lack auf, der die Oberfläche zusammenzieht. Ein feiner Pinsel sorgt für »alten Fliegendreck«.

Andere Methoden bringen den Unterschied noch klarer zum Vorschein. Röntgenstrahlen enthüllen, ob Risse durch alle Farbschichten gehen. Die »Vermeers« des holländischen Fälschers Hans van Meegeren (1889–1947) aus den 1930er-Jahren entlarvte man durch Oberflächenrisse, die nicht den Rissen in den tieferen Farbschichten entsprachen.

Ultraviolettstrahlen rufen je nach Materialzusammensetzung und Alter unterschiedliches Fluoreszieren hervor. Ein Firnis aus dem 19. Jahrhundert fluoresziert zum Beispiel blaugrün. Infrarot kann für den Künstler typische Farben zeigen.

Wenn diese Untersuchungen nichts ergeben, greifen Konservatoren zu Mitteln, die kleine Beschädigungen am Bild hervorrufen. Sie schneiden ein Stückchen von

▲PIGMENTPROBEN NEHMEN
Pigmente (Farbkörperchen) werden mit einer Nadel aufgenommen und mithilfe der Röntgenbeugung identifiziert. Jedes Pigment hat eine charakteristische Kristallstruktur, die sich unter Röntgenstrahlen zeigt.

Die Menge der Verunreinigungen in Pigmenten hilft beim präzisen Datieren.

Die Massenspektroskopie deckt Bindemittel auf.

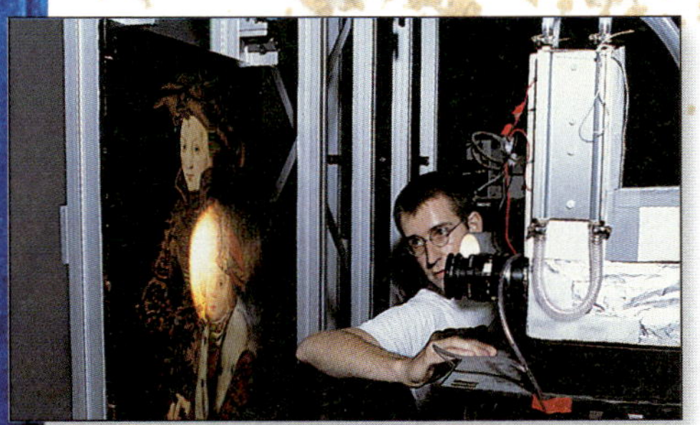

◄ANALYSE MIT INFRAROTSTRAHLEN
Mit bloßem Auge nicht zu sehen: Das Abtasten mit Infrarotstrahlen (rechts) bringt unter der Oberfläche liegende Gemälde oder Skizzen zum Vorschein. Unter UV-Licht (links) lässt sich erkennen, ob das Gemälde retuschiert, übermalt oder mit einem neuen Firnis versehen wurde; auch Klebstoffe werden sichtbar.

einem unauffälligen oder beschädigten Bereich ab, ziehen es auf Polymer (chemische Verbindung aus Riesenmolekülen) auf, polieren den Rand und identifizieren die Farbpigmente unter dem Mikroskop mit der Röntgenbeugung (X-Ray Diffraction/ XRD; siehe links), spektrographisch (siehe Seite 83) oder durch chemische Analyse.

Seit den Anfängen der Ölmalerei im 15. Jahrhundert suchten die Maler nach brillanteren, haltbareren oder preiswerteren Farben. Die Einführung neuer Farben ist dokumentiert und lässt Rückschlüsse auf das Alter eines Bildes zu. So gab es das erste synthetische Preußischblau 1704, also kann ein Bild mit dieser Farbe nicht älter als dreihundert Jahre sein.

Die Leinwand sagt nur wenig über das Alter aus. Die Webart kann Hinweise geben, doch Fälscher, die das Werk eines früheren Künstlers »schaffen«, verwenden oft die gereinigte Leinwand eines Bildes unbekannter Zeitgenossen.

Auf Holz gemalte Werke können mithilfe der Dendrochronologie – einer auf den Jahresringen der Bäume basierenden Technik – genau datiert werden (das Jahr, in dem der Baum gefällt wurde).

Keramik und Metall

Die Häufigkeit von Fälschungen in anderen Bereichen der Kunst hängt vom Wert, dem Arbeitsaufwand und den benötigten Materialien ab. Keramik lässt sich schwer kopieren, weil der Fäscher den für das Original verwendeten Ton nehmen muss – und den bekommt er meist nicht. Auch an Steinstatuen wagen sich Fälscher selten, weil der Arbeitsaufwand sehr hoch ist.

GEFÄLSCHTE TEESCHALE
Stilunterschiede entlarven diese etwa 1000 Jahre alte Teeschale als Fälschung. Bei näherem Hinsehen sieht man, dass die Glasur zu stark glänzt und ihre Struktur zu plump ist.

◄VAN GOGHS VASE
Meisterwerke wie die »Sonnenblumen« (in mehreren Varianten) von Vincent van Gogh sind beliebte Fälschungsobjekte. Einige Experten bezweifeln, ob dieses Bild, das 1987 für 40 Millionen Pfund verkauft wurde, wirklich echt ist.

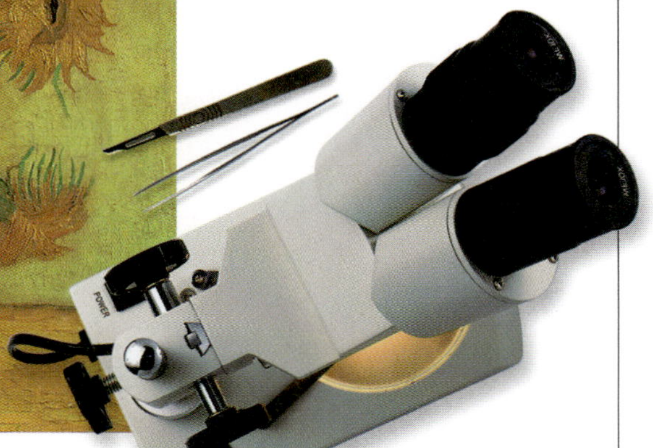

Ein Stereomikroskop zeigt den Pinselstrich und sogar die Fingerabdrücke des Künstlers.

Anders verhält es sich beim Metallguss. Die Hälfte aller altkretischen Bronzestatuetten dürften Fälschungen sein. Die winzigen Figuren sind leicht zu gießen und nur bei den besten lohnt sich eine gründliche Untersuchung.

Um Fälschungen zu erkennen, stehen den Experten raffinierte Techniken zur Verfügung. Keramiken datieren sie mit einer Genauigkeit von 85 Prozent mittels der Thermolumineszenz. Dabei wird die natürliche Strahlung gemessen, die der Ton seit dem Brennen aufgenommen hat; leider werden etwa 30 Gramm des Materials vernichtet. Ohne Verluste lassen sich Metallobjekte mit Röntgenstrahlen datieren: Das Röntgenstrahlenspektrum ist typisch für die geprüfte Legierung; es wird mit dem Spektrum eines vergleichbaren, gesichert datierten Objektes verglichen.

FALLBEISPIEL

Tom Keating (1917–1984), ein waschechter Cockney (also in Londons East End geboren) gehört zu den Dreistesten der modernen Fälscher. Im Lauf der 1970er-Jahre soll er weit mehr als 2000 Gemälde berühmter Maler gefälscht haben, darunter Werke von Gainsborough, Degas, Fragonard, Renoir und Modigliani. Doch nicht diese großen Namen brachten ihn zu Fall, sondern ein vergleichsweise unbekannter englischer Künstler des 19. Jahrhunderts: Samuel Palmer (Illustrator der Werke von William Blake). Keating wurde gefasst, als er versuchte, 13 »Palmer-Aquarelle« zu verkaufen.

FALLBEISPIEL

FÄLSCHUNG **ORIGINAL**

ZU VIEL GOLD
Bei der plumpen Fälschung (links) einer Brosche aus dem 19. Jahrhundert wurde der in Bronze gefertigte Adler mit Blattgold überzogen. Das Original (rechts) ist ein wertvolles Stück aus der Zeit der Westgoten.

Die Hitler-Tagebücher

Die Entdeckung der Hitler-Tagebücher versetzte die Historiker in Hochspannung. Was dachte er, als er die Ermordung von sechs Millionen Juden plante? Wie fühlte er sich, als der Zweite Weltkrieg verloren ging? Diese Tagebücher verraten die Gedanken des teuflischsten Dikators der Welt! Wenn sie echt sind ...

HAFTSTRAFE
Konrad Kujau (oben) und Stern-Reporter Gerd Heidemann (links) erhielten wegen Dokumentenschwindels eine Haftstrafe von viereinhalb Jahren. Einen Teil der Kaufsumme zahlten sie der Zeitschrift zurück – fünf Millionen D-Mark blieben verschwunden.

Im April 1945 ging der Zweite Weltkrieg seinem Ende entgegen. Krank und demoralisiert vergrub sich der Reichskanzler Adolf Hitler in seinem Bunker in Berlin. Nicht weit entfernt auf dem Flugplatz Schönwalde überwachte Major Friedrich Gundlfinger das Einladen von schweren Metalltruhen in seine Junkers 352. Als es dämmerte, startete Gundlfinger.

Seine Mission gehörte zur Operation Seraglio, dem verzweifelten Versuch, die deutsche Kommandozentrale zu evakuieren, bevor die russischen Truppen Berlin stürmten. Gundlfingers Flug endete tragisch. Niemand weiß, was in den eisigen Wolken über Dresden geschah, aber um 6 Uhr stürzte das Flugzeug ab und ging in Flammen auf.

Hitler wurde leichenblass, als er die Nachricht hörte. »In diesem Flugzeug waren meine ganzen Privatarchive …«, stöhnte er. »Es ist eine Katastrophe!«

Tagebuch entdeckt!

Nach dem Krieg bezweifelte kaum jemand, dass Hitlers Archiv mit der Crew des Flugzeugs verbrannt war. Als Gerd Heidemann, Reporter der Zeitschrift Stern, 1979 vom Auftauchen eines Bandes der privaten Führer-Tagebücher erfuhr, witterte er die sensationellste Story seiner Karriere.

Heidemann hatte ein fast krankhaftes Interesse an den Nazis. Als ein Memorabilien-Sammler ihm den ersten Band der Tagebücher zeigte, fing er Feuer. Die Handschrift schien tatsächlich die von Hitler zu sein. Nach einigem Herumschnüffeln fand Heidemann die Quelle: den Händler Konrad Kujau, der behauptete, er hätte die Tagebücher von einem ostdeutschen General gekauft und sie über die deutsch-deutsche Grenze schmuggelte.

Kaufen, kaufen, kaufen!

Heidemanns Chef begeisterte sich genauso wie Heidemann für die Tagebücher und ermächtigte ihn, sie – alle 62 Bände – für neun Millionen D-Mark zu kaufen. Unter strikter Geheimhaltung prüften Herausgeber und Redak-

HITLERS AUFSTIEG ▶
Adolf Hitler auf dem Weg zur Macht – das Foto von 1934 zeigt ihn bei einem Nazi-Aufmarsch.

◀HITLERS HANDSCHRIFT
Der Terminkalender von 1925 zeigt Hitlers echte Handschrift. Hitlers Sekretärin erklärte, dass er nie ein privates Tagebuch geführt hatte.

teure der Zeitschrift die Echtheit der Tagebücher und bereiteten die Veröffentlichung vor. Experten wurden nicht zurate gezogen. Im April 1983 erschienen Auszüge in einem 356 Seiten starken Sonderheft, die man auch an mehrere Zeitungen im Ausland verkaufte.

Veröffentlichung und Enthüllung

Nach der Veröffentlichung hielten sich Enttäuschung und Sensation die Waage. Die Tagebucheintragungen waren erstaunlich banal; man erfuhr kaum Neues über die Zeit. Sie gaben allerdings einen verblüffenden Einblick in Hitlers Charakter, zeigten ihn als freundlich und mitfühlend. Es kam zum erbitterten Expertenstreit: Die einen erklärten, dass die Tagebücher offensichtlich Fälschungen waren, während andere ihre Echtheit verteidigten.

Um das Spekulieren zu beenden, beauftragte der Stern das BKA (Bundeskriminalamt) mit der Prüfung der Tagebücher. Das Ergebnis war niederschmetternd (siehe rechts). Der Herausgeber der Zeitschrift, Peter Koch, kämpfte um den Ruf der Zeitschrift. Er war noch immer von der Echtheit der Tagebücher überzeugt und bat den amerikanischen Schriftexperten Kenneth Rendell um eine Analyse. Schon nach einem Tag erklärte Rendell: »Es sieht nicht gut aus.« Am auffälligsten unterschieden sich die Großbuchstaben E, H und K von nachweisbar echten Schriftmustern Hitlers. Beweise für einen Betrug häuften sich – zwei Wochen nach der Veröffentlichung musste Koch zugeben, dass der Stern hereingelegt worden war.

Der Fälscher war Konrad Kujau. Jahrelang lebte er gut von der Fälschung von Nazi-Memorabilien, doch mit den Tagebüchern hatte er sich übernommen. Zuerst hatte er nur eines gefälscht: Als der Stern sich einschaltete, sah er sich gezwungen, mehr zu liefern. Gerd Heidemann, der Reporter, der die Tagebücher »entdeckte«, hatte die Fälschung schon früh erkannt, doch seine eigennützigen Motive veranlassten ihn, die Fälschung zu decken. Als Mittelsmann strich er eine satte Beteiligung ein. Und die »Rehabilitation« Hitlers ließ die Nazis respektabler erscheinen, was Heidemanns Ansicht entgegenkam.

Die Herausgeber des Stern traf ebenfalls einige Schuld. Nachdem sie dem Kauf der Tagebücher zugestimmt hatten, wollten sie einfach nicht an eine Fälschung glauben, sodass sie sich nur halbherzig um den Nachweis der Echtheit bemühten.

Die Hitler-Tagebücher waren keineswegs eine gelungene Fälschung. Dennoch haben sie ihren Platz in der Geschichte der Dokumentenanalyse, weil es dabei um riesige Summen ging und weil alle Beteiligten sich aus Gier und Leichtgläubigkeit so phänomenal zu Narren machen ließen.

VERNICHTENDE ANALYSE

- Die Tagebücher weisen große Ähnlichkeit mit einem Buch von 1962 auf, in dem Reden und Erklärungen von Hitler veröffentlicht sind.
- Tagebucheintragungen gibt es nur für die Tage, die auch in diesem Buch auftauchen. Noch schwerer wiegt, dass sie die Fehler des Buchs wiederholen.
- Aufkleber von 1943 sind so deutlich wie die neun Jahre früher datierten. Bei echten Aufklebern wäre die Schreibmaschinenschrift unterschiedlich verblasst.
- Die Bindung enthält Polyesterfäden, die nicht vor 1953 hergestellt wurden.
- Das Papier enthält einen Aufheller, Blankophor, den es erst seit 1954 gibt.

SENSATION! ►
Konrad Kujau mit der Sternausgabe von 1983, in der die Tagebücher als »historische Sensation« gefeiert wurden.

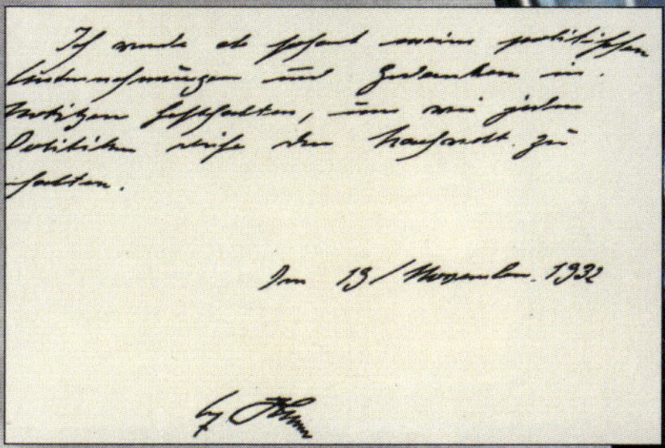

DAS GEFÄLSCHTE TAGEBUCH►
Auf der ersten Seite der gefälschten Tagebücher steht, dass Hitler seine politischen Entscheidungen und Gedanken ab sofort in Notizen festhalten will, um sie wie jeder Politiker für die Nachwelt zu erhalten.

Computerkriminalität

Digitale Informationen werden tagtäglich gespeichert, gelesen, geschrieben und versandt. Und jedes Mal vervielfältigen sich die Daten sichtbar – oder auch unsichtbar. Zur Aufklärung von Computerkriminalität müssen die Ermittler vor allem nach verborgenen oder vergessenen Kopien belastender Informationen fahnden.

Heute ist die strafrechtliche Verfolgung von Computerkriminalität so alltäglich wie die Fahndung nach einem gewöhnlichen Dieb. Die Ermittler befassen sich dabei nicht nur mit computerbezogenen Delikten wie Hacking, Viren oder Raubkopien von Software, sondern auch mit konventionellen Delikten wie Betrug, Unterschlagung, organisiertem Verbrechen und Kinderpornographie.

Der Begriff Computer beinhaltet nicht nur PCs oder Laptops, sondern alles, was einen Mikroprozessor und Chips enthält, um Daten zu verarbeiten und zu speichern. Alle sind mögliche Beweismittel.

Wo ist der rauchende Colt?

Die meisten Fälle von Computerkriminalität spielen sich an PCs ab. Eine Hilfe bei der Aufklärung dieser Delikte sind die Schwächen von Hard- und Software. Wird eine Datei gelöscht, verschwindet sie keineswegs unwiederbringlich von der Festplatte. Das »Löschen« ändert nur den Namen der Datei, sodass sie verborgen ist.

Daten »leben ewig«

Computerkriminelle kennen die Schlupflöcher, daher verwenden sie Verschlüsselung und sicherere Löschprogramme, um belastende Daten zu verstecken.

Alle Betriebssysteme besitzen ein virtuelles Gedächtnis. Auf das Speichern von Daten im Arbeitsspeicher (RAM – Random Access Memory) reagiert die Software schnell, doch im RAM ist nicht viel Platz. Das Betriebssystem verlagert fortwährend selten gebrauchte Daten aus dem RAM auf die Festplatte, die zwar langsamer ist, aber mehr Speicherkapazität hat. Dabei entsteht eine so genannte Swap-Datei mit so vielen Daten wie im Arbeitsspeicher sind – meist genug für den Text von rund 200 Romanen. Selbst wenn eine Datei sicher gelöscht worden ist, bleibt ihr Inhalt in der Swap-Datei. Allerdings nicht für immer. Jedes Mal, wenn der Computer eingeschaltet und benutzt wird, ersetzen neue Daten einen Teil des alten Inhalts der Swap-Datei.

Das stellt die Ermittler vor ein Problem: Auf der Festplatte existieren vielleicht Beweise, aber schon das Einschalten des Computers könnte reichen, um sie zu löschen. Zum Glück gibt es eine einfache Lösung. Mit spezieller Ausrüstung lässt sich der gesamte Inhalt einer Festplatte kopieren, ohne den fraglichen Computer einzuschalten. Die Ermittler können dann die Dateien in der Kopie untersuchen, ohne Gefahr zu laufen, Daten auf dem Original zu zerstören. Hinzu kommt ein zweiter Vorteil – die Arbeit in der Kopie verhindert Anschuldigungen, Beweismaterial manipuliert zu haben. Auch kann so

DELIKTE PER COMPUTER

1 *Software-Piraterie – wenn Software illegal kopiert und verkauft wird.*

2 *Hacking – unerlaubtes Eindringen in fremde Computer und Sabotage, als Schabernack oder böswillig.*

3 *Betrug per Computer – dabei geht es um Vermögenswerte, etwa um illegale Überweisungen und Kreditkartenzahlungen.*

4 *Fälschungen am Computer betreffen falsche Dokumente, etwa mit Laserdrucker gefertigte Schecks.*

5 *Gebrauch von Computern bei der Ausführung von Verbrechen.*

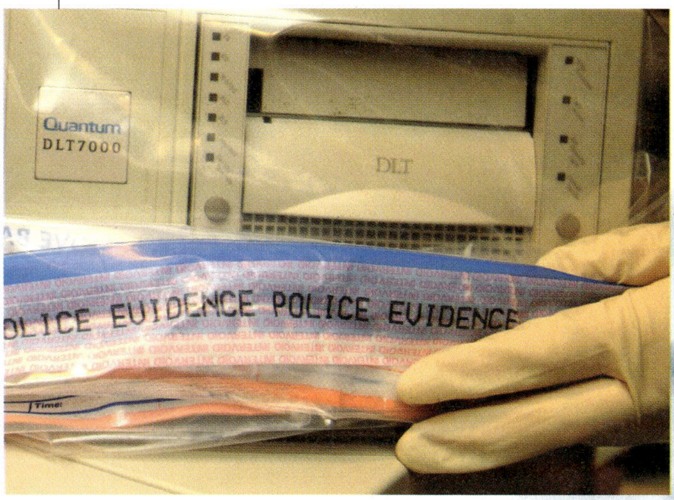

VERSIEGELT UND GESCHÜTZT▲
Beschlagnahmte Computer werden wie jedes andere Beweisstück behandelt. Sorgfältige Aufbewahrung und Dokumentation verhindern »begründete Zweifel« der Verteidigung, wenn es zum Prozess kommt.

INNENLEBEN ▲
Kriminaltechniker öffnen und untersuchen gründlich jede Hardware. Sie kennzeichnen und fotografieren jedes Teil, bevor sie die Daten prüfen.

DIGITALE DATEN ▲
Die Ermittler müssen nicht nur Daten, sondern auch Betriebssystem und Programme wiederherstellen, um Beweise zu erhalten.

STABILE »SCHEIBE« ►
Computer-Festplatten sind erstaunlich stabil. Selbst wenn der Computer aus dem ersten Stock geworfen wird, sind die Daten nicht zwangsläufig beschädigt.

ein Dritter, wie ein vom Verdächtigten beauftragter Gutachter, die Schritte der Ermittler beim Fahnden nach gelöschten oder verschlüsselten Daten nachvollziehen und prüfen.

Internet-Betrug

Internet-Delikte stellt die Ermittler vor völlig andere Probleme, wie das folgende Beispiel zeigt: Banken geben nur ungern zu, dass sie Opfer von Internet-Betrug geworden sind. Selbst wenn sie es eingestehen, ist es nicht leicht die Täter zu fassen, wie einer der wenigen bekannt gewordenen Fälle demonstriert. 1994 loggten sich Hacker in das als sicher geltende Netzwerk einer der weltweit größten Banken, der Citibank, ein und stahlen mehr als zehn Millionen US-Dollar. Die Diebe verwendeten ein Modem, um Zugang zum Netz der Citibank zu bekommen. Es war schwierig, die Hacker aufzuspüren, weil sie so rasch arbeiteten. Schließlich fassten die Ermittler den Kopf der Aktion, den Russen Wladimir Levin. Den Erfolg verdankten sie den Aufzeichnungen der Telefongesellschaft und der Überwachung der Bankkonten, auf die das gestohlene Geld geflossen war. Als ein Mitglied der Cybergang einen Scheck in Höhe von mehreren Millionen Dollar einlösen wollte, griff die Polizei zu. Gegen die Zusicherung einer milderen Strafe half er den Ermittlern, das Verbrechen vollständig aufzuklären.

»Verfolge das Geld«

Die Kombination aus Internet-Schnüffelei und Aufspüren von finanziellen Transaktionen lohnt sich auch bei der Fahndung nach Kriminellen, die im Internet Kinderpornographie vertreiben. So überwachte die britische Polizei im Frühjahr 2002 mit spezieller Software einige Chatrooms, die von Mitgliedern eines Pädophilen-Rings besucht wurden. Schließlich identifizierte man die Verdächtigen anhand der Kreditkarten, mit denen sie die Zugangsberechtigung zu den Kinderpornographie-Websites bezahlt hatten.

Verschlüsselung

Computerkriminelle nutzen oft die Verschlüsselung, um ihre Spuren zu verwischen. Doch selbst die heutigen ausgetüftelten Verschlüsselungsprogramme »schützen« sie zum Glück nicht perfekt vor strafrechtlicher Verfolgung. Ganz gleich, ob im Internet oder auf der Festplatte, verschlüsselte Daten tragen stets eine auffällige Unterschrift, die »verdächtig« zu schreien scheint. Die Verwendung von Verschlüsselungen kann sogar einem Geständnis gleichkommen.

FALLBEISPIEL

Anfang Mai 2000 öffneten Millionen Computerbenutzer eine E-Mail mit dem Betreff »I love you« und erlebten einen Albtraum. Die Nachricht leitete sich selbst an jede Adresse in ihrem Adressbuch weiter. Dieser »Love Bug« vervielfältigte sich so rasant, dass das Internet zusammenbrach. Ermittler fanden das Wort »Barok« im Code des Virus. Dieses war bereits vier Monate zuvor bei einem weniger schädlichen Virus aufgetaucht – und der Hinweis, dass der Urheber am AMACC studierte, einem Computer-College auf den Philippinen. Dort bestätigte man, dass ein Student, Onel de Guzman, solch ein Programm als Semesterarbeit vorgelegt hatte; danach hatte er das College verlassen. Die Polizei in Manila durchsuchte seine Wohnung und fand Beweise, dass er einer der Urheber war. Doch auf den Philippinen trat das Gesetz gegen Hacking erst im Juni in Kraft, sodass man es nicht auf den Love-Bug-Fall angewenden durfte. Guzman kam ungestraft davon.

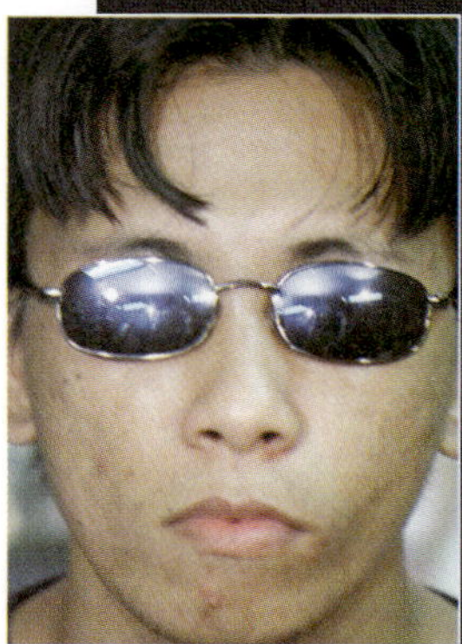

◄ ONEL DE GUZMAN
Der 24-Jährige stritt die Urheberschaft am Virus ab – er habe ihn aber »vielleicht« in Umlauf gebracht.

Umweltsünder

Moderne Analyseverfahren helfen, Umweltsünder aufzuspüren. Doch diese Kriminelle, die unsere Umwelt verschmutzen und die Natur zerstören, sind schwer zu fassen. Häufig agieren sie auf internationaler Ebene, wo materieller Eigennutz sich mit spärlichem politischem Engagement paart, sodass strafrechtliche Verfolgungen selten sind.

GIFTIGE FÄSSER ▲
Verantwortungslos deponieren Umweltverschmutzer giftige Abfälle einfach im Gelände. Hier prüfen Toxikologen den Inhalt gefährlicher, rostender Fässer.

Internationale Abkommen und nationale Gesetze schützen Umwelt sowie bedrohte Tiere und Pflanzen. Doch die Versuchung, sie zu missachten, ist riesig, denn es geht um sehr viel Geld. Armut, Gleichgültigkeit und kulturelle Unterschiede erschweren die Durchsetzung der Gesetze. Weltweit setzen sich Gier und Korruption über die Belange der Umwelt hinweg. Sogar Regierungen stehen unter Druck, etwa wenn die Schließung einer umweltgefährdenden chemischen Fabrik den Verlust von Arbeitsplätzen bedeutet. Für diese Probleme gibt es keine einfachen Lösungen, während das Aufdecken von Umweltkriminalität relativ leicht ist.

Aufspüren von Verschmutzungen

Dank hoch entwickelter Analyseverfahren lassen sich heutzutage in Wasser, Boden und Luft selbst winzige Schadstoffmengen aufspüren. In einem Fluss kann man eine Verschmutzung sogar bei billionenfacher Verdünnung feststellen – das entspricht einem halben Teelöffel auf ein Schwimmbecken von Olympiamaßen.

Die Überwachung von Umweltverschmutzung ist meist eine Kombination automatischer und manueller Tests, die vor Ort und in Labors stattfinden. Im Wasser werden zum Beispiel die Verringerung des Sauerstoffgehalts sowie der Gehalt an Nährstoffen, organischen und anorganischen Chemikalien oder anderen Schadstoffen gemessen.

Es nützt wenig, Verschmutzungen nur aufzudecken, man muss auch den Verursacher finden, um sie zu beenden. Die Entnahme von Proben flussaufwärts führt Öko-Detektive zu den Quellen industrieller Verschmutzung. Andere Schadstoffquellen sind wesentlich schwerer zu ent-

UMWELTVERSCHMUTZUNG ▼
Es gibt heute viele Verfahren, um Umweltverschmutzungen auf die Spur zu kommen. So lassen sich mit Gaschromatographen leicht Pestizide aufspüren.

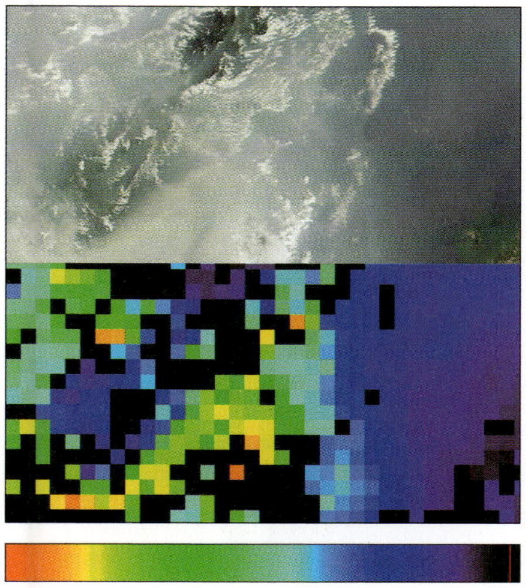

»DUNST« ÜBER SUMATRA ▲
Die Satelliten der NASA messen Rußansammlungen auf der Erde. Hohe Werte können auf illegale Waldbrände zur Landgewinnung hinweisen.

decken. Dünger oder Pestizide, die von Äckern ablaufen, rinnen an vielen Stellen in Bäche und Flüsse, deshalb bleiben die Verantwortlichen leider allzu häufig im Dunklen.

DNA-»Pfotenabdrücke«

Viele Tiere sind vom Aussterben bedroht, weil man Teile ihres Körpers in traditionellen Heilmitteln verwendet oder Sammler sie begehren.

Lebende Tiere zu identifizieren, ist für Experten einfach. Bei getrocknetem oder gefrorenem Gewebe müssen verschiedene Verfahren helfen. Mithilfe der Morphologie (der Lehre von Form und Struktur von Knochen, Fell, Schnabel und Gefieder) lässt sich die Art identifizieren. Und die Serologie hilft mit Tests, wie man sie bei Menschenblut anwendet (siehe Seite 59).

Da die Kosten für DNA-Analysen sinken, greift man verstärkt darauf zurück. So brachten Forscher aus Hawaii ein tragbares Labor nach Japan, um die DNA von Walfleischproben aus Restaurants zu analysieren. Der Vergleich mit einer DNA-Datenbank ergab, dass die Restaurantbesucher geschützte Arten verspeisten, darunter Buckelwale aus dem Nordpazifik und Finnwale aus dem Nordatlantik.

Auf ähnliche Weise entdeckte man Kaviar von illegal gefischten Stören und Teile von Tigern für fernöstliche Medizin.

Wer sind die Täter?

In den Polizeiapparaten vieler Länder gibt es Experten, die gerichtsmedizinisch und strafrechtlich die Umweltkriminalität verfolgen, aber nur die USA besitzen eine spezielle Organisation: das National Fish and Wildlife Forensics Laboratory in Ashland, Oregon. Zudem führt der allgegenwärtige Geldmangel häufig dazu, dass die Aufdeckung von Umweltkriminalität Freiwilligen überlassen bleibt. Die brasilianische Regierung versucht, den illegalen Holzeinschlag zu unterbinden, doch für ein Gebiet von der Größe der Schweiz ist nur ein Polizist zuständig. Die Holzfirmen arbeiten mit Bestechung und Morddrohungen. Gemeinsam mit der örtlichen Polizei kennzeichnete Greenpeace am oberen Amazonas illegal gefällte Bäume mit unsichtbarer Farbe, die unter UV-Licht leuchtet, und versteckten Sender auf den Flößen. So ließen sich die Baumstämme bis nach Europa verfolgen – die Holzfirma bekam eine Strafe in Millionenhöhe.

◄SCHMUGGELWARE
Beim Durchleuchten des Gepäcks entdeckte man diesen Kakadu in einer Röhre; es ist verboten, diese Art aus Australien auszuführen. Nur Drogenhandel ist lukrativer als illegaler Wildhandel.

LABORANALYSEN

Die erfolgreiche Strafverfolgung von Wilderern und Schmugglern von bedrohten Tieren hängt davon ab, dass man ihre – zum Teil schon »verarbeitete« – Beute eindeutig identifizieren kann. Vogel-, Säugetier- und Reptilienexperten bedienen sich daher der Morphologie (Gestaltlehre; Name von den griechischen Begriffen für »Form« und »Struktur« abgeleitet). Haben sie Zugang zu einem ganzen, gut erhaltenen Kadaver, können sie ein Tier bis hin zur Art bestimmen. Von Teilen oder verwesten Exemplaren lassen sich nur Familie oder Gattung genau bestimmen. DNA-Profile, um Wildtiere zu identifizieren, sind nur möglich, wenn es Vergleichsmaterial von einem Tier derselben Art gibt, zu der das untersuchte Tier

ARMES RHINO►
Durch Infrarot-Spektroskopie werden nur ein Prozent der Rhinozeros-Hörner (angeblich ein Mittel gegen Impotenz) entdeckt, weil das Verfahren für die Heimatländer der Tiere zu teuer ist.

Die Shahtoosh-Dealer

In einem Apartment in Hongkong treffen sich ein paar reiche Frauen, kaufen weiche Schals und zahlen lässig pro Stück 10 000 US-Dollar. Alles wirkt wie eine harmlose Verkaufsveranstaltung. Doch es ist eine tödliche Party, denn jeder Schal kostet vier vom Aussterben bedrohte Tieren das Leben – erschossen, ermordet von brutalen Wilderern.

SHAHTOOSH-HÄNDLERIN ▲
Die Verurteilung die Shahtoosh-Händlerin Bharati Assomull zu 40 000 US-Dollar Geldstrafe und drei Monaten Gefängnis mit einem Jahr Bewährung war für die Behörden in Hongkong ein Meilenstein.

Mehr als 2500 Meter über dem Meeresspiegel liegt in Tibet die unwirtliche, ausgetrocknete Hochebene. Tagtäglich pfeift eine scharfer Wind über das Plateau und nur an 60 Tagen im Jahr steigt das Thermometer ein paar Grad über Null. Die Tiere, die hier leben, mussten Strategien entwickeln, um diesen harten Bedingungen standzuhalten. Ein Beispiel dafür ist die Tibetantilope (*Pantholops hodgsoni*), auch Chiru bzw. Tschiru genannt, um die es in diesem Fall geht. Diese gazellenähnliche Antilope schützt sich mit einem sehr dichten Fell vor den Unbilden der Witterung. Zum ihrem Unglück liefert dieses Fell nicht nur eine extrem warme, sondern die feinste und weichste Wolle der Welt. Unter dem Handelsnamen Shahtoosh weckt sie international die Begierde zahlloser modebewusster Leute.

Opfer der Mode

Es besteht keine Chance, Tibet-Antilopen wie Schafe in Herden zu halten und zu züchten. Die scheuen Tiere ergreifen sofort die Flucht, sobald sie Menschen nur aus der Ferne riechen. Wer an Shahtoosh herankommen will, muss die Tiere töten und ihnen das Fell abziehen. In der ferneren Vergangenheit verringerte die Jagd auf diese Wolllieferanten den Tierbestand kaum, da es nur nur wenige, meist erfolglose Jäger gab. Aber dann rückten Leute mit flotten Geländewagen an und knallten mit Zielfernrohr ausgestatten Jagdgewehren die Tier ab, sobald sie als Pünktchen am Horizont erschienen. So dezimierte sich vergangenes Jahrhundert die Anzahl der Tibetantilopen rasch von einer Million auf derzeit rund 75000 – und die Art landete auf der Roten Liste (Anhang 1) der vom Aussterben bedrohten Tierarten (CITES).

Doch da das Verbreitungsgebiet so groß wie Frankreich ist, lassen sich die Tiere kaum effektiv vor den modernen Wilderern beschützen. Das gelingt noch nicht einmal in dem chinesischen Reservat Arjin Shan, weil es dort nur vier Fahrzeuge und sehr wenige Mitarbeiter gibt.

Kampf gegen Windmühlen

Die Artenschutzbestimmungen für derart bedrohte Tierarten verbieten jeglichen Handel mit der geschützten Art oder daraus hergestellten Produkten. Doch weltweit begehren Frauen wie Männer Schals und andere Textilien aus Shahtoosh. Schals sind Sammlerstücke, für die einige Leute 3000 bis 5000 oder auch durchaus mal 15 000 US-Dollar zahlen.

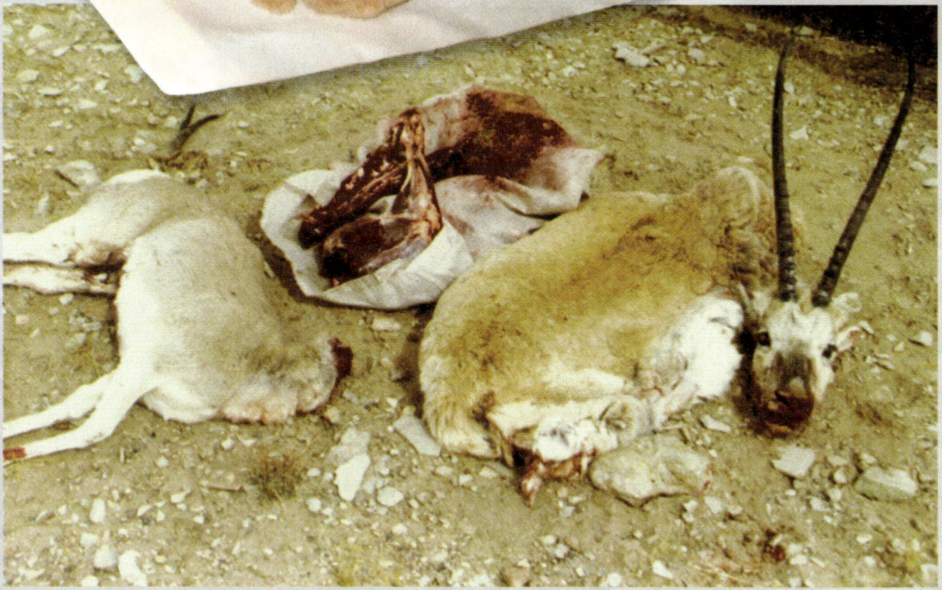

◄ BLUTBAD IN TIBET
Wilderer ziehen den erschossenen Tibetantilopen das Fell ab und lassen die Kadaver einfach liegen. Jedes Fell ergibt etwa 100 Gramm Wolle – für einen schlichten Schal benötigt man 300 bis 500 Gramm.

 FALLBEISPIEL FALLBEISPIEL FALLBEISPIEL FALLBEISPIEL

KÖNIG DER WOLLE ▶
Shahtoosh ist ein persisches Wort und bedeutet »aus der Natur und eines Königs würdig«, daher nennt man die Wollart auch »König der Wolle«. Shahtoosh-Gewebe sind sehr weich, leicht und besonders warm.

Hongkong ist ein reger Umschlagplatz für Shahtoosh. Obwohl die zuständige Behörde wiederholt versucht hatte, den Handel energisch zu unterbinden, ließen sich weder Händler noch Käufer aufgrund einer Gesetzeslücke fassen. 1995 beschlagnahmte man 100 Shahtoosh-Schals. Dagegen ging der Anwalt des Besitzers mit dem Argument vor, niemand könne vor Gericht nachweisen, dass die Wolle von einer geschützten Tierart stammt. Genau das war die Lücke – das Hintertürchen – im Gesetz. Vermutlich musste man die Schals tatsächlich zurückgeben.

Schluss mit dem Hintertürchen

Im Jahr darauf, 1996, wendete sich das Blatt. Die Umweltorganisation TRAFFIC bekam Insiderinformationen über den geheimen Handel mit Shahtoosh und alarmierte die zuständige Behörde in Hongkong – die verwies bedauernd auf das »Hintertürchen«. Doch kurz darauf wurde dieses fatale Türchen geschlossen, nicht in Hongkong, sondern in the USA im National Fish and Wildlife Forensics Laboratory (NFWFL). Ein Chemiker der Hongkonger Behörde flog in die USA und half dem Spezialisten am NFWFL, dem Forensiker Bonnie Yates, einen Test zu entwickeln, der das Haar der Tibetantilope identifiziert.

▲ ANTILOPEN IN GEFAHR
Die Tibetantilope kann Hunden und Wölfen davonlaufen, nicht aber den jagenden Menschen. 1985 hat ein Schneesturm die Herden zusätzlich dezimiert.

Den Händlern auf der Spur

Die nahe liegende DNA-Analyse half den Wissenschaftlern wenig, da sich in einem Schal selten die dafür benötigten Haarwurzeln befinden. Deshalb wendeten sie sich morphologischen Elementen zu, also Form, Struktur und Größe des Haares.

Die Unterwolle der Tibetantilope ähnelt dem Brustflaum der Kaschmirziege, ist aber noch weicher. Das Fell der Antilope verfügt jedoch über festeres Leithaar, das sich bei der Verarbeitung nicht entfernen lässt. Und so konnte Bonnie Yates definitiv sagen, dass die »... Leithaare eindeutige Mikrostrukturen aufweisen, die das Haar der Tibetantilope von Ziegenhaaren und jeglichen anderen nah verwandten Huftieren unterscheidet.« Das Allerbeste an diesem guten Ergebnis war: Den alles entscheidenden Unterschied sieht man unter einem konventionellen Mikroskop.

Mit diesem Test im Rücken schlug die Hongkonger Polizei zu. Am 18. Dezember 1997 führte sie während einer privaten Verkaufsausstellung im Hotel Furama eine Razzia durch. Die Polizisten beschlagnahmten 130 große Shahtoosh-Tücher und verhafteten Bharati Assomull. Im Februar 1999 wurde die Händlerin verurteilt – wegen des Besitzes von Produkten aus Bestandteilen einer hochgradig bedrohten Tierart.

Obwohl weitere Verurteilungen folgten, floriert der illegale Shahtoosh-Handel in Hongkong, Westeuropa, Nordamerika und Japan. Das grausame Geschäft lässt sich wohl erst stoppen, wenn Träger von Shahtoosh-Textilien genauso geächtet werden wie die von Leopardenfellmänteln.

RING-TEST ▼
Verkäufer von Shahtoosh-Textilien demonstrieren potenziellen Käufern die Feinheit des Gewebes, indem sie zeigen, wie leicht sich ein 1 x 2 Meter großes Tuch durch den Ehering eines Mannes ziehen lässt.

Meilensteine der Gerichtsmedizin

IDENTIFIZIERUNG

1660
Der italienische Biologe Marcello Malpighi (1628–1694) beschreibt das Linienmuster (die Papillarleiste) der Fingerspitzen.

1776
Paul Revere identifiziert den Leichnam von General Warren anhand der Zahnbrücke, die Revere ihm angefertigt hatte und für die er den Stoßzahn eines Walrosses verwendete.

1823
Der tschechische Physiologe Johan Evangelista Purkinje veröffentlicht eine Arbeit über Fingerabdrücke, in der er unterschiedliche Typen anhand der Wirbel, Ellipsen und Gabelungen beschreibt.

1843
Die Polizei von Brüssel legt die ersten Verbrecheralben an.

1850
In den USA wird erstmals ein Mörder, (John Webster) aufgrund von medizinischen Beweisen verurteilt, weil ärztliche und anatomische Gutachten über Geschlecht, Alter und Todeszeitpunkt des Opfers das Gericht überzeugen.

1858
Im bengalischen Distrikt Hoogly bemerkt der Verwaltungsbeamte William James Herschel, dass sich die Fingerabdrücke eines Menschen niemals verändern. Später lässt er Soldaten den Erhalt ihrer Pension mit einem Fingerabdruck quittieren. Es ist das erste Mal, dass Fingerabdrücke zur Feststellung der Identität benutzt werden.

SPUREN, CHEMIKALIEN UND DOKUMENTE

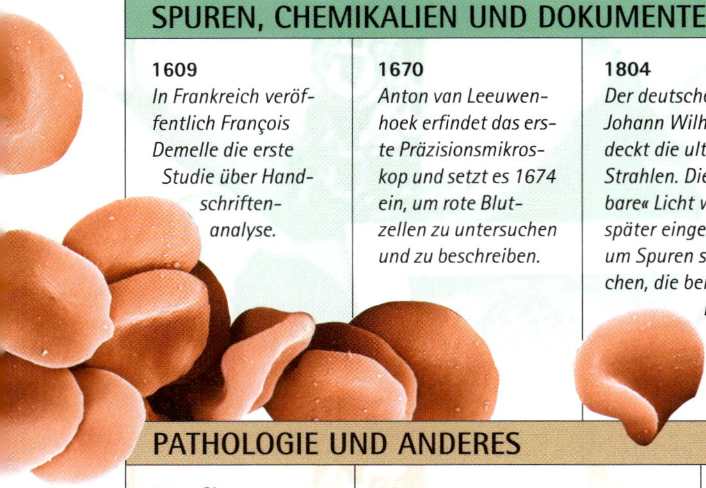

1609
In Frankreich veröffentlicht François Demelle die erste Studie über Handschriftenanalyse.

1670
Anton van Leeuwenhoek erfindet das erste Präzisionsmikroskop und setzt es 1674 ein, um rote Blutzellen zu untersuchen und zu beschreiben.

1804
Der deutsche Physiker Johann Wilhelm Ritter entdeckt die ultravioletten Strahlen. Dieses »unsichtbare« Licht wird Jahrzehnte später eingesetzt werden, um Spuren sichtbar zu machen, die bei »sichtbarem« Licht nicht zu erkennen sind.

1814
In Spanien veröffentlicht Matthieu Orfila (in Französisch) das erste Werk über das Aufspüren von Giften: »Traité des Poisons Tirés des Règnes Minéral, Végétal et Animal, ou Toxicologie Général«. Damit wurde er zum »Vater der Toxikologie«.

1830
In Italien erfindet Giovan Battista Amici das Polarisationsmikroskop. Ende des Jahrhunderts wird dieses Instrument häufig zum Untersuchen von Mineralien verwendet.

1836
Briton James Marsh entwickelt einen Arsentest, mit dem man selbst Spuren von 1/50 000 Gramm entdecken kann. Frühere Tests waren zu unzuverlässig und zu ungenau, sodass kein Gericht sie als Beweismittel anerkannte.

PATHOLOGIE UND ANDERES

44 v. Chr.
Der römische Arzt Antisius untersucht den Leichnam des erstochenen Alleinherrschers Julius Caesar. Er stellt fest, dass von den 23 Stichwunden nur der Stich in die Brust tödlich war.

1247
In China schreibt der Anwalt und Leichenbeschauer Sung Tzuh das Buch »Hsi Duan Yu« (Das Falsche wegwischen) – das erste forensische Werk. Darin erklärt er, wie man Selbstmord, Mord und natürlichen Tod voneinander unterscheiden kann. Außerdem erläutert er die unterschiedliche Gefährlichkeit von Wunden an den einzelnen Körperpartien.

1284
Der chinesische Schriftgelehrte His Yuan Lu beschreibt, wie die Todesursache das Erscheinungsbild des Körpers verändert.

1642
An der Universität Leipzig führt man die Gerichtsmedizin als Studienfach ein.

1809
In Paris entgeht der Kriminelle Eugène François Vidocq dem Gefängnis, indem er der Polizei sein Wissen über die Pariser Unterwelt als Spitzel und Geheimermittler anbietet. Mit seiner Hilfe baut man die neue französische Sicherheitsbehörde Police de Sûreté auf (deren Chef er 1811 wird).

1878
Scotland Yard gründet die erste Strafverfolgungsabteilung mit Ermittlern in Zivil: das Criminal Investigation Department (CID) – die englische Kripo.

SCHUSSWAFFEN UND SEROLOGIE

1794
Der erste Schritt in die Ballistik beginnt mit der Verurteilung des Mörders John Toms in Lancashire, England. In der Wunde eines erschossenen Opfers entdeckte man ein Papierstückchen, das zu dem in der Tasche des Angeklagten gefundenen Blatt mit einer Ballade passte.

1835
In England untersuchte Henry Goddard, Mitglied der Detektei in der Bow Streeet, die Spuren an Geschossen und bewies, dass die winzigen Erhöhungen auf einer Kugel von einer entsprechend fehlerhaften Gussform herrühren.

1889
An der Universität von Lyon demonstrierte Alexandre Lacassagne, dass man eine Kugel einer Schusswaffe sicher zuordnen kann, indem man die Rillen auf dem Geschoss mit der inneren Rifflung des Laufs vergleicht.

1891
Der preußische Mediziner Paul Ehrlich entdeckt, dass sich bei Tieren nach der Injektion eines Giftes Antikörper bilden, die Immunität gegen das Gift hervorrufen. Damit setzte er einen Meilenstein in der Immunitätsforschung und trug vermutlich auch zur Entwicklung der Immunoassay bei, einer grundlegenden Analysemethode in der Toxikologie.

1898
Der deutsche Chemiker Paul Jeserich feuert als Erster eine Kugel aus der Waffe eines Verdächtigen ab, um sie dann mit dem Geschoss, das man bei dem Opfer gefunden hat, im Detail zu vergleichen. Ergibt der Vergleich eindeutige Übereinstimmungen, gilt er als Beweismittel vor Gericht.

1859
Zum ersten Mal werden Fotos als Beweismittel vor Gericht verwendet.

1879
Der schottische Arzt Henry Faulds lebt in Tokio, als er einen Einbrecher durch dessen Fingerabdruck überführt. Dann entdeckt er an antiken Gefäßen die Fingerabdrücke der Töpfer. Er berichtet in der Zeitschrift Nature, *dass seine Entdeckung erstmals die Identifizierung von Personen ermöglicht. Das Erstentdeckungsrecht nahm auch William Herschel (siehe 1858) für sich in Anspruch.*

1882
Alphonse Bertillon, ein Beamter der Pariser Sûreté, behauptet, Anthropometrie (Lehre von der Vermessung des menschlichen Körpers) helfe, Kriminelle zu identifizieren. Seinen ersten Erfolg hat er im Jahr darauf, als er einen Verdächtigen identifiziert.

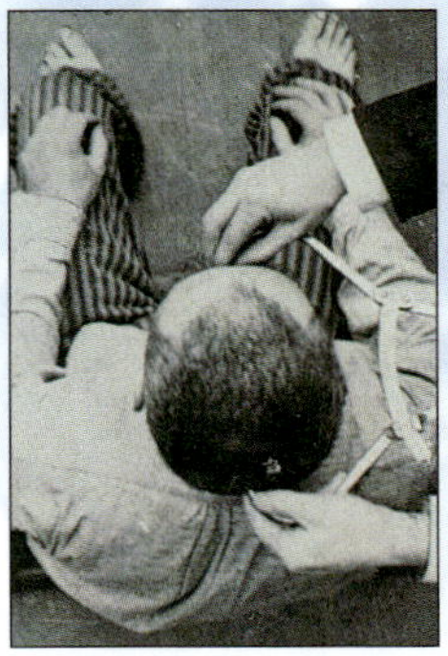

1892
In seinem Buch »Fingerprints« beschreibt der englische Wissenschaftler Francis Galton die Klassifizierung von Fingerabdrücken anhand von Bögen, Schleifen und Wirbeln. Und er beweist, dass Fingerabdrücke einzigartig und sogar die von eineiigen Zwillingen verschieden sind.

1892
In Argentinien wird erstmals ein Mörder durch Fingerabdrücke überführt. Der Erfolg ist dem Polizeichef von Buenos Aires, Juan Vucetich, zu verdanken, der sich für die Verwendung von Fingerabdrücken als Beweismittel einsetzte. Argentinien ist das erste Land, das in der Polizeiarbeit Fingerabdrücke der Anthropometrie vorzieht.

1859
In Deutschland beweisen der Physiker Gustav Kirchhoff und der Chemiker Robert Bunsen, dass eine brennende Substanz anhand der Flammenfarbe zu identifizieren ist; sie nutzen dieses Wissen, indem sie das erste Spektroskop entwickeln.

1861
Der deutsche Pathologe Rudolph Virchow untersucht in seiner Zeit als Professor für Pathologische Anatomie in Berlin erstmals Haare und ihren Wert als Beweismittel.

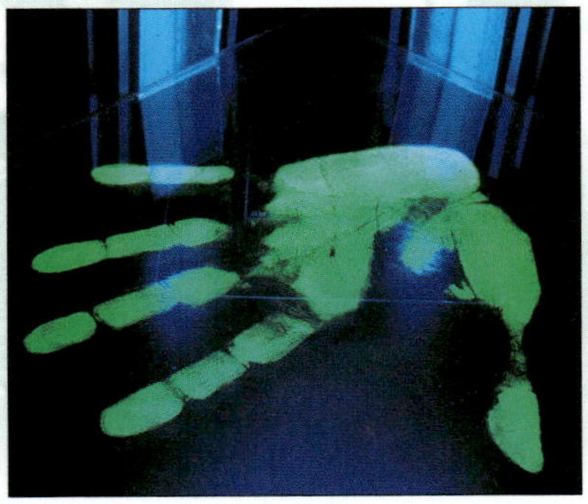

1877
Am King's College in London baut Walter Noel Hartley einen Ultraviolettspektrographen. Weiterentwickelt und automatisiert wird daraus später der Ultraviolettspektrophotometer – ein unentbehrliches Werkzeug der forensischen Analyse.

1904
In Deutschland verwendet Dr. Georg Popp zum ersten Mal botanisches Material (Erde und Pflanzenteile) als Beweismittel.

1910
Victor Balthazard, Gerichtsmediziner in Paris, verfasst mit Marcelle Lambert »Le poil de l'homme et des animaux« – die erste wissenschaftliche Arbeit über Haare von Menschen und Tieren.

1893
Hans Gross, Professor für Strafrecht an den verschiedenen Universitäten, darunter Prag und Graz, veröffentlicht sein »Handbuch für Untersuchungsrichter«, das zum Standardwerk der Forensik wird. Es enthält auch Ratschläge zur Mikroskopie, Serologie, Ballistik und zur Fingerabdrucktechnik.

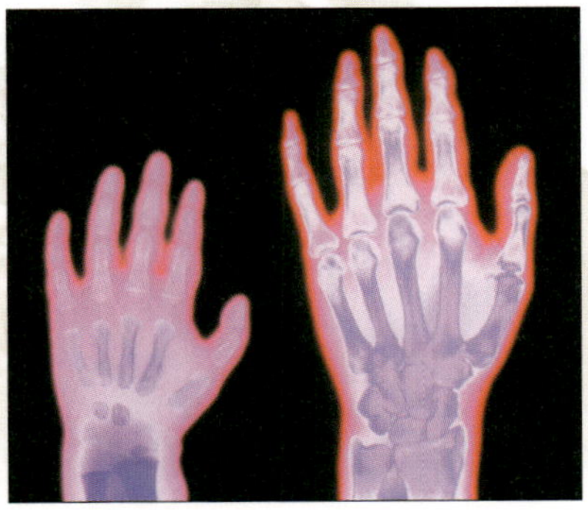

1895
Conrad Röntgen entdeckt die – nach ihm benannten – Röntgenstrahlen.

1908
Der amerikanische Generalstaatsanwalt Charles J. Bonaparte baut das Bureau of Investigation (das spätere FBI) auf – die erste nationale Institution in den USA zur Ermittlung von Verbrechen.

1910
In Frankreich wird Edmond Locard Leiter des Laboratoriums für Polizeitechnik und beginnt, seine »Kontaktspuren-Theorie« zu entwickeln, die jedoch erst 1920 offizielle Beachtung findet.

1901
Der österreichische Pathologe Karl Landsteiner entdeckt die Blutgruppen A, B und O. Für diese Spezifizierung des Blutes in drei Hauptgruppen erhält er 1930 den Nobelpreis für Medizin.

1901
Paul Uhlenhuth, Bakteriologe an der Universität Greifswald, entwickelt den Präzipitintest, mit dem man menschliches Blut von tierischem unterscheiden kann.

1913
Victor Balthazard, Professor für Gerichtsmedizin an der Sorbonne, Paris, veröffentlicht einen bahnbrechenden Artikel über Spuren an Geschossen und warum jene ein Geschoss zu einem einzigartigen Exemplar machen.

1915
Leone Lattes, Assistent am gerichtsmedizinischen Institut in Turin, entwickelt ein Verfahren für den ABO-Test an Blutspuren auf Kleidungsstücken. Er verwendet ein Salzlösung, um das getrocknete Blut in seinen flüssigen Urzustand zurückzuversetzen.

1920
Der Physiker John Fisher erfindet das Helixometer, mit dem sich das Innere des Laufs einer Schusswaffe untersuchen lässt.

1920
In den USA beginnt Charles E. Waite, einen internationalen Schusswaffen-Katalog aufzubauen. Als die Sammlung nach fünf Jahren fertig war, konnte er von jedem Geschoss sagen, aus welcher Art von Waffe es stammt.

Meilensteine der Gerichtsmedizin

IDENTIFIZIERUNG

1902
Der englische Gerichtshof lässt erstmals Fingerabdrücke als Beweismittel zu, als der Einbrecher Henry Jackson angeklagt und verurteilt wird.

1909
Der amerikanische Physiologe Thomas Hunt Morgan weist nach, das Chromosomen ererbte Informationen tragen – das war die Basis für die DNA-Analyse.

1920er-Jahre
Der russische Paläontologe Michael Gerasimov findet eine Methode, die Tiefe des Gesichtsgewebes zu messen und legt damit die Basis für die lebensechte Gesichtsrekonstruktion.

1930
In den USA beginnt das FBI, eine Fingerabdruckkartei anzulegen.

1940
Hugh C. Macdonald, Leiter der Ermittlungsabteilung der Polizei von Los Angeles entwickelt das Identikit-System (Identifizierung durch Phantombilder).

1941
In den USA entwickelt man in den Bell-Labors einen Klangspektographen, durch den man Verdächtige anhand charakteristischer Merkmale ihrer Stimme identifizieren kann. Die Technik wurde von Lawrence Kersta verbessert.

1969
Der Fotograf Jacques Perry entwickelt das System »Photo-FIT ID«, das ermöglicht, 15 Millionen verschiedene Gesichter darzustellen.

1975
Das FBI führt sein AFIS (Automatisches Fingerabdruckerkennungssystem) und nutzt einen Scanner, um die Fingerabdrücke in den Computer einzugeben.

SPUREN, CHEMIKALIEN UND DOKUMENTE

1910
In den USA erscheint das Buch »Questioned Documents« von Albert S. Osborn, des besten Handschriftenexperten von Amerika. Es ist heute noch ein Standardwerk.

1924
In den USA überführt man die beiden Mörder des Studenten Bobby Franks, weil der forensische Beweis erbracht werden konnte, dass die Lösegeldforderung auf einer Schreibmaschine geschrieben wurde, die einem der Killer gehört.

1922–1928
Arthur C. Hardy baut am MIT das erste Spektrophotometer, ein Farbmessgerät, das die Spektralfarben der Proben automatisch erfasst; es befreite den Laboranten von langweiligen, ermüdenden Beobachtungen. Die kommerzielle Nutzung erfolgte durch GEC (General Electric Company).

1925
Die beiden Amerikaner Phillip Gravelle und Calvin Goddard erfinden das Stereomikroskop. Ein damit ausgeführter Geschossvergleich überführte ein Jahr später die Anarchisten Nicola Sacco und Bartolomeo Vanzetti.

1931
An der Technischen Universität Berlin beginnen Max Knoll und Ernst Ruska mit dem Bau des ersten Transmissionselektronenmikroskops. Siemens produzierte das Gerät später mit Ruskas Hilfe.

1938
Der niederländische Physiker Frits Zernike baut das erste Phasenkontrastmikroskop, das ermöglicht, Zellen zu untersuchen, ohne sie einzufärben und abzutöten; für diese bahnbrechende Erfindung erhielt er 1953 den Nobelpreis.

PATHOLOGIE UND ANDERES

1920
In den USA untersucht Luke May als Erster Werkzeugspuren und wertet sie statistisch aus. Er vergleicht die Spur mit möglichen Tatwerkzeugen und trägt so zur Lösung von Kriminalfällen bei.

1921
John Larson baut den ersten Lügendetektor, der den Blutdruck und die Atmung misst. Den nächsten Schritt zum modernen Polygraphen machte Leonard Keeler, als er 1930 die galvanische Messung des Hautwiderstands hinzufügte.

1923
In dem Prozess »Frye vs. United States« entscheidet das Gericht, dass Lügendetektorentests an amerikanischen Gerichten nicht als Beweismittel zugelassen sind.

1924
Der Polizeichef von Los Angeles, August Vollmer, gründet das erste Kriminallabor der USA.

1932
Das FBI (Federal Bureau of Investigation) gründet sein erstes forensisches Labor: das Technical Crime Laboratory.

SCHUSSWAFFEN UND SEROLOGIE

1923
Charles Waite und Phillip Gravelle gründen in New York das Bureau of Forensic Ballistics. 1926 wird Calvin Goddard (später der führende Schusswaffenexperte Amerikas) Mitarbeiter dieses forensischen Ballistikinstitutes.

1929
Calvin Goddard identifiziert die Geschosse der Maschinengewehre, mit denen Al Capones Killer beim Valentinstag-Massaker schossen. Ein Täter wird gefasst und verurteilt. Aus Dankbarkeit finanzieren die Magnaten von Chicago Goddards wissenschaftliches Kriminallabor an der Northwestern University, Illinois.

1930
Tomas Gonzalez, Polizeichef von Mexico City, führt als Erster den Schmauchspurentest ein, der bis in die 1960er-Jahre bei Verdacht auf Schusswaffengebrauch eingesetzt wurde.

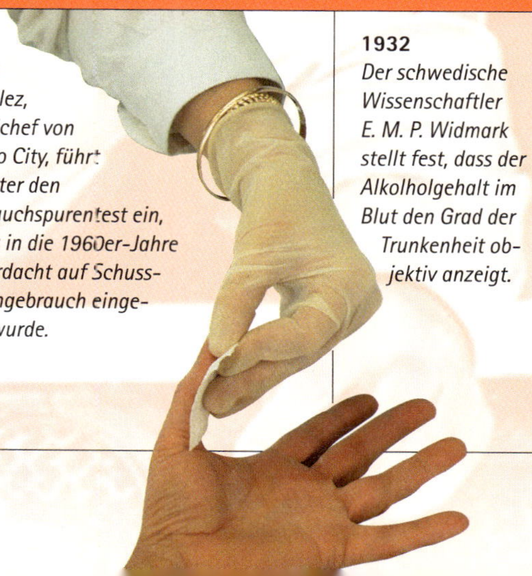

1932
Der schwedische Wissenschaftler E. M. P. Widmark stellt fest, dass der Alkoholgehalt im Blut den Grad der Trunkenheit objektiv anzeigt.

1937
Walter Specht plädiert als Erster für die Verwendung von Luminol bei der Spurensicherung, um das Vorhandensein von Blut nachzuweisen.

1940
Am Pathologischen Institut in Wien beschreiben Karl Landsteiner, Philip Levine und Alexander Wiener erstmals die Rhesusfaktoren (benannt nach den Rhesusaffen, die sie für ihre Experimente einsetzten).

1977
Fuseo Matsumur, Mitglied der Spurensicherung der japanischen Polizei, fixiert Haare mit Sekundenkleber auf einem Objektträger, als er entdeckt, dass die Kleberdämpfe seine Fingerabdrücke erstaunlich deutlich zum Vorschein bringen. Seither spielen diese Dämpfe beim Sichtbarmachen von Fingerabdrücken weltweit eine äußerst wichtige Rolle.

1980–1985
Die japanische Polizei führt die weltweit erste Fingerabdruck-Datenbank ein, die es ermöglicht, Abdrücke per Computer zu suchen.

1986
Sir Alec Jeffreys, der 1984 den ersten DNA-Profilingtest entwickelte, nutzt in England diesen Test, um Colin Pitchfork als den Mörder zweier Mädchen zu identifizieren. Es ist bemerkenswert, dass man DNA-Tests ursprünglich eingeführt hatte, um Unschuldige auszuschließen.

1987
In den USA wird erstmals ein DNA-Test als Beweismittel von einem Gericht anerkannt – und beweist seine Zuverlässigkeit. Der Fall führt zur Einführung und Standardisierung von DNA-Labors.

1991
Dr. Robin Richards und sein Team führen an der Londoner Universitätsklinik ein Laserabtastverfahren ein, das ermöglicht, mithilfe der Schädelumrisse ein menschliches Gesicht per Computer zu rekonstruieren.

1999
Das FBI führt das IAFIS (Integriertes Automatisches Fingerabdruckerkennungssystem) ein, um die Fingerabdrücke von 65 Millionen Menschen zu erfassen. Das System ermöglicht elektronische Abgleiche mit unterschiedlichen Suchkriterien.

1938
An der Universität von Kharkow entwickeln die beiden russischen Wissenschaftler N. A. Izmailov und M. S. Shraiber eine einfache Form der Dünnschichtchromatographie.

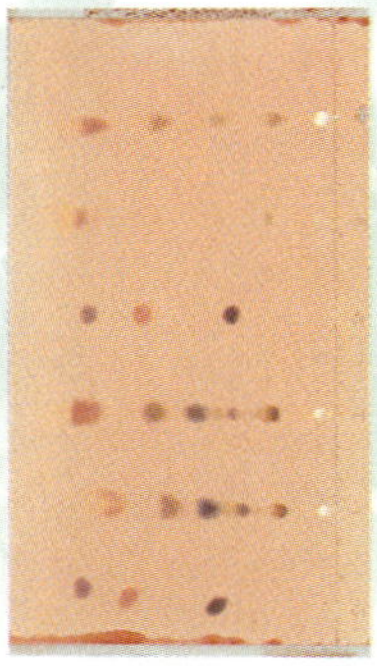

1941
Bei seinen Studien über die Struktur von Wolle entwickelt Archer JP Martin die Säulenchromatographie und stellt fest, dass das Verfahren nicht nur mit Flüssigkeit, sondern auch mit Gas funktioniert – die Gaschromatographie ist heute eine wichtige forensische Methode.

1945–1954
Im amerikanischen Landwirtschaftsministerium perfektioniert Justus G. Kirchner mit einem Team die Dünnschichtchromatographie als Verfahren zur Analyse von Fruchtsäften

1965
Charles Oatley, Dennis McMullan und Ken Smith entwickeln an der Universität von Cambridge das erste hochauflösende Elektronenmikroskop.

1978
In England erfinden Bob Freeman und Doug Foster ein Gerät zur elektrostatischen Untersuchung (ESDA), das auf Papier durchgedrückte Handschriften sichtbar macht.

1936
Dr. Alexander Mearns vom Institut für Hygiene der Universität Glasgow schätzt anhand des Lebenszyklus von Maden den Todeszeitpunkt im Fall Dr. Buck Ruxton.

1938
Rolla N. Harger erfindet den »Drunkometer«, der Alkohol im Atem misst. Sie produziert ihn 1954 gemeinsam mit Robert F. Borkenstein von der Polizei von Indiana – es ist der erste Promillemesser, der so handlich ist, dass er auf der Straße eingesetzt werden kann.

1967
Das FBI baut sein National Crime Information Centre auf – eine Zentralstelle, um die landesweit verstreuten Informationen über Verbrechen und Diebesgut zusammenzuführen.

1949
Der schwedische Wissenschaftler Örjan Ouchterlony verbessert den Präzipitintest durch seine Doppeldiffusionsmethode, bei der die Reaktionspartner (Antigene und Antikörper) frei diffundieren können.

1959
H. C. Harrison und R. Gilroy entwickeln einen Farbtest für den Nachweis von Schussrückständen. Ein mit einem Reagens behandelter Abstrich von den Händen des Verdächtigen verfärbt sich, wenn Barium oder Antimon darin enthalten sind.

1968
In den forensischen Labors von Scotland Yard beginnt man, zum Nachweis von Schmauchspuren ein Rasterelektronenmikroskop mit Energie dispersiver Spektrometrie (SEM-EDX) einzusetzen. Es gehört heute zu den Standardverfahren der Forensik.

1992
Das FBI baut eine Datenbank auf, in der Details von Geschossen und Patronenhülsen gesammelt werden. Das Computerprogramm ermöglicht eine schnelle Suche und das Prüfen, ob eine Waffe bei anderen Verbrechen benutzt wurde.

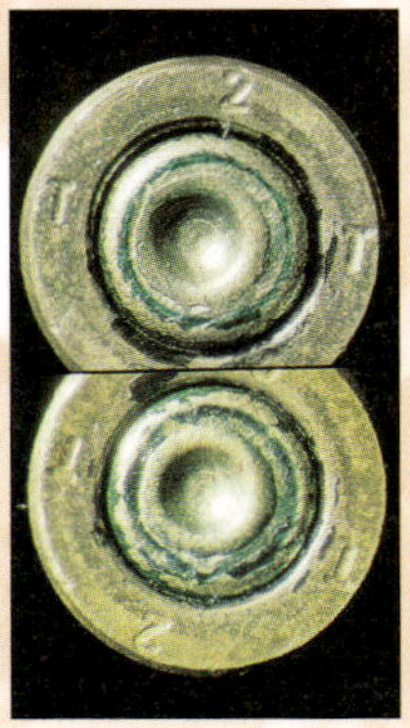

1996
Das US Bureau of Alcohol, Tobacco and Firearms (ATF) geht mit einer Munitionsdatenbank online. Das von einem Unternehmen für forensische Technologie entwickelte System hat die gleichen Möglichkeiten wie die FBI-Datenbank (siehe 1992).

2000
FBI und ATF legen zusammen ihre Datenbanken (siehe 1992 und 1996) und gründen das National Integrated Ballistics Network (NIBIN), das mit der Zeit vielleicht die FBI-/ATF-Ermittlungssysteme völlig ersetzt.

Glossar

Antigen
Fremde, oft gesundheitsschädliche Substanz im Körper, wie Gifte, Viren oder Bakterien; sie spielen bei dem Nachweis, ob es sich um Menschen- oder Tierblut handelt, eine Rolle (Antigen-Antikörper-Reaktion).

Antikörper
Ein Protein (Eiweiß), das der menschliche Körper produziert, um Antigene (siehe oben) abzuwehren.

Atomabsorptionsspektroskopie
Analysemethode, mit der sich Substanzen nachweisen lassen, auch wenn sie nur in sehr geringer Menge vorhanden sind.

Autopsie
Öffnung eines Leichnams, um die Todesursache festzustellen.

Ballistik
Bezeichnung für eine kriminaltechnische Abteilung und zugleich die Bezeichnung für deren Arbeit: der Vergleich und die Untersuchung von Geschossen.

Beweiskette
Beweismittel, die am Tatort und bei den Ermittlungen gesammelt werden.

Brandbeschleuniger
Leicht brennbare Stoffe, wie Benzin oder Spiritus, die dazu genutzt werden, ein Feuer zu legen bzw. dessen Ausbreitung zu beschleunigen.

Chromatographie
Ein Verfahren, bei dem chemische Stoffe aufgrund der unterschiedlichen Geschwindigkeit, mit der sie sich durch Gas oder Flüssigkeit bewegen, separiert werden, um festzustellen, ob und in welcher Menge einzelne Stoffe vorhanden sind.

DFO
Abkürzung für 1,8-diaza-9-fluorenone; eine chemische Substanz, die unsichtbare Fingerabdrücke unter Laser- oder blaugrünem Licht fluoreszieren lässt.

DNA
Deoxyribonucleic acid, deutsch: Desoxyribonukleinsäure, abgekürzt DNS; ein langes, spiralförmiges Riesenmolekül, das im Zellkern fast jeder Zelle des Menschen vorhanden ist und die genetischen Informationen enthält, die einen Menschen einzigartig machen.

DNA-Profil
Auch genetischer Fingerabdruck genannt; wird mithilfe einer DNA-Analyse erstellt und dient dazu, einen Menschen zu identifizieren.

DNS siehe DNA.

Dokumentenstift siehe Permanent Ink Marker Pen.

Dünnschichtchromatographie
Ein Verfahren der Chromatographie, bei dem sich eine Flüssigkeit in einem Gel bewegt, wobei sich die Bestandteile einer Mixtur trennen lassen.

Durchlichtmikroskop
Ein Mikroskop, bei dem dünne Objekte von unten beleuchtet und durch Linsen (Objektiv und Okular/Lupe) vergrößert werden. Die Tiefenschärfe ist gering.

Elektrophorese
Ein Analyseverfahren, bei dem Substanzen wie Proteine durch ein elektrisches Spannungsfeld getrieben werden, um sie ihrer Größe nach zu sortieren; die Darstellung des Ergebnisses erfolgt digital.

Entomologie
Insektenkunde; forensische Entomologen können anhand der bei Leichen gefundenen Insekten und deren Larven Hinweise auf den tatsächlichen Tatort und den möglichen Todeszeitpunkt geben.

Gaschromatographie
Methode der Chromatographie, bei dem die zu analysierende Substanz ein Gas ist, das durch ein festeres oder flüssiges Medium geleitet wird.

Gasspürgerät
Ein Gerät, mit dem man prüft, ob in der Luft brennbare Gase vorhanden sind; viele Geräte zeigen die Explosionsgrenze des Gas-Luft-Gemischs an.

Genetischer Fingerabdruck siehe DNA-Profil.

Histologische Analyse
Untersuchung von feinen Gewebeschnitten unter dem Mikroskop, die in der Gerichtsmedizin häufig im Rahmen der Autopsie vorgenommen wird.

Immunoassay
Serologisches Verfahren zur Bestimmung biologisch aktiver Substanzen mittels Antigen-Antikörper-Reaktion des menschlichen Körpers; wird vor allem durchgeführt, um bestimmte Medikamente (Barbiturate, Opiate) in Urin oder Blut nachzuweisen.

Infrarotspektroskopie
Physikalisches Analyseverfahren zum Nachweis der Menge von vorhandenen Substanzen bzw. chemischer Verbindungen, bei dem Infrarotstrahlen eingesetzt werden.

Jodbedampfung
Methode, um Fingerabdrücke mithilfe von Joddämpfen sichtbar zu machen.

Leichenstarre
Die Steifheit einer Leiche, die ungefähre Auskunft über den Todeszeitpunkt gibt.

Lügendetektor
Auch Polygraph genannt; ein Gerät, das Schweißbildung, Pulsschlag und Atemfrequenz eines Verdächtigen während einer Befragung misst; anhand der aufgezeichneten Werte lässt sich ablesen, ob der Befragte gelogen hat oder nicht. Die Methode ist umstritten und in den meisten Ländern als Beweismittel nicht zugelassen.

Luminol
Ein Reagens, das Blutspuren zum Leuchten bringt (nur im Dunklen sichtbar); bei Tötungsdelikten werden am Tatort meist umgehend Luminoltests ausgeführt. Luminol deckt auch geringfügige Blutspuren auf.

Massenspektrometrie
Methode der analytischen Chemie, mit der das Vorhandensein und die Menge chemischer Verbindungen und Gemische nachgewiesen werden, indem man die Substanzen in Partikel zerlegt und deren Verhalten in einem magnetischen Feld auswertet.

Mikrospektrophotometrie
Methode der Spektroskopie, die in der Gerichtsmedizin vor allem benutzt wird, um mikroskopisch kleine Spuren von Farbstoffen bzw. Pigmenten nachzuweisen.

Mitochondriale DNA (mtDNA)
DNA, die sich in den Mitochondrien der Zellen befindet, ausschließlich von der

Mutter vererbt wird und nach dem Tod einer Person länger erhalten bleibt als die Zellkern-DNA; daher eignet sie sich gut, um eine Blutsverwandtschaft zu klären.

Ninhydrin
Reagens, das Fingerabdrücke, die nicht mit dem bloßen Auge sichtbar sind, rötlich färbt und somit sichtbar macht.

Obduktion
Gleichbedeutend mit Autopsie, Leichenöffnung und Sektion.

Objektträger
Dünne Glas- oder Plastikplättchen, auf die winzige Gewebestücke oder andere Partikel gegeben werden, um sie unter dem Mikroskop zu untersuchen.

Odontologie
Zahnheilkunde; forensische Odontologen werden hinzugezogen, wenn eine Person anhand des Gebisses identifiziert werden muss.

Papillarleisten
Das Rillenmuster der Haut an den Fingerspitzen, das unterschiedliche Formen zeigt, wie Wirbel, Bögen und Schleifen; die Gesamtheit der Papillarleisten bildet den Fingerabdruck.

Pathologie
Allgemeine Lehre von Krankheiten; in der Forensik geht es dabei in erster Linie um die Klärung der Ursachen und Folgen von Verletzungen oder anderen gesundheitlichen Beeinträchtigungen in Zusammenhang mit einem Verbrechen.

Permanent Ink Marker Pen
Spezielle Schreibstifte, die von der Spurensicherung für das Beschriften von Beweisstücken verwendet werden; sie sind wasser-, wisch- und kratzfest, dauerhaft sowie licht- und hitzebeständig.

Peroxidase
Enzym, das im Blut vorhanden ist und in Verbindung mit chemischen Teststoffen deren Farbe verändert und damit den Nachweis liefert, dass es sich um Blut handelt.

Polymerase-Kettenreaktion
Abgekürzt PCR (engl.: Polymerase Chain Reaction), Methode zur Vervielfältigung von DNA, die zur Identifikation einer Person analysiert werden soll.

Präzipitin-Test
Verfahren, mit dem man feststellen kann, ob Blut von einem Menschen stammt.

Profiling
Auch psychologisches oder Täter-Profiling genannt; eine Methode, bei der anhand von allgemeinen und von der Tat abgeleiteten Faktoren u.a. ein Verhaltens- bzw. Charakterbild eines möglichen Täters entworfen wird und der Fall ganzheitlich analysiert wird. Der Einsatzbereich der Profiler (Fallanalytiker) unterscheidet sich im deutschsprachigen Raum von dem in den USA.

Raster-Elektronenmikroskop
Eine Gerät, bei dem ein Elektronenstrahl über ein Objekt geführt wird, wodurch ein Bild von der Oberfläche des Objektes erzeugt wird, das wesentlich schärfer und um ein Vielfaches größer ist als bei einem normalen Durchlichtmikroskop.

Schmauchspuren
Winzige Partikel, die beim Abfeuern von Schusswaffen entstehen und an Händen oder an Kleidung haften bleiben. An Schmauchspuren im unmittelbaren Umfeld der Schusswunde lässt sich die Entfernung schätzen, aus der ein tödlicher Schuss abgegeben wurde.

Sekundenkleber-Test
Verfahren, bei dem mithilfe der Dämpfe von Sekundenkleber unsichtbare Fingerabdrücke zum Vorschein gebracht werden.

Serologie
Die Lehre vom Blut; ein forensischer Serologe wertet Blutspuren aus, indem er zum Beispiel die Blutgruppe feststellt.

Short Tandem Repeats
Abgekürzt STR; sich wiederholende Einheiten von Basenpaaren der DNA, die für die DNA-Analyse zur Identifikation von Personen genutzt werden.

Spektrometer
Gerät zur Darstellung eines Spektrums.

Spektroskopie
Verfahren, bei dem mithilfe eines Spektrometers ein Lichtspektrum gemessen wird; dabei spielt die Intensität des absorbierten oder ausgestrahlten Lichts in Abhängigkeit von der Wellenlänge die ausschlaggebende Rolle.

Stereomikroskop
Ein Mikroskop mit zwei Objektiven, das die gleichzeitige Betrachtung von zwei Objekten ermöglicht und somit einen direkten Vergleich zweier Beweisstücke zulässt.

Strangmarken
Spuren, die Strangulationswerkzeuge wie Stricke, Schnüre, Riemen, Ketten oder Elektrokabel am Hals eines erhängten Opfers hinterlassen. Zu den typischen Spuren zählen Blutergüsse, Hautabschürfungen und Risse sowie Furchen in der Haut.

Tape-lift-Verfahren
Das Abnehmen von Fingerabdrücken, Haaren, Fasern von einer Oberfläche mithilfe eines Klebebandes.

Todesart
Ursache eines Todes; wird in der Gerichtsmedizin in vier Gruppen eingeteilt: natürlicher Tod, Selbstmord, Unfall oder das Tötungsdelikt, das Mord, Totschlag, fahrlässige Tötung und Körperverletzung mit Todesfolge umfasst.

Totenflecken
Dunkle fleckige Verfärbungen der Haut durch Ansammlungen von Blut in dem nach unten gerichteten Teil des liegenden toten Körpers.

Toxikologie
Lehre von den Giften und ihren Wirkungen. Forensische Toxikologen analysieren Blut und andere Körperflüssigkeiten, um Gifte, Drogen und andere tödliche oder gesundheitsschädliche Stoffe nachzuweisen.

Vitalreaktion
Anzeichen bei einer Leiche, zum Beispiel bestimmte Hautverfärbungen rund um eine Wunde, die zeigen, dass eine auf den Körper einwirkende Schädigung zu Lebzeiten erfolgt ist.

Werkzeugspuren
Spuren, die ein Werkzeug an einer Oberfläche hinterlassen hat, zum Beispiel bei einem gewaltsamen Eindringen, und woraus man auf das verwendete Werkzeug schließen kann.

Zahnstatus
Zustand eines Gebisses inklusive aller zahnheilkundlichen Eingriffe, wie Brücken, Kronen, Füllungen und Implantate.

Register

Seiten, auf denen das Stichwort ausführlich behandelt wird, sind **halbfett** gedruckt.

DANK UND FOTONACHWEIS

Dorling Kindersley dankt folgenden Personen für Ihre Mithilfe: Leyla Ostova und Carey Scott für die Redaktionsassistenz; Chris Bernstein für das englische Register; Alyson Lacewing fürs Korrekturlesen (englische Ausgabe); Dean Price für die Umschlaggestaltung; den Models Darren Holt und Bradley Round; Catherine Goldsmith für die Designassistenz; den Fotografen Dave King; Guy Harvey, Robin Hunter, John Kelly, und KJA-Artists.com für digitale Arbeiten. Besondere Dank für die tatkräftige Unterstützung gilt Dudley Crossling (Fallbeispiel Seite 21); Bruce Grant, Brian Rice, Dave Field und John Bunn von der Metropolitan Police, New Scotland Yard Fallbeispiel Seite 48–49); Michelle Pettigrew und Elizabeth Stein vom Department of Forensic Medicine and Science, University of Glasgow (Seite 56–57); der forensischen Phonetikerin Elizabeth McClelland (Seite 75); Andrew McNeill, Institute of Alcohol Studies (Seite 82–83); DC Chris Soteriou und DC Paul Anderson der City of London Police, Data Recovery Unit (Seite 128–129); Rosemary Lomas, Urvashi Dogra und Jabaduojie vom International Fund for Animal Welfare (Bilder von Seite 132); Bonnie Yates (Seite 132–133).

Fotonachweis

Der Verlag dankt nachfolgenden Personen und Institutionen für die Erlaubnis, ihre Fotos zu veröffentlichen:
Erläuterung: o = oben, u = unten, m = Mitte, l = links, r = rechts; Ziffern = Seitenzahlen

Bilder der Buchseitenränder: Federal Bureau of Investigation ml, mr, ol, Metropolitan Historical Police Museum mr; 2: H. K. Melton: mr; Popperfoto r; Science Photo Library/Colin Cuthbert cl; 2–3: Pascal Goetgheluck; 3: Katz/FSP/Demange François r; PA Photos/EPA European Press Agency ml, Science Photo Library/Dr. Jeremy Burgess mr, /James King-Holmes l; 4: Masterfile UK/Gail Mooney o, /Green Project or; Science Photo Library/Costantino Margiotta b; 5: Corbis/Steve Prezant um, Masterfile UK/Pinto ul, Popperfoto ur, Science Photo Library/David Parker om; 6–7: Science Photo Library/TEK Image; 8–9: Topham Picturepoint; 9: Katz/FSP oru, PA Photos or, Rex Features u, David White mr, Greg Williams mr, Science Photo Library/Dr. Jurgen Scriba mru; 10: Masterfile UK/Gail Mooney m; 10–11: Masterfile UK/Green Project; 11: Popperfoto mr, Rex Features ur, Science Photo Library/Sheila Terry or; 12: Rex Features/Kenneth Lambert or, Star Telegram u; 13: Associated Press AP/Jennie Zeiner, Stringer m, Corbis o, Getty Images/Eyewire u; 14: Popperfoto u; 15: Katz/FSP mr, PA Photos ul, ur, Rex Features ol; 16: PA Photos o, John Giles u; 17: Corbis Ron Slenzak m, Rex Features ur; 19: Corbis Ed Kashi or, Katz/FSP Demange François Gamma/Frank Spooner m, Science Photo Library/James King-Holmes ol; 20: Associated Press AP/Denis Poroy om, Corbis/Richard Hamilton Smith ul, Federal Bureau of Investigation/FBI Laboratory Division mr, ur, Rex Features/Stewart Bonney or; 21: Associated Press AP ol, or, Corbis/Nogues Alain/Sygma ul, Foster & Freeman Ltd m, ur; 22: alamy.com r, Science Photo Library/Sheila Terry l; 23: Associated Press AP ol, Custom Medical Stock Photo/Rowan mr; 24: Associated Press AP/LAPD, Handout ol, or, /Sam Mircovich, Corbis/Sygma ul; 25: Associated Press AP/LAPD, Handout or, /Myung J. Chun ur; 26–27: Science Photo Library/Costantino Margiotta; 27: PA Photos mru, Science Photo Library/Custom Medical Stock Photo ur, /Pascal Goetgheluck mr; 28: Custom Medical Stock Photo u, PA Photos/EPA European Press Agency m; 28–29: Science Photo Library/Pascal Goetgheluck; 29: PA Photos mu, Rex Features/Sam Morgan m, Science Photo Library/Simon Fraser or; 30: Katz/FSP ur; 31: Katz/ FSP ol, PA Photos b; 32: CMSP ol, Science Photo Library/Dr. Arthur Tucker ml; 33: Corbis/John Bartholemew ul; 34–35: Science Photo Library/Custom Medical Stock Photo; 35: The Design Works, Sheffield or, Science Photo Library/Custom Medical Stock Photo ur; 36: Custom Medical Stock Photo/Miller ul, Mediscan o, Science Photo Library/Dr. P. Marazzi ur; Scott Camazine ml; 37: Custom Medical Stock Photo/M. English ol, /Wilson u, Mediscan mr, Rex Features or; 40: Associated Press AP/Al Behram ul, Corbis/Bettmann or; 41: Bernard Greeberg l, Associated Press/Al Behram ur; 42–43: Science Photo Library/David Becker; 43: Associated Press AP/Alexander Zemlianichenko mr, /Freddy Martin mr, Science Photo Library/Chemical Design mr, Jerry Young mru; 44: Rex Features or, ul, 45: Corbis/ Steve Chenn, Forensic Science Laboratory/ mit Erlaubnis von Elaine M. Pagliaro, CT Department of Public Safety mr, Mediscan om, Science Photo Library/Dr. H. C. Robinson ol, /Françoise Sauze ur; 46: Rex Features/ David White ol, Science Photo Library ul /James King-Holmes or; 46–47: Science Photo Library/Mehau Kulyk; 47: Metropolitan Historical Police Museum ol, Popperfoto ur, Rex Features/Action Press or, Science Photo Library/David Becker ul; 48: Metropolitan Police Service m, Rex Features/Photo News Service ol, Photo News u; 48–49: PA Photos/David Giles; 49: PA Photos/Tony Harris r, Rex Features/Photo News ml; 50: Mary Evans Picture Library ur, Popperfoto ul; 51: Freddie Martin ol, ul, ur; 52: Associated Press AP/ Alexander Zemlianichenko u, Science Photo Library/ Peter Menzel ur; 53: Associated Press AP ur/mrm/mr, Science Photo Library ul, /Alfred Pasieka ur; 54: Associated Press AP/STR ul, Novosti (London) or, University of Manchester/Faculty of Medicine, Dentistry and Nursing ol; 55: Jerry Young; 56: Prof. Attardi und Silvano Imboden ul, ur, Forensic Pathology, Sheffield University: ml; 57: Prof. Attardi und Silvano Imboden: ol, ml, mr, ul, ur; 58: Custom Medical Stock Photo/©SHOUT u, Science Photo Library or; Chemical Design m; 59: Science Photo Library or; 60: Science Photo Library/A. Barrington Brown or; 61: Custom Medical Stock Photo ol; 62: Science Photo Library/David Parker ul; 62–63: Corbis/Duomo; 63: Corbis/ Quadrillion or, Science Photo Library ur, o; 64: Associated Press AP ol, Corbis/Paul Thompson/Eye Ubiquitous ur, Newspix Archive/Nationwide News or; 65: Newspix Archive/Nationwide News or, ur; 66–67: Masterfile UK/Pinto; 67: Corbis/Anna Clopet u, Rex Features or, /Greg Williams mru; 68: Corbis/Bettmann ul, Science Photo Library/Jim Varney or; 69: Rex Features or, Science Photo Library/Jim Varney o; 70: Rex Features/Sipa Press or, ul; 71: Associated Press AP/Joe Picciolo l; Mark Elias l; 72: Associated Press AP/Noble County Jail, Handout ur, Commissioner for the City of London Police ol, Federal Bureau of Investigation ul; 73: Identix Incorporated www.identix.com ol, Rex Features/Greg Williams u Science Photo Library/Stanley B. Burns, MD & The Burns Archive, N.Y. or; 74: Corbis/Anna Clopet ul; 75: Brain Fingerprinting Laboratories, Inc mr, Science Photo Library/Hank Morgan ur, Wellcome dept. of Cognitive Neurology o; 76: Associated Press AP/Nati Harnik ol, u, Ira Nowinski or; 77: PA Photos or, Corbis/David Turnley u; 78–79: Science Photo Library/David Parker; 80: Corbis/Tom & Dee Ann McCarthy ml, Science Photo Library/Colin Cuthbert ur; 80–81: Peter Menzel; 81: Custom Medical Stock Photo/Rowan ur, Federal Bureau of Investigation om, Science Photo Library/Dr. Jurgen Scriba ml, /Michel Viard, /Peter Arnold Inc. or; 82: Science Photo Library/Jim Varney u, /TEK Image or, or; 83: Custom Medical Stock Photo ml, Dr Brian Widdop of the Medical Toxicology Unit Laboratory photo: Gary Ombler o, PA Photos/EPA European Press Agency um, ur; 84: Esther Neate ur, Katz/FSP/A. Morvan/Gamma ul, L'Est Republicain o, PA Photos/EPA European Press Agency m; 85: www.bloodspattersoftware.com/A L Carter Phd. ol, or, mm (alle), m (alle), ur, ul, Rex Features/Argyropoulos mr, Science Photo Library/Peter Menzel m; 86–87: Topham Picturepoint ur, ul, ur; 87: Topham Picturepoint or, ml, ur; 88: Science Photo Library/Andrew Syred ol, /Colin Cuthbert or, Roger Viollet ul; 89: Corbis/Lester V. Bergman or, Science Pictures Limited/David Spears ol, Leica Microsystems, Inc. ml, Rex Features/Clare Dickson ur, Anthony Ise/Getty Images/PhotoDisc om, Science Photo Library/Dr Jeremy Burgess mu, Innerspace Imaging ul; 90: Science Photo Library/Dr Jeremy Burgess ol, Mark Thomas u; 91: Rex Features/PNS or, Science Photo Library/Dr Jeremy Burgess mlu, Eye of Science ml, mml, ul, Volker Steger ul; 92: Corbis/Bettmann or, u; 93: Associated Press AP/John Bazemore l, Corbis/Bettmann ur, Dr Brian Widdop of the Medical Toxicology Unit Laboratory/Gary Ombler or; 94: Katz/FSP/photo: G. Bassignac u; 95: Katz/FSP ol, ur, Gamma/G. Bassignac or, Science Photo Library/Custom Medical Stock mr, M. Kalab/Custom Medical Stock Photo ml; 96: Corbis/Ruet Stephane ul, PA Photos ur, /European Press Agency or; 97: Corbis/Sygma ur, Getty Images/Mike Powell ul, Nick Laham ol; 98–99: Corbis/Steve Prezant; 99: Corbis/Ruet Stephane/Sygma mr, Getty Images mr, Topham Picturepoint/Image Works mru; 100: Rex Features ur; 100–101: Getty Images; 101: Associated Press AP ml, Michael V. Martinez, MSFS, Senior Forensic Scientist, Bexar County Criminal Investigation Laboratory um, Science Photo Library/Michel Viard, Peter Arnold Inc. ur; 102: Katz/FSP ul, Rex Features or; 103: Federal Bureau of Investigation om, r, Katz/FSP m, ul; 104: Custom Medical Stock Photo/Willoughby or, Mediscan mu, u, Science Photo Library/PHT ol; 104–105: Science Photo Library/Mehau Kulyk; 105: Custom Medical Stock Photo/Willoughby ul, Science Photo Library ur, /GJLP ol; 106: Rex Features/Sipa Press u, www.antiquebottles.com or; 107: Rex Features or, Science Photo Library/Astrid & Hans-Frieder Michler um, Klaus Guldbrandsen mlu, /Richard Megna/Fundamental ul; 108: Assistant Divisional Officer Derek and Fire Investigation Unit at Acton Fire Station m, ur, PA Photos/EPA ul, Rex Features/Action Press o; 109: Corbis/Sung-Su Cho/Sygma u; 110: Corbis/Sygma or, Getty Images/Image Bank ul; 110–111: Topham Picturepoint/David Giles; 111: Getty Images/Eyewire om, /Photodisc or, /Taxi m, Topham Picturepoint mr, /Malcolm Croft ur; 112: Associated Press AP u, Federal Bureau of Investigation ol, Corbis or; 113: © 2003 21st Century Forensic Animations ur, Corbis/Ruet Stephane/Sygma mr, Getty Images/Taxi or; 114: Rex Features/Ron Sachs (CNP) ol, /Sipa Press u; 115: Rex Features/Sipa Press ol, or, Topham Picturepoint/Image Works u; 116: Rex Features ol, /Bryn Colton u; 117: PA Photos or, Rex Features/Tom Kidd u; 119: mit Erlaubnis von Foster & Freeman Ltd mrr, PA Photos mr, Science Photo Library/Volker Steger mu; 120: Katz/FSP/Rotolo-Liaison u, H. K. Melton ol, PA Photos ur, Rex Features/Judy Totton um; 121: Corbis/Bettmann mr, mit Erlaubnis von Foster & Freeman Ltd ol, ur, mur, Federal Bureau of Investigation mul; 122: PA Photos/EPA u; 123: ECB mr, Rex Features/Martti Kainulainen ur; 124: Science Photo Library/Volker Steger or, ul, um, ur; 125: © Christie's Images Ltd ol, Getty Images mu; 126: Corbis/Bettmann mr, PA Photos or, /EPA r, Rex Features ur; 127: Topham Picturepoint ul; 128: PA Photos ul, Corbis um, Getty Images/The Image Bank m; 129: Associated Press AP ur, Getty Images/The Image Bank or; 130: Corbis/Jim Richardson ul, /Mug Shots or, Science Photo Library ur; 131: Corbis/Sharna Balfour, Gallo Images ur, Jim Chamberlain – U.S. Fish & Wildlife Service mr, Rex Features/Profile Press ml; 132: International Fund for Animal Welfare ml, ul, Wan Kam-yan/South China Morning Post or; 133: Corbis/Earl & Nazima Kowall ur, Jim Chamberlain, U.S. Fish & Wildlife Service or; 133: Nature Picture Library Ltd ul; 134: Katz/FSP u, Science Photo Library ml; 135: Katz/FSP mo, Science Photo Library mu, u, /Stanley B. Burns, MD & The Burns Archive, N.Y. o; 136: Associated Press AP ml, Science Photo Library/Michel Viard, Peter Arnold Inc. u; 137: Dr Brian Widdop, Medical Toxicology Unit Laboratory, photo: Gary Ombler ol, Leica Microsystems, Inc. u, Science Photo Library/Colin Cuthbert mr, /Jim Varney mru.